JN081033

農業聖典

アルバート・ハワード著

保田　茂　監訳

魚住道郎　解説

日本有機農業研究会　発行

コモンズ　発売

An Agricultural Testament
Sir Albert Howard

＊訳出にあたって、読者の理解を助けるために、原文にはない見出しを加え、〔　〕内に訳注を付けた。

いまは亡きガブリエルに捧ぐ

大地、それは自然の母であり、その帰る墓場である。
葬られるその大地こそ、自然を生み出す母胎である。

『ロミオとジュリエット』

そして自然は、老いた乳母のように、
幼な子を膝に抱いて語りかける。
「これは、父なる神が、そなたのために書かれた物語です」
「いらっしゃい。いっしょに行ってみましょう」と、自然が誘う。
「まだ誰も踏み入れたことのない、どこかへ。
そして、神が記された、いまだ読み解かれていないものを
読み明かしなさい」と。

ロングフェロー『アガシ五〇歳の誕生日に』

監訳者まえがき

二〇〇〇年の夏、日本有機農業研究会の全国幹事会で、『農業聖典』の翻訳が検討された。有機農業の世界をめざす者が等しく学ぶ原理が記述されているからであり、時代の転機を迎えているいま、絶版となっている本書をあらためて世に出す意味は大きいと考えたからである。近代化が進んだ今日、戦前の外国の知識が果たして日本で有効かという慎重論もあったが、翻訳するべきだとの熱き人びとの提案が最終的に採択された。

『農業聖典』は、一九一〇年代から三〇年代のインドやイギリスを主舞台とする農業の実状を記述しているだけに、翻訳を担当した三人の若き有機農業研究者にとっては多くの苦労があったはずである。ただ、幸いにも本書の訳出はこれが三回目であり（それは本書の高い価値を意味している）、大先輩の業績の助けも借りながら、やや古めかしく、かつ難解な文章を今日風に訳すべく、努力を重ねていただいた。そして、私が三人の文章を原著と照らし合わせて検討し、表現の統一や若干の意味の通りにくい部分の修正を担ったのである。

実は、私は『農業聖典』にいくばくかの思い入れがあり、このたび読み直してさらに感慨を深くした。その一つは、おもに本書が執筆された一九三九年が私の誕生年でもあり、その時代にすでにこれだけの洞察がなされていたという驚きである。二つめは、山路健氏の最初の訳出が刊行された五九年に、農学部の学生だった私は何気なく買い求め、印象深く読んだことである。そして、その後の堆肥無用論の講義を聞くうちに本書のことは忘れてしまっていたが、七〇年から有機農業の研究に取り組み始め、それをテーマに博士論文を提出する際に本書がバイブルであったというのが、三つめの理由である。

生産力と効率に価値をおく考え方に長く支配されてきた日本であったが、近年では有機農業の世界に共感する人たちが各地で新たな生き方を追求するようになった。これまでの価値基準は二一世紀には通用しない、ということが理解され始めたからにほかならない。こうした時代に本書が三たび訳出される意味は大きい。農業者は有機農業の原理を、消費者は食と健康の原理を、農学研究者は農学研究の原理を、農政担当者は政策の原理を、それぞれたしかに学ぶことができるはずである。とりわけ、研究者には耳の痛い指摘が多い。しかし、逃げてはならない。

解説は友人であり、すぐれた有機農業者である魚住道郎氏にお願いした。心から感謝するしだいである。訳出をもっとも強く提案されただけに、最適な解説者であると確信している。また、作業が遅れた監訳者を我慢強く待ち、激励を続けていただいたコモンズの大江正章氏には感謝の言葉もない。日本有機農業研究会の役員の皆様にもお世話になったし、私の友人たちにもいろいろと迷惑をかけることになった。記して感謝申し上げる次第である。

本書が有機農業の世界に共感する多くの人たちに愛読され、日本の有機農業が健全に、かつ広範に展開されることを、いまは亡きアルバート・ハワード氏も草葉の陰から強く願っておられるであろう。

二〇〇三年二月

日本有機農業研究会副理事長　保田　茂

第Ⅲ部　農業における健康、活力低下および病気

装幀●林佳恵

農業聖典

はじめに

産業革命以来、人びとと工場によって必要とされる食料や原料を生産するために、作物の生長は促進され、栽培の過程が短縮化されてきた。しかし、この作物と畜産物の著しい増加によって生じる地力の減退を補うための効果的な対策は、何も講じられなかった。その結果は悲惨である。農業はバランスを失ってしまった。つまり、農地では人間の想像を超えたあらゆる種類の病気が増加し、世界の多くの地では、「自然」の浸食作用によって疲弊した土壌が流亡している。

本書の目的は、地球の資本ともいうべき土壌の荒廃に注意を促すことにある。具体的には、土壌の荒廃が必然的な結果であることを指摘し、減退した地力を維持・回復する方法を示唆するのである。この壮大な計画は、おもに西インド諸島、インド、イギリスで専念してきた四〇年間の農学研究の実績と経験に基づいている。これは、動植物性の廃棄物から作られた腐植によって地力の維持を図るインドール式処理法（Indore method）について記した前書、『農業の廃棄物』（*The Waste of Agriculture*, 一九三一年出版）の続編である。

この九年間に、世界中の多くの中心都市で、インドール式処理法（Indore Process）が採用された。農業における腐植の役割についての新たな情報も多く得ることができた。私にとっても、農学の研究体系と目的を再検討するだけでなく、現存する農業システムを再検討する機会となった。

私は、オランダやイギリスで実践されている生態的農業に対して、いくらか興味をもっていた。しかし、ルドルフ・シュタイナー（Rudolph Steiner）の教え子が、自然の法則を本当に解明し、彼らの理論の価値を実証する実例を提示できたとは考えられない。この課題についての一般的・普遍的な結論はすべて、この『農業聖典』で明らかにされよう。結論を偽ったり、難解な専門用語でそれらを解説するつもりは、まったくない。逆に、できるだけ簡単に、わかりやすく記したつもりである。この結論をもとに自由に議論が展開され、新たな考え方が開拓され、最終的に効果的な実践に結びつけば、幸いである。

以前、インドで同僚であったジョージ・クラーク（George Clarke）氏（一九二一～三一年のインド連合州〔現在のウッタル・プラデーシュ州〕農業局長）の手助けと励ましがなければ、私はこの本を書き上げられなかったであろう。彼は、二〇年以上にわたって連合州の農業について記述したノートを私に委ねてくれた。また、最近三年間は、この本の細部にわたって、私との議論を重ねてくれた。さらに、本書の下書きができた後、多くの章を読んでもらって数多くの示唆をいただき、それらは本書に盛り込まれた。

世界中で実際に農業に従事し、インドール式処理法を実践している多くの人びとの見えない努力によって、この本は成り立っている。しかし、本書では、これらの努力や支援に対してほとんどふれていない。なぜなら、寄稿者たちが快く報告してくれた実践の途中経過や成果のすべてに言及することは不可能だったからである。しかし、これらの報告によって価値ある事実内容を収集でき、また、私自身の経験をしっかりと裏付けできた。

植物栄養学的には、いままで未発見であった要素が非常に重要であることがわかった。その要素とは、菌根と根との相互作用、つまり、活性菌による土壌中の腐植と植物根の汁液とを橋渡しする作用である。このような共生関係の存在に気がついたのは、M・G・レイナー（Rayner）博士によって記された、針葉樹に関するすばらしい研究成果を読んだ際であった。彼は、ドーセット州〔イングランド南部の州〕ウェアハムで山林委員会の仕事に従事していた。もし、菌根が企業的農業（plantation industries）や私たちが育てる作物に一般的に発生するならば、化学肥料の施用による地力の漸減にもかかわらず、品質の向上、病気への耐性、品種の分化といった現象が見られる謎が解明されるであろう。

そこで、私は、熱帯と温帯で行われているあらゆる農業から、菌根を含むと考えられるさまざまな種類の標本を手に入れることにした。この標本の詳細な分析に関して、レイナー博士およびイダ・レヴィソン（Ida Levisohn）博士にたいへんお世話になった。両氏は、多くの示唆に富んだ重要な技術的アドバイスを与えてくれた。しかし、本書で明らかにされる研究成果の解釈については、私自身が責任を負うところである。

すでに公刊された資料や図表を再録できたのは、多くの学会が許可を与えてくれたからである。そのほか、二つの機関が、著作権のある成果の引用を許可してくれた。

ロンドン王立学会（Royal Society of London）は、学会誌で公表された論文の要約を再版することを許可してくれた。それが「土壌の通気」に関する第9章である。王立技術学会（Royal Society of Arts）は「サイザルの廃棄物」の項の原型を提供してくれた。王立衛生研究所（Royal Sanitary Institute）は、一九三八年七月にポーツマスで開催された保健会議（Health Congress）で公表された論文の全文を再録することに同意してくれた。『英国医学雑誌』（*British Medical Journal*）は、イギリス本国勲功章を授与されたライオネル・J・ピクトン（Lionel J. Picton）博士の論文中の資料を、私の自由裁量に任せてくれた。『腐植』（*Humus*）というワクスマン（Waksman）博士の論文の出版社は、腐植の特性に関する二つの長い文章の引用を許可してくれた。

アーサー・ギネス二世商会（Messrs. Arther Guinness, Sons & Co.）は、ボディアム（Bodiam）のホップ園で実践されている都市の生ごみのコンポスト化についての詳細を公表することに同意してくれた。ウォルター・ダンカン商会（Messrs. Walter Duncan & Co.）は、ガンドラパラ茶園で実践されている堆肥化技術について解説された記事を、農園の管理者が寄稿することを許可してくれた。J・M・モーブレイ（Moubray）大尉は、南ローデシア〔現在のジンバブエ〕のチポリで実践している、たいへん興味深い実績の要旨を送ってくれた。それは付録Bに掲載している。

インドール式処理法が広く知られるようになったのは、数多くの出版社が刊行物を通じて農家のために尽力してくれたおかげである。たとえば、イギリスでは、『タイム』（*The Times*）と『王立技術学会誌』（*Journal of Royal Society of Arts*）が研究ノートと論説を連載してくれた。南アフリカでは、『ファーマーズ・ウィークリー』（*Farmer's Weekly*）が当初から、土壌の腐植含有量を増やすように農家に働きかけてくれた。ラテンアメリカでは、『コスタリカ・コーヒー保全学会誌』（*Revista del Instituto de Defensa del Café de Costa Rica*）が農家のために尽力している。

ロンドンにある最大の製茶企業の数社、ジェームス・フィンレイ商会（Messrs. James Finlay & Co.）やウォルター・ダンカン商会、セイロン・ティー・プランテーション社（the Ceylon Tea Plantations Company）、オクタヴィアス・スティール商会（Messrs. Octavius Steel & Co.）などは、二年以上にわたって、インドール式処理法をプランテーションへ導入・適用するための費用のほとんどを負担してくれた。また、これらの会社は、一九三七〜三八年にわたる、茶園のあるインドやセイロン〔現在のスリランカ〕への旅費も負担してくれた。これらは、セイロン・ティー・プランテーション社の会長、G・H・メイスフィールド（Masefield）氏が手配してくれた。

集められた地力に関する膨大な寄稿文書やメモを整理し、最終的に本という形にまとめる作業においては、私の秘書であるV・M・ハミルトン（Hamilton）女史の力と献身によるところが大きい。

一九四〇年一月一日

ブラックヒースにて

A・ハワード

覚え書き

私の亡き夫〔であるアルバート・ハワード卿〕の『農業聖典』の第五版の発行に際して、加筆や修正を行わないようにしました。というのも、加筆や修正は、もっとも重要な彼の鋭い視点や見解を、ほぼ完全に書き直してしまうことに他ならないからです。

それにもかかわらず、ここで扱われているテーマは、彼が生きている間にも急速に進歩したことは否めない事実です。彼自身、『農業聖典』執筆後に新たな見解を加えていますし、多くのかいがいしい研究者が彼の後に研究を進めています。しかし、これらの文献の調査はむずかしいと考えられます。そのおもな理由は、彼の雑誌掲載論文とその実践は世界中に広まっているからです。

有機農業に関する事業を行うアルバート・ハワード財団を創設しました。この財団の目的は、アルバート・ハワードの基本的な考え方を継承し、普及することにあります。イギリス、サセックス州メイフィールド、シャーンデン・マナーにある財団本部までお問い合わせください。

ルイーズ・E・ハワード

第1章　序　論

どんな持続的な農業の生産システムにおいても、地力の維持は第一の条件である。一般の農産物生産の過程において、地力は常に消耗されている。それゆえ、肥培や土壌管理によって常に地力を回復することが不可欠である。

地力の研究における第一歩は、これまで展開されてきたさまざまな農業の生産システムを再検討することである。この生産システムは大きく四グループに類型化される。①原始時代の森林や大草原、海洋に見られるような、究極の生産者である自然による生産、②滅亡した民族の農業、③西洋科学にほとんど影響されていない東洋（アジア）の伝統的な農業、④この一〇〇年間、多くの科学の力が注がれたヨーロッパや北アメリカのような地域で一般化している農法、の四つである。

1　自然による土壌管理

これまで農業に関する研究では、自然が土地を管理し、水を涵養する方法について、ほとんど考えられなかった。しかし、こうした自然による土壌管理は、私たちの地力の研究の基礎になるにちがいない。

「自然による生産（生命活動）」に内在する原理とは何か。それは、私たちを取り囲む山林や森林での営みのなかに、簡単に見出せる。

　複合的な生産が原則である。つまり、植物は常に動物とともにあり、多様な植物と動物が共生している。森林には、ほ乳類からもっとも単純な無脊椎動物まで、あらゆる動物が存在する。植物界にも同様の生態的な広がりが見られる。単一での生産が行われることは絶対になく、複合的な生産がその原則である。

　土壌は常に、太陽や雨、風の直接的な作用から保護されている。この土壌の保護は効果的でなければならず、無駄があってはならない。太陽光のエネルギーは、森林の葉と下草によって無駄なく利用され、光を遮る。これらの葉はまた、雨水を細かい水滴にし、その雨水は、貴重な土壌を守る最後の一線である植物と動物の屍体からなる腐植層で、さらに緩やかな流れになる。こうした自然の方法は、太陽と雨水からの保護において効果的であり、また強い風も穏やかな空気の流れに変える。

　とくに、雨水は大切に保存されている。雨水の大部分は表土において蓄えられ、余った水はゆっくりと下層土に移動していく。そして、小川や河川に流れ出る。葉によって細かな水滴状になった雨水は、地面の腐植層で、下にゆっくりと移動する薄い水の膜に姿を変える。そして、最初は腐植層へ、次に上層土、下層土へと浸透していく。上層土と下層土は二つの形で多孔構造になっている。一つは、はっきりとした団粒構造であり、もう一つは、ミミズや他の穴住動物によってつくられる網目状の溝や通気孔である。森林土壌の孔隙は非常に大きいので、土壌内部の表面積は大きくなり、そこに薄い水の膜が広がっていく。また、水分を直接吸収する腐植も多く存在する。余分な水は下層土に徐々に排水される。

　特筆すべきことに、原生雨林からは雨水がほとんど流れ出ない。もし流れ出ても、その水は透明で濁っていない。つまり、土壌はまったくといっていいほど流亡していない。自然の状態で土壌浸食は起きないのである。豪雨によってもたらされる大量の水は、海洋に注ぐまでの間ゆっくりと流れる。それゆえ、森林の中を流れる小川や河川は常に絶えることがない。水が必要とされる場所に大量の雨水が蓄えられるので、森林地帯では干ばつが起きない。どこにも無駄というものがないのである。

森林は自らを肥培している。自ら腐植を作り、ミネラルとともにそれを供給する。森林を観察すれば、地面では常に、植物と動物の混合残渣がゆっくりと堆積していることがわかる。そして、これらの廃棄物が菌類やバクテリアによって腐植に変えられていることもわかる。このプロセスの初期段階は酸化作用によるが、後には嫌気状態でも行われるようになる。そのプロセスは衛生的である。たとえば、悪臭やハエ、ごみ箱、焼却炉、下水施設、水を媒介する病気など、他に迷惑を及ぼしたりしない。逆に、森林は、夏休みを過ごす理想的な場所のような、豊かな木の木陰と澄んだ新鮮な空気を提供する。かといって、森林の地表面全体で行われる動植物性廃棄物の腐植化は、七月から九月の夏休みのように、すぐに過ぎ去りもしないし、激しく変化するわけでもない。

木々や下草が必要とするミネラルは下層土から得られる。これらは、深根から薄い水溶液の形で吸収され、それはまた樹木の活着を助ける。根の機能に関する詳細と、根が下層土のミネラルを求めてくまなく伸びていく様子は、第9章で言及する（一七〇ページ）。リンが著しく不足している土壌においても、木は簡単にリンを吸収する。カリウムやリン酸塩、その他のミネラルは常にあるべき場所で吸収され、蒸散流によって緑の葉に運ばれ、使用される。その後、それらのミネラルは、植物の生長に利用されるか、腐植の合成に必要な一成分である植物性廃棄物の形で森林の表土に堆積するか、のどちらかである。

森林で見られる自然による生産には、二つの特徴がある。①樹木によって吸収された無機質の絶え間ない循環と、②下層土に蓄えられた膨大な堆積物からのミネラルの絶え間ない供給、である。したがって、リン酸塩を施用する必要がなければ、カリ塩も必要としない。いかなる種類のミネラルも欠乏することはない。必要とされる肥料のすべては、腐植か土壌のいずれかによって供給される。自然界には有機物とミネラルという要素が不可欠であり、腐植は有機物を供給し、土壌はミネラルを供給する。

土壌は常に膨大な地力の蓄積を続けている。自然による生産には、短絡的なものがない。地力は腐植として土壌の表層に蓄積され、無駄になる腐植はまったくない。なぜなら、腐植は、ミミズや昆虫のような土の中の生物の活動によって、表土と混ぜ合わされているからである。この膨大な地力の蓄積の力は、樹木が伐採され、そこで農業が行われたときにわかる。新たに開墾した土地に茶やコーヒー、ゴム、バナナのような植物を栽培すると、一〇年以上も無肥料ですばらしい収穫をあげられる。まるで自然は、企業の有能な経営者のように、資本の投下と回収を効果的に行っており、浪費というものがない。

そして、作物や家畜は自らの健康を管理する。自然界では、害虫や病原菌を防除するための農薬やその散布機を開発する必要がない。家畜の健康を守るためのワクチンや血清注射も存在しない。さまざまな種類の病気が森林の植物や動物のあちこちで見られるが、それらが大きな割合を占めることは決してない。動物や植物が寄生虫を体内に有しているときでさえ、その動植物は上手に自分を守るという原則が貫かれている。これらの事例に内在する自然の法則とは、生きることと生かすこと、つまり共生の原理である。

草原や海洋を見ても、同じ原理が内在していることがわかる。草原でも森林と同じように雨水が涵養され、浄化される。まったくといっていいほど土壌は浸食されず、事実、草原から流れ出る水は透明である。そこでもまた、腐植は上層土に蓄積される。北アメリカのプレーリー地帯〔アメリカやカナダの中部から西部にかけて分布する草原〕の大部分では、野牛の群れを飼養できる多種の牧草が生えていた。これらの動物の生命を維持するための獣医学が存在したわけではない。開拓者によって草地が開墾され、耕作が始まったとき、プレーリーには膨大な地力が蓄えられていた。それゆえ、家畜も肥料もないのに、何年間も小麦のすばらしい収穫があげられたのだ。

湖や河川、海洋においても、複合的な生産が原則となっている。多くの種類の植物や動物が共生しており、単一的な生産はどこにもない。ここでもまた、動植物性廃棄物は効果的な方法で処理される。無駄になるものはない。腐植は、溶液、懸濁液（けんだくえき）〔固体の微粒子が溶けずに分散している液体〕、堆積した泥土のあらゆるところに存在し、重要な役割を果たしている。海洋も、森林や草原と同じように、自らを肥培する。

したがって、「自然による生産（生命活動）」のおもな特徴は、次のように要約できる。大地は決して無畜農業を行わず、常に複合的な生産が営まれている。土壌を保全し、土壌浸食を防ぐための最善の策がとられている。動植物性の廃棄物は腐植に変えられ、無駄なものがない。生長作用と分解作用のバランスが保たれ、膨大な地力を蓄積するために、十分な準備がなされている。雨水を涵養するための細心の注意が払われ、植物も動物も病気から自らを守るようになっている。

これまで人間によって考え出されてきたさまざまな農業生産システムを検討するにあたって、「自然の原理」がどこまで適用されてきたか、その原理がうまく利用されてきたか、その原理を無視した場合にどのようなことが起こるか、非常に興味深いところである。

2　滅亡した民族の農業

すでに存在していない民族の農業に関する研究は、基本的にむずかしい。過去の文明の姿は、古代遺跡の鑑定・研究によって再現可能であるが、そうした建造物とは異なって、古代の圃場はほとんど残っていない。耕地は、森林に遷移していくか、次代の農業生産システムが展開されるかのいずれかであった。

しかし、過去の人びとが実際に耕した圃場が、その耕地での生産を可能にした灌漑設備とともに残っているケースもある。残念なことに、最古の農業形態の一つと考えられる石器時代の古代ペルー人（ケチョアン人、Peruvians）の階段状耕作について書かれた記録は残っていない。鉄が発見される以前、密林の木々の伐採は困難であったので、この耕作形態は草に覆われた山間地帯や高原地帯で展開された。ペルーにおける灌漑階段状耕作は、すでに知られているこのタイプの農法のなかで、もっとも発展したものであろう。

二〇年以上前、アメリカ地理学会（The National Geographical Society of the United States）は、この古代の耕作形態の遺構を調査するために調査団を派遣した。その成果は、コーク（O.F. Cook）によって「古代の階段状農場」（Staircase Farms of the Ancients、同学会誌、一九一六年五月）というタイトルで公表されている。

驚くべきことに、古代ペルー人は山の斜面に階段状の圃場を切り開き、ときにはそれが五〇段にも及んだ。この階段状圃場の法面（のりめん）は、互いにぴったりと組み上げられた巨石によって造られている。それは、ピラミッドのように、その石と石の隙間に今日でもナイフの刃を差し込めないほどの精緻さである。法面が造られた後、粘土で表面を覆った粗い岩で耕地の基盤を固めた。この基盤の上に、山脈を越えて運ばれた数mの厚い土壌の層を重ね、灌漑するために均平化した。その結果できたのが、灌漑にちょうどいい勾配のついた、小さな平らの圃場である。言い換えれば、一つ一つの底に排水機能を備えた巨大な植木鉢が、古代人の驚くべき労働によって階段状に重ねられたのである。

古代には、そうした偉大な農業が行われてきた。それに比べて、「この滅亡した民族が達成した成果と比べると、私たちのやっていることは、ちっぽけなものだ。この民族は、現在の技術者が見向きもしないような、条件が不利な岩場の谷間にある狭くて急な圃場を切り開いてきた。そして、肥沃な土地に改変し、有史以前の多くの人口を養ってきた」（コーク）。当時、鉄や鉄筋コンクリート、近代的な動力機械は発明されていなかったので、古代ペルーの技術者は、そうせざるを得なかったのである。森林の土壌を略奪するような行為は、思いもつかないことであった。

これらの階段状圃場は、灌漑して水を供給する必要があった。用水は水路によって、はるか遠くから灌漑しなければならなかった。プレスコット（Prescott）は、コンデスユ（Condesuyu）地区を横断する水路が四〇〇～五〇〇マイル〔約六四〇～八〇〇㎞〕にわたると測定している。コークが撮影した写真には、渓谷の底から何百フィート（一フィート＝三〇・四八㎝）の上にある急峻な山脈の斜面を横切る水路が細い一本の黒線として写っている。

こうした古代の農業生産方法は、今日のヒマラヤや中国、日本の山間地帯における段々畑、南インドやセイロン、マレー群島の高地における棚田において見られる。一八九四年に公刊されたコンウェイ（Conway）の著作物では、インド北西の国境地帯にあるフンザ（Hunza）の階段状圃場や、ウルトール（Ultor）氷河から流れてきた貴重な用水を年中灌漑するための、断崖絶壁を長距離にわたって横断する水路が描写されている。その内容は、コンウェイが一九〇一年にボリビアのアンデス山地で発見したものと、ほとんど違わない。

この卓越した研究者兼登山家は、「今日のフンザの住民は、インカ帝国時代のペルー人とほぼ同等の文明段階の生活を営んでいる」と考えている。この古代の農業生産方法の実例は、こうして数世紀にわたって維持されたのである。第12章（二一五ページ）では、これらの階段状圃場で栽培された食物の栄養と人びとの健康との関係の存在について言及するつもりである。この過去の遺跡は、歴史的価値と同じく、食物の質という視点からも注目される。

そのほか、書き残された記録という形で後世に伝えられた過去の農業生産システムもある。それらは、体系的な研究のための材料となった。とくに、ローマの場合、君主制時代からローマ帝国の終わりにかけての詳細な農業の記録が利用できる。その実態は、モムゼン（Mommsen）やハイトランド（Heitland）などの学者の研究蓄積をたどることで、正しく理解できる。ローマ帝国における「セルヴィアスの改革」（セルヴィアス・チューリアス、紀元前五七八～五三四年）は、農民層がもともと国家のなかで優位な地位を占めていただけではなく、社会の核としての自由土地所有者（freeholder）の地位の維持に努力していたことを、はっきりと示している。自由土地所有組織に国政の基礎をおくという政府自体の考えは、ローマ帝国の戦争と征服に関係する政策全体に浸透していた。この戦争の目的は、自由土地所有者数を増やすことにあった。

「征服された国々は、完全にローマ帝国の自作農に組み込まれるといった窮地に陥らないまでも、戦争の賠償金や一定の貢ぎ物を納めるだけでなく、領土の一部の割譲を要求された。その一部とは通常、領土の三分の一で、すぐにローマ帝国の農民によって占領された。ローマ帝国のように、勝利を収め、領土を占領した国は多い。しかし、その占領した土地を自らのものにして、額に汗を流し、槍を鍬に持ち替えて管理した点で、ローマ帝国にかなう国はない。戦争によって奪ったものは再び戦争によって奪われるが、鍬によって征服した場合はそうはならない。ローマ帝国は戦争に敗れたことも多くあったが、領土を割譲して、講和したことはない。こうした結果は、農民の農地や家屋に対する強固な執着心によるものである。国民や国家の強さは、土地の支配力に左右される。ローマ帝国の強さは、市民による広範な土地の直接的支配と、こうした強い支配力をもった組織の固い統一性の基盤の上に成り立っている」（モムゼン）

しかし、こうした理想は貫徹できなかった。イタリア統一からカルタゴの征服までの間に、徐々に自由農民の没落が始まっていく。小規模の土地所有では利潤を得られなくなり、耕作者は没落の危機に直面した。共和国初期時代の道徳的な風潮とつつましい慣習は失われ、イタリア農業者の耕地は大規模農家の所有地に組み込まれることになる。そして、その支配の中心は資本家地主であった。資本家地主は多くの耕地を所有したので、小規模土地所有者よりも安いコストで生産できる。それだけでなく、奴隷も使用し始めた。小規模所有が一般的であった古い時代に一〇〇〜一五〇世帯によって維持されていた面積の耕地が、その当時には一資本家と、そのほとんどが未婚である五〇人の奴隷によって占有された。「これは、衰退する国民経済の活気を取り戻すための方策であったが、不幸にも、極度に不健全な状態を生み出した」（モムゼン）。

この衰退のおもな原因は、次の四つの重複する要因にあった。一つは、二度にわたるカルタゴとの長い戦いで、全盛期にあった軍隊が農村の成年男子を恒常的に徴兵したこと。二つは、ローマ帝国の資本家地主の経営が、「ハミルカー（Hamilcar）〔カルタゴの将軍・政治家、ハンニバルの父〕とハンニバル（Hannibal）〔第二次ポエニ戦争中、ピレネー山脈およびアルプス山脈を越えてイタリアに侵入したカルタゴの将軍〕に勝るとも劣らず、イタリア国民のやる気と人口の減少を促した」（モムゼン）こと。三つが、作物と家畜とのバランスのとれた農業の実践と地力の維持に失敗したこと。四つが、自由労働者の代わりとなる奴隷を使用したことである。

この時代には、ラティウム（Latium）〔現在のローマ南東部にあった、古代イタリアの都市国家。紀元前五世紀以降ローマ帝国に併合〕の卸売市場は、大規模土地所有者であり同時に投資家、資本家でもある人びとの手にわたった。それは当然の結果として、小規模土地所有者を中心とした中産階級の崩壊、そして、地主や高利貸貴族層、一方での農業労働者階級の増大をもたらす。また、帝国が間接税の徴収を請け負わせた階級の成長によって、資本の力は著しく高まった。

しかし、その後の政治的・社会的闘争は、農村社会に対する真の救済にはならなかった。ローマ帝国の統治権を安定化するためにつくられたイタリア全土にわたる植民地は、農業労働者に農地を与えることになったが、カトー（Cato）や他の改革者の努力にもかかわらず、農業が衰退する要因は取り除かれなかった。利潤追求の面で健全な農業のあり方と根本的に異なる資本のシステムは、絶対的なものとして存続し、二世紀の後半には一層の衰退が進む。

その後、ティベリアス・グラックス（Tiberius Gracchus）が、農家の減少を妨ぐための公的な委員会を設置し、農業法が制定された。その結果、国家の決定により、幅広い階層の人びとに、全イタリアの国有地から小規模の土地が供給され、約八万人の新たな農家が創出されたのである。適切な地域に農業を復活させるためのこの国家の努力は、ローマ帝国農業の大きな発展をもたらしたが、それは不幸にして大地主にもっとも都合がよかった。すでに穀物を生産できなくなった土地は牧草地に変えられ、家畜は大きな牧場に放牧され、ブドウやオリーブは商業的に採算がとれるような方法で栽培されるようになる。こうした農業形態は、奴隷の労働力に依存しなければならず、その供給には恒常的な奴隷貿易が必要であった。

粗放的な農業が、イタリア国民に十分な食料を供給できないのは当然である。食料の供給は他の国々に期待され、増大する労働者階級の食料を確保するために、次々に領土が征服された。これらの地域ではイタリアと同じく、生産力が漸減していく。ついには、上流階級が人口の減少した母国を見捨て、コンスタンティノープル〔現在のイスタンブール〕に新たな首都を建てた。新たな土地への移住によって、前述の問題を解決しなければならなかったのである。ローマ人は、その新しい首都でも、小アジア、バルカン、ダニューブ〔ドナウ〕、エジプトの無尽蔵な地力に依存し続けた。

ローマ帝国の農業が失敗したのは、根本的な認識が欠落していたからである。それは、農業者が当然主張する地力の維持と資本家の経営との矛盾を看過すべきではない、ということである。国家のもっとも重要な財産は国民である。国民の健康とやる気が維持されれば、他のすべてのことがうまくいくであろう。逆にこれが衰退すれば、たとえ裕福だとしても最終的には滅亡してしまう。したがって、国家経済をもっとも強力に支えるのは、活力があって豊かな農村であることがわかる。ゆえに、農業と経済発展との調和が図られなければならない。これに失敗すれば、必然的に両者の破滅をもたらす。

3　東洋（アジア）の伝統的な農業

私たちは、アジアの農業に、本質的に安定的な小農形態を見ることができる。現在、インドや中国で行われている小さな圃場での農業は、何世紀も前から存在していた。ここでは、歴史的な記録を調査したり、アンデスのような驚くべき農業の遺跡を訪れたりする必要はない。アジアで実践されている農業は経験に裏付けられており、森林や草原、海洋のようにほぼ恒久的なものである。たとえば、中国の小さな圃場は、いまだに安定的な生産を維持し、四〇〇〇年の農業生産を経ても地力を失っていない。このアジアの農業の重要な特徴とは何であろうか。

①農地の所有規模は零細である。

インドを例にとれば、労働力と耕地面積との関係は、「農業者一人あたりの作付面積は二・九エーカー〔約一・二ha〕であり、そのうち〇・六五エーカー〔約二六a〕が灌漑されている。一九二一年には、それぞれ二・七エーカー〔約一・一ha〕と〇・六一エーカー〔約二五a〕であった」(『一九三一年センサス』)と報告されている。これらの数値は、熱帯における生活のための努力がいかに激しいかを物語っている。これらの小規模土地所有者は、しばしば、人間の労働力や畜力、潜在的な地力を活用しない粗放的な農業(これは大規模圃場に適する)を行っている。

もっとも東に位置する中国と日本に目を向けると、同様の小規模土地所有形態が、人口と牛の数に影響を及ぼしていることがわかる。キング(King)はその著書『東亜四千年の農民』(*Farmers of Forty Centuries*)の序文で、日本の三大島嶼の一九〇七年の人口は四六九七万七〇〇〇人で、それを二万平方マイル〔約五万km^2〕の耕地で養っていたと述べている。これは、一平方マイル〔約二・六km^2〕あたり二三四九人の割合であり、一エーカー〔約四〇a〕あたり三人以上の割合である。それに加えて日本では、数多くの家畜が飼われていた。一平方マイルあたり、馬が六九頭、牛が五六頭(これはほとんどが畜力として飼われている)、家禽が八二五羽、豚、山羊、羊がそれぞれ一三頭である〔一km^{2}あたり約人口九一〇人、馬二七頭、牛二二頭、家禽三二〇羽、豚・山羊・羊五頭となる〕。

中国には利用可能な正確な統計データはないが、キングが用いた実例は、日本とほぼ同じ状況を示している。山東省の一二人家族の農家は、二・五エーカー〔約一ha〕の耕地に一頭ずつのロバと牛、二頭の豚を飼養している。これは、一平方マイルあたり、人口三〇七二人、ロバ二五六頭、牛二五六頭、豚五一二頭という計算となる〔一㎢あたり約人口一二〇〇人、ロバ・牛一〇〇頭、豚二〇〇頭となる〕。また、キングが調査した中国の農家七戸の所有地は、平均して、人口一七八三人、牛もしくはロバ二一二頭、豚三九九頭を扶養する能力を示した。これは、耕地一平方マイルで消費者約二〇〇〇人、粗食家畜約四〇〇頭を扶養する計算となる〔一㎢あたり約人口七八〇人、粗食家畜一六〇頭となる〕。

こうした驚くべき数値と比較して、一九〇〇年のアメリカ合衆国では、一平方マイルあたり人口六一人、馬とラバが三〇頭であった〔一㎢あたり人口二四人、馬とラバ一二頭となる〕。

②食用と飼料用作物の栽培が圧倒的である。

アジアにおける農業の第一の役割は、農家と家畜とに食料を供給することにある。これは、土地に対する人口圧力によって必然的にもたらされたものである。土は空腹という需要を一番に満たさなければならない。第二は、原料を加工する機械の需要である。この第二の需要は新たに生まれたものであるが、一八六九年のスエズ運河の開通（これによって、農家の小規模圃場は欧米の市場と密接に関係するようになった）と、綿花やジュートなどの地方産業の確立以降、めざましく発展した。地力は、この二つの需要に応えなければならない。インドの耕地が空腹を満たし得ることは、長い経験からわかる。しかし、耕地が機械の需要に応えられるかどうかは、検討の余地が残る。スエズ運河は、まだ七〇年間しか稼働していないのだ。

インド初の紡績工場は、一八一八年にカルカッタ近くのフォート・グロスター（Fort Gloster）で開業した。ベンガルのジュート産業は一〇〇年たらずのうちに発達し、一八三八年に初めてジュートが輸出された。フーグリィ（Hoogly）初のジュート工場は、一八五五年に操業を開始した。これらの地方産業によって、ヨーロッパの工場が必要とする原料の輸出が盛んになるとともに、地力は大きく損耗する。

将来にわたる地方産業の繁栄と存続は、地力を維持するための適切な措置を講ずることによって初めて可能となる。紡績工場やジュート工場の設立、カルカッタの貿易組織の設置、原料を運搬するための船の製造は、これらの事業が安定的・恒久的でないかぎり、利益にならないのは明白である。これらの事業が現在まで蓄積された地力のみを基盤としているのであれば、その事業の推進は愚かであり、資源の浪費になることは明らかであろう。政府や金融資本家、製造業者、流通業者など、機械の需要にばかり気を配っている人びとは、インドの耕地が、この約五〇年間の新しく生じた負荷に耐えていることを認識しなければならない。商工業の需要と地力とが、相互の適正な関係のもとに維持されなければならない。

空腹〔食料〕と機械〔原料〕という二つの需要に対するインドの対応は、表1から明らかにされよう。この表では食用・飼料用作物の作付面積と商品作物の作付面積とが比較されている。

食用作物を重要な順に示すと、米、豆類、キビ、小麦となる。商品作物はさらに多様である。綿花と油料種子がもっとも重要で、ジュートその他の繊維作物、タバコ、茶、コーヒー、アヘンの順に続く。食用・飼料用作物は総作付面積の八六%を占め、商品作物は

表1　イギリス領インドにおける食用・飼料作物および商品作物の作付面積（1935～36年度）

（単位：エーカー）

	作物別	作付面積
食用・飼料用作物	米	79,888,000
	キビ	38,144,000
	豆類その他の穀物	29,792,000
	小麦	25,150,000
	ヒヨコ豆	14,897,000
	飼料用作物	10,791,000
	香料・果実・蔬菜類その他の食用作物	8,308,000
	トウモロコシ	6,211,000
	大麦	6,178,000
	サトウキビ	4,038,000
	総作付面積	223,397,000
商品作物	綿花	15,761,000
	油料種子（主として落花生・胡麻・油菜・からし菜・亜麻）	15,662,000
	ジュートその他の繊維作物	2,706,000
	染料用・タンニン用・薬用・麻酔用・その他の商品作物	1,458,000
	タバコ	1,230,000
	茶	787,000
	コーヒー	97,000
	藍	40,000
	アヘン	10,000
	総作付面積	37,751,000

（出典）*Agricultural Statistics of British India, 1935–36.*

総作付面積の七分の一を占めるにすぎない。商品作物は作付率に関するかぎり重要ではない。

この二五年間に、インドの食料生産において注目すべき変化が起こった。砂糖の生産量は都市〔住民の需要〕を満たすには常に不足し、ジャワ島、モーリシャス島やヨーロッパ大陸から大量に輸入されていた。しかし、今日、シャージャハンプール（Shahjahanpur）〔ウッタル・プラデーシュ州の都市〕での研究、コインバトール（Coimbatore）〔インド西部の都市〕で育種された新種のサトウキビと砂糖製造業の保護のおかげで、ほぼ砂糖の自給が可能となった。〔第一次世界大〕戦前の砂糖の輸入量は、年平均六三万四〇〇〇トンであったが、一九三七年度には一万四〇〇〇トンに減少した。

③混作が一般原則である。

この点で、アジアの農家は、原生林に見られる「自然」の生産原則を踏まえてきた。農作物の主力が穀物である場合、おそらく混作がもっとも広く行われている。キビや小麦、大麦、トウモロコシのような作物は、適当な付属作物の豆類と混作される。この豆類には、穀類よりもずっと遅れて成熟する種類もある。ピジョン・ピー（pigeon pea, *Cajanus indicus Spreng*）は、おそらくガンジス・デルタでもっとも重要なマメ科作物であり、キビあるいはトウモロコシのいずれかと混作される。穀類とマメ科植物の混作は、両方に役立つようである。二つの作物がいっしょに栽培されると、それぞれの作物の生育がよりよくなる。これらの作物の根から、相互にとって有効な物質が分泌されるのであろうか。熱帯のマメ科植物と穀類の根に共生する菌根の相互作用が、この分泌を促すのであろうか。現在の科学では、この問いに答えられない。その研究は開始されたばかりである。

欧米の科学が認識し始めたばかりの問題で、アジアの農民がそれを予見し、先がけて解決を図ってきた実例が、もう一つある。適切な組合せでの混作が作物の生育を促す理由はともかくとして、混作は単作よりもよい成果をあげるのは一般的な事実である。これは、イギリスにおいて、エン麦と大麦、小麦と豆類、ベッチ類〔マメ科ソラマメ属の植物の総称。ソラマメ、スズメノエンドウなど」とライ麦、クローバーとライグラスの混作やガラス温室での集約的な野菜栽培に見られる。オランダの先駆者は、オーストラリアの中国人野菜農家の混作をまねることによって、農作物の収量を著しく増大させた。[1]

④家畜と農作物とのバランスが常に保たれている。

一般的に、アジア農業では家畜よりも農作物が重視されるが、無畜農業はほとんど見られない。これは、牡牛が耕耘に、水牛が搾乳に必要とされるからである。[2] 家畜の排泄物は、世界の一部で活用されているにもかかわらず、一般的には土づくりに十分に活用されていない。中国人は、過去長年にわたって、堆肥の製造における家畜の尿と排泄物の重要性を認識してきた。インドでは、こうした排泄物に対する関心がきわめて低く、有用な家畜の糞の大部分が燃料として焼却されている。

さらに、アジアのほとんどの国では、人間の排泄物が土地に還元されている。中国では、作物へ直接施用することを目的に、人間の排泄物が集められる。インドでは、人間の排泄物は、集落のまわりの土地に集中して施用される。仮に、住民あるいはその一部が数年間でも、もっと遠くの土地に施用すれば、集約的な農業が行われる集落の耕地面積を少なくとも二倍にできたであろう。ここに、インドの新たな政府は、一ルピーも使わずに生産量を増大できる可能性がある。インドには五〇万もの集落があり、その集落のまわりには、住民の慣習によって常に過剰に施肥されている非常に肥沃な土地が存在する。

この土地で栽培された作物を調べれば、収量が高く、作物には病気がまったくないことがわかる。インドだけでも、土地の肥沃度と植物の健全性との関係に関する実例は五〇万もある。ローザムステッド（Rothamsted）のような農業試験場が実験を始める前に、そうした実験は数世紀にもわたってごく自然に行われてきたのである。それにもかかわらず、近代農学はその成果に関心を払わず、数式による実証がないことをおもな理由として、それを断固として受け入れない。これらの事例はまた、ルドルフ・シュタイナーの教え子が「人間の排泄物の施用は有害である」とする考えへの反論でもある。

⑤マメ科作物が一般化している。

アジアの農家は、マメ科作物が地力の増進に重要な役割を果たしていることを、数世紀にわたる経験から学んだ。にもかかわらず、欧米の科学がその事実を受け入れたのは、三〇年間にも及ぶ論争を経た一八八八年になってからのことである。輪作体系にマメ科作物を組み込むのは、古くからどこにでも見られる普遍的な実践の一つである。インドのガンジス平原のような地域では、マメ科のピジョン・ピーが心土破砕機として深耕にも利用される。深く拡がった根は、固まった泥土の通気性を改善するのである。この泥土は、イギリスのリンカーンシャー（Lincolnshire）のオランダ（Holland）地区のものと非常によく似ている。

⑥一般的に、先端が鉄の木製の犁で浅耕される。

欧米で除草に使用されているような土壌を反転するための犁は、アジアでは考え出されなかった。その理由は以下のとおりである。第一に、熱帯気候において除草のための土壌反転は必要なく、太陽がその仕事を自然に行ってくれること、第二に、圃場を均平に保つことが、地表面の排水や局所的な湛水、灌漑にとって必要不可欠なこと。加えて、最近、浅耕を行う他の理由も指摘された（二五九〜二六〇ページ）。有機物の形で土壌に蓄積されている窒素は、適切に保存されなければならない。窒素は、農民にとって資本の一つだからである。過度の耕耘と深耕は窒素の酸化を促し、地力のバランスがやがて失われてしまうことになる。

⑦米はいかなるときでも、可能なかぎり栽培される。

アジアでもっとも重要な農作物は米である。すでに指摘したように、インドの米の生産量は、他の二つの食用作物を合わせた生産量よりも上回っている。土壌と水利の条件がそろえば、常に米が栽培される。この作物に関する研究課題は解明されつつある。一見すると、米は欧米近代農学の大原則の一つと矛盾しているように見える。すなわち、穀類は窒素肥料に依存するという原則である。インドの多くの地域では毎年、大量の米が同じ土地において無肥料で生産されている。農村の水田は、都市や海外に大量の米を輸出しているが、それに相当する窒素化合物を輸入していない。水稲は窒素をどこから摂取するのであろうか[3]。

可能性の一つは、泥土の表面の藻類による空中窒素の固定である。もう一つの可能性は、家畜の糞を大量に施用して育苗される苗床である。大量の窒素と他の養分が、苗の中に蓄えられるからである。苗は、倉庫のように、あらゆる養分を蓄えておく。その養分によって水稲は無事に生育でき、おそらく、その後の成長に必要な窒素も、いくらか供給する。この育苗の施肥方法は、農業の一般原則を実証するものである。その一般原則とは、肥沃な土壌に作物を植え付けること、植物が生長に必要な大量の物質をできるだけ早く吸収できるように管理すること、の二点である。

⑧十分な労働力の供給がある。

農村の人口密度が非常に高いので、労働力はどこでも豊富に存在する。インドの農民と家畜の農閑期における現地相場を金銭に換算すれば、驚くほど大きな数値がはじき出されるであろう。しかし、この農閑期はすべてが無駄なわけではない。播種の準備と収穫に必要とされる集約的な労働による疲労を回復するのである。逆に、農繁期には時間が何よりも貴重で、誰もが朝から晩まで働く。耕起や整地、播種には細心の注意と技術を要し、短期間で終わらせなければならない。それゆえ、大量の労働力が必要不可欠なのである。

こうした小農形態の農業では、土地に対する人口圧力が貧困を生む。インドをはじめとした多くの地域では、狭い土地を所有しているために、集約的農法を必要とする農地で粗放的な農業が行われている。この不利な条件にもかかわらず、地力が数世紀にもわたって維持されてきたのは驚くべきことである。これは、自然の原則に則った生産を行い、化学肥料を用いなかったからである。作物は、農薬を使用することなく、害虫や病気を克服できるのである。

4　欧米の農法

欧米の農業の貢献を概観すれば、少なくとも三つの需要を満たそうとしているように見える。①家畜を含めた農村住民の地域的な需要、②発展する都市の需要（地力の観点からすれば、都市住民は非生産的である）、③工場での生産のため、常に原料の供給を必要とする機械の需要、の三点である。一九世紀、都市の人口は後先考えずに増大し続けた。機械が効率的になるにしたがって、原料の需要は増大する。そして、低下する利潤は、製品の増産によって埋め合わされる。これらはすべて、土地に対する負担と地力に対する要求を強める。欧米農業を批判的に分析し、増え続ける課題を解決する方法を模索することは、重要であろう。これは、欧米農業のおもな特徴の究明によって可能である。その特徴とは、以下のとおりである。

①農地の所有規模が大きくなる傾向にある。

欧米の所有農地規模は、フランスやスイスの家族経営規模の農場から、ロシアの集団農場やアメリカやアルゼンチンの大規模農場まで、さまざまである。農場規模の拡大に反比例して、面積あたりの農業労働者数は減少する。たとえばカナダでは、農地一〇〇〇エーカーあたりの農業労働者数は、一九一一年の二六人から一九二六年には一六人に減少した。このデータが公表された後、農業労働者数はさらに縮小した。この事態は、労働力の不足と貴重性から発生したものであり、省力化を進める研究を推進させたのも当然である。

②単作が一般的である。

ほぼすべての場所で純粋な単作が行われ、輪作体系における短期間の草地を除いて、混作は稀である。北アメリカの肥沃なプレーリーにおいても、輪作は知られていない。小麦が年々連作され、麦ワラに家畜糞尿を加えて堆肥化する試みはなされていない。ワラはかさばる厄介なものであって、毎年焼却される。

③急速に、機械が畜力に取って代わっている。

機械化の進展が欧米農業のおもな特徴の一つである。人間労働や畜力を省力化する機械が発明されると、それは急速に普及する。あらゆる種類のエンジンやモーターが一般化し、農業においても電化が始まっている。世界の小麦地帯におけるコンバインの発達が、欧米農業の機械化のもっとも新しい一例である。

また、耕耘のスピードは速く、より深耕になる傾向にある。何度もより深く耕起するにしたがって、収量が多くなるという考え方が強まっている。土壌を攪拌するための高価な重機、ジャイロ・ティラー（gyrotiller）の開発が、この考え方の一つの現れである。ローマ帝国の奴隷は、農業機械に置き換えられてきた。しかし、馬や牛の代わりとなったエンジンや電動モーターは、重大な不利益をもたらす。これらの機械は糞尿を排出せず、地力の維持に寄与しない。この意味で、欧米農業の機械は、古代ローマの奴隷よりも非能率的である。

④化学肥料が広く施用されている。

欧米における施肥の特徴は、化学肥料の施用にある。第一次世界大戦中、爆薬製造のために空中窒素の固定を行っていた工場は、その他の市場を見つけなければならなかった。その結果、農業における窒素肥料の施用が増大した。今日では、農家および園芸農家の大多数が、市場で販売されているもっとも安価な窒素N、リン酸P、カリKを利用した施肥計画を設計する。便宜的にＮＰＫ精神とも評されるものが、農業試験場や農村での農業を一様に支配している。戦争時に国家を守った爆薬工場が、化学肥料の製造という強固な権利を得たのである。

化学肥料の施用は堆厩肥より労力がかからず、面倒でない。トラクターは馬よりも力が強く、仕事も速い。また、長い休憩時間に、食べ物や経費のかかる世話も必要としない。この二つの力によって、農業経営が容易になり、十分な利潤が得られた。しばらくの間、経営は黒字であったが、この実態にはもう一つの側面がある。これらの化学資材と機械は、土壌を健全な状態に保つためには何の役にも立たない。これらの使用によって、作物の生長の過程と腐植化の過程とのバランスが崩れる。これらができるのは、土壌に蓄積された資本を現金化することぐらいである。したがって、無畜農業の試みが必ず失敗することは、明白である。

⑤病気が増加している。

化学肥料が普及し、肥沃な土壌中に蓄積された天然の腐植を使い果たすにしたがい、そこで栽培された作物や家畜の病気が増加してきた。欧米における口蹄疫の蔓延と、それとは無縁なアジアの健康に育った家畜を比べた場合、また、欧米の諸地域を比較した場合、不適切な農業と家畜の病気との間には、密接な関係があると結論せざるを得ない。ジャガイモや果物の栽培で、堆厩肥の施用が減り、地力が減退すると、必ず農薬が散布される。

⑥食料の貯蔵方法も進歩している。

欧米農業の特徴は、食料の貯蔵方法の発展にある。それによって、肉、牛乳、野菜、果物のような農産物が土から収穫され、消費されるまでの時間が伸びている。これは冷凍、二酸化炭素の利用、乾燥、缶詰めという方法による。食物はこの方法で一時的に保存されるが、たとえばこの二五年間に消費者の健康に与えた影響はいかなるものであろうか。食物の一級の新鮮さを保存できるであろうか。仮にそれができれば、科学は人類に真の貢献をしたことになる。

⑦科学は生産を促進するように要請されてきた。

欧米農業のもう一つの特徴は、農学の発展にある。農業における諸問題の解決や土地生産力の向上に関して、多くの科学分野の協力を得るための努力がなされてきた。これによって、多くの農業試験場が設置され、印刷物の形で膨大なアドバイスが次々と発せられるようになった。

だが、農学の考え方に基づいて急速に発達した商業的農業はことごとく失敗している。自ら肥培する機能を奪われた大地は、人間に反抗している。土地は生産を拒否しつつある。地力は減退している。イギリスのような食料生産地域、原料生産地域を調査すると、土壌がもはや負荷に耐えられないことは疑いもない。地力は、とくにアメリカやカナダ、アフリカ、オーストラリア、ニュージーランドで急速に減退している。イギリスでは、ほとんど農業が放棄され、最優等地を除いて本当の姿の農業は営まれていない。世界中に見られる地力の消耗は、進行する土壌浸食の脅威によって示されている。事態の深刻さは、今日の新聞や行政機関のこの事実に対する関心度によって証明される。たとえば、アメリカでは、残されている良質な土壌を守るために、政府があらゆる手段を発動している。

以上、農業生産システムの変化の過程を地力の観点から簡単に見てきた。また、さまざまな農業生産システムのおもな特徴を要約してきた。これらのうちでもっとも重要なのは、森林で見られたような「自然」の機能である。作物の生産量の向上と同時に、地力の維持や大量の腐植の蓄積は、日光と雨水の最大限の利用によってなされている。あらゆる廃棄物を土地に還元することに並々ならぬ関心を払う中国の農民は、「自然」によって創り出された理想の形にもっとも近い。彼らは、地力を低下させることなく一定の土地で膨大な人口を維持した。これに対して古代ローマ帝国の農業の失敗は、土壌を肥沃な状態に維持できなかったことに原因がある。欧米の農家は、ローマ帝国が犯した過ちを繰り返している。しかし、ローマ帝国の土壌は、比較的少数の人口の空腹〔食料〕を満たすことを要請されただけである。当時、機械〔原料〕の需要はほとんどなかった。欧米においては、空腹を満たすべき人口が比較的多いのに、増大する機械の需要〔原料〕が土壌に対する負担を付加している。ローマ帝国は一一世紀の間、継続できたが、欧米の支配権はいつまで持ちこたえられるのであろうか。

その回答は、その課題に取り組む国民の知性と勇気にかかっている。人類は、貴重な宝物である地力の維持のため、この事態を収拾できるだろうか。この回答に文明の将来がかかっている。

（1）私は、F・A・セクレット（Secrett）がイギリスにこのシステムを大々的に導入した最初の人物であると考える。彼は、メルボルンで初めてそれを見たと私に語った。

（2）水牛はアジアの乳牛である。稲作における有効な労働力となるだけでなく、欧米の優良種であれば餓死してしまうような飼料で飼育され、大量の良質の牛乳を生産できる。熱帯地方、とくに、アフリカや中央アメリカ、西インド諸島の農村にいる水牛が新たな環境に順化すれば、地力と人びとの栄養の改善に大いに役立つであろう。

（3）海外に米を輸出している地域の実例としてビルマを取り上げよう。一九二四年までの二〇年間に、約二五〇〇万トンのモミ米が、約一〇〇〇万エーカー〔約四〇〇万ha〕の土地から輸出された。モミ米には約一・二％の窒素が含まれているので、二〇年間に輸出されたりモミガラの焼却によって失われた窒素の量は、三〇万トン近くになる。この絶え間なく失われた窒素は、肥料の輸入によって補われていないので、地力は次第に低下していくであろうと考えられる。にもかかわらず、ビルマでも、ベンガルでも、地力は低下しておらず、米は何世紀にもわたって連作されてきた。土壌がどこからか窒素を新たに補給していることは明らかであり、そうでなければ作物は生育できないであろう。その供給源は、泥土の表面に堆積して皮膜をつくる藻類が固定した、空気中の窒素であると考えられる。これは、現在研究が進められている熱帯地方の農業の研究課題の一つである。

〈参考文献〉

I, Delhi, *Agricultural Statistics of India*, 1938.
Howard, A., Howard, G. L. C., *The Development of Indian Agriculture*, Oxford University Press, 1929.
King, F. H., *Farmers of Forty Centuries or Permanent Agriculture in China, Korea, and Japan*, London, 1926.
Lymington, Viscount, *Famine in England*, London, 1938.
Mommsen, Theodor, *The History of Rome*, transl. Dickson, London, 1894.
Wrench, G. T., *The Wheel of Health*, London, 1938.

第Ⅰ部　農業における地力の役割

第2章　地力の本質

地力とは何か。それは、正確に何を意味するのか。土壌や作物、動物にどんな影響を与えるのか。それに関する最良な研究方法とはいかなるものか。本章では、これらの疑問に答え、地力が持続的な農業の生産システムの基本となる理由の提示を試みる。

地力の本質は、「自然」との関係という視点から考察する場合においてのみ、理解できる。地力に関する研究においては、細分化・専門化された研究分野からアプローチするという従来どおりの方法や、一般的な農業試験から得られた数値の統計的分析から、脱却しなければならない。問題の細分化、科学的な分析方法による断片的な研究は、新事実の発見には有効である。しかし、私たちは総合的にアプローチし、一つの大きな課題として生命の循環に注目すべきである。互いに無関係な事物の寄せ集めのごとくにみなしてはならない。

生命循環のあらゆる要素は、密接に関連している。すべてが自然の活動に不可欠で、同じように重要であり、省いてよいものは何もない。したがって、私たちは自然の作用体系との関連という視点から地力を研究し、この課題に密接に関係する研究方法を採用しなければならない。私たちは、定量的な分析結果にこだわる必要はなく、定性的な分析でも研究の目的を達成できるであろう。

また、私たちは、企業の経営を学ぶように、地力に注目しなければならない。企業経営の収支決算は、貸借対照表、営業方針、経営方法まで含めて考慮しなければならない。それは、年単位の特定の取引や収支だけではなく、事業全体である。地力に関しても同様である。私たちは、一本一本の木を見るのではなく、森を見なくてはならない。

1　生長と分解

生命の循環は、生長〔統合〕と腐朽〔分解〕という二つの過程から成り立っており、それらは対になっている。まず、生長について考えよう。土壌は植物を生産し、植物は動物の餌となる。植物と動物は人間の体に摂取され、そこで消化される。健全に生長し、正常で、精力的な人間は、私たちの知るかぎり、生態系ピラミッドの頂点に位置するという意味で、もっとも進化した生物である。土壌から人間へとつながる連鎖が途切れることはない。生命循環の各要素はあらゆる要素とつながっており、生命循環は各要素の統合でもある。そして各段階は、その一つ前の段階に依存している。それゆえ、生長は総合的に捉えられなければならない。

生長に要するエネルギーは、太陽から供給される。そのメカニズムは緑色植物の葉緑素にあり、それによってエネルギーが取り入れられる。こうして植物は、食物を生産できる。すなわち、根によって吸収された水とその他の物質、大気中の二酸化炭素から、炭水化物やタンパク質を合成するのである。したがって、緑色植物の役割がもっとも重要であり、地球上の食物の供給や私たちの健康と活動はこれに依存している。緑色植物以外の食物、栄養分の供給源はない。日光と緑色植物がなければ、私たちの経済活動はすぐに成立しなくなるであろう。

緑色植物の働きに影響するおもな要因は、土壌の状態と、土壌と植物の根との関係にある。植物と土壌は、根毛と菌根の共生という二つの手段を有する根の仕組みによって、うまくかみ合っている。これがかみ合う第一の条件は、土壌内部の表面積、つまり孔隙が、作物の生長と分解によって〔作物が根を張りめぐらせた後、分解すると、その根があった場所には空間が生じる」、できるだけ大きくなることである。薄い水の膜で覆われた孔隙の内壁において、必要不可欠な土壌の活動が行われるからである。おもに、バクテリア、菌類、原生動物からなる土壌内の生物は、その一生の活動をこの水の膜で営む。

もっともよく理解されているように、土壌と植物とは根毛の働きによって接触している。この根毛は、表皮細胞が伸びたものである。根毛の役割は、葉の働きに必要な水分と溶解したミネラルを、孔隙の内壁を覆う水の膜から吸収することにある。実際の養分がこの方法で植物に摂取されるのではなく、緑葉が食物を合成するために必要な要素が吸収されるだけである。この孔隙での諸活動は、適量の酸素が不可欠な呼吸活動によって影響を受ける。また、吸収された酸素と同じ量の二酸化炭素が、呼吸の副産物として自然に生じる。酸素を供給し、二酸化炭素を減らすためには、孔隙は大気との接触を保たなければならない。土壌は通気性を高めなければならない。ここに耕耘の重要性がある。

土壌内の生物の多くは葉緑素をもたず、もっていたとしても光が届かないので、エネルギーが供給されなければならない。エネルギーは腐植の酸化作用によって得られる。腐植とは、部分的に酸化された植物と動物の残渣と、こうした廃棄物を分解する菌類やバクテリアによって合成された物質との複合物質を指す。

この腐植は、土壌の小さな粒子をより大きな粒子に結合させる成分（cement）を供給するので、孔隙の維持に役立つ。土壌の腐植が不足すると、孔隙の量は減少し、土壌の通気を妨げる。また、土壌内の生物のための有機物が不足し、土壌の機能が低下する。根毛が必要とする酸素、水、溶解したミネラルの供給が減少し、緑葉での炭水化物とタンパク質の合成のテンポが遅くなり、植物の生長に影響を及ぼす。したがって、生命循環の第一段階を機能させるためには、腐植が土壌にとって不可欠となる。

腐植を重要とする他の理由もある。土壌中の腐植の存在は、土壌と植物との第二の接触を適切に機能させるために不可欠な条件だ。すなわち、菌根との共生関係である。腐植によって生存するある菌類は、この接触を機に若い根の活性細胞に侵入して、植物との密接な関係を取り結ぶ。

現在、この共生に関する詳細な研究、検討が行われている。土壌中の菌類と植物の細胞は、藻類、菌類、地衣類との共生関係よりも密接な関係で、共生している。菌類が享受する利益は今後、明らかにされなければならない。一方、植物が享受する利益は容易に理解できる。こうした根の適当なサンプルを顕微鏡で調べると、菌糸が植物によって消化・分解される段階のすべてを観察できる。この共生関係の終わりには、根は菌類をすべて消費する。こうして、菌類が土壌中の腐植から一部摂取した炭水化物やタンパク質を根は吸収できる。したがって、根と菌根の共生関係は生きた橋渡し役であり、それによって腐植の豊かな土壌と作物が直接結びつけられ、食物の生産にすぐに役立つ養分が土壌から植物に移動できる。

この共生関係が植物の葉にどのような影響を与えるかは、科学がこれから研究しなければならないもっとも興味深い問題の一つである。緑葉での炭水化物とタンパク質の合成は、この土壌中の菌類の消化物質によるものであろうか。まず、この事実を証明しなければならない。病気に耐え、質のよい根には、この消化物質が存在しているのであろうか。それが事実なら、人間の健康と幸せが菌根の共生関係との効果にかかっていることが容易に理解されよう。

肥沃な土壌では、土壌と植物が前述の二つの方法で同時にかみ合っている。このかみ合いを確立し、維持するために、腐植は必要不可欠である。したがって、腐植は自然循環機能の鍵となる物質である。この物質なくして、自然循環は有効に機能できない。

自然の循環をスムーズにし、成立させる分解作用は、どの山林の表土でも機能している。これはすでに九ページで論じた。そこでは、動植物の混合廃棄物がどのように腐植化し、どのように森林が自らを肥培するか論じている。

以上が自然循環において必要不可欠な要素である。その要素とは、一つが生長〔統合〕、もう一つが腐朽〔分解〕である。自然による生産機能においては、これら二つの補完関係のバランスが成立し、維持される。アジアで見られた農業だけが、自然におけるこの生産の原則を忠実に守ってきた。したがって、生長作用と分解作用の適正な関係が、農業を成功させるための第一の原則であることがわかる。農業は常にバランスを保たなければならない。生長を促進させれば、分解も速めなければならない。仮に、一方で土壌の蓄積が消費されれば、農業は適切な作物生産を維持できない。それは農業ではなくなり、農家も悪人に変わってしまう。

2　地力とは？　腐植とは？

ここで、地力の意味がより明確に定義できる。それは、生長作用を迅速・円滑・効率的に促進する、腐植に富んだ土壌の状態にある。したがって、この概念には、多収、良質、耐病性といった要素も含まれる。人間の食べる小麦を完璧に生育する土壌は、肥沃な土壌と言える。肉や牛乳の一級品が生産される放牧地も、同じ範疇に入る。もっとも良質の野菜が栽培される園芸地帯は、もっとも肥沃度が高かった。

地力は、なぜ土壌や植物、動物に著しい影響を及ぼすのか。それは、土壌に含まれている腐植の効果による。それゆえ、腐植の分解によって生じる物質と同様に、腐植の本質と特性が重要である。次に、この点について考察しなければならない。

腐植とは何か。この疑問に対する回答は、一九三八年にワクスマン（Waksman）が発表した偉大な論文の第二版にわかりやすく解説されている。この論文では、一三一一枚の原稿に腐植の定義がまとめられている。

「腐植とは、一般的に、土壌・堆肥・泥炭地・水たまりなどの好気性・嫌気性の条件下で、微生物による動植物性残滓の分解中に生成された、褐色もしくは暗色の非結晶性の複合物質である。化学的に見れば、腐植はさまざまな成分によって構成されている。具体的には、本来の植物性の物質のうち、それ以上は分解しない物質、現在分解を受けている物質、加水分解・酸化・還元のいずれかの分解の結果生じる複合体、微生物によって合成されたさまざまな化合物などである。腐植は、自然界の物質である。つまり、植物、動物、微生物の要素からなる複合体であり、すべての要素がその生成にかかわっているので、化学的に一層複雑になる。腐植はある特殊な物理的・化学的・生物的な特徴を有し、それによって他の有機物と区別される。腐植は、それ自体で、もしくは土壌中のある無機成分の相互作用によって、複合的なコロイド組織を形成し、表面張力によって他の要素と結合している。この組織は、刺激、水分、電解質による条件の変化に適応するのに適している。このコロイド組織では、土壌微生物の多種多様な活動が起こる」

したがって、化学的・物理的観点からすると、腐植は単純な物質ではない。腐植は、そのもとをなす残渣の性質、分解の起こった条件、分解の程度が異なるさまざまな有機物の、非常に複雑な混合物から成り立っている。だから、どのような場所でもまったく同じ腐植はない。間違いなく、環境の産物なのである。そのうえ、腐植は生きており、かつ、多くの養分を下層土から引き出す多様な微生物が豊かに存在する。自然界での腐植は、動態的なものであって、静態的なものではない。それゆえ、農学の視点から、化学的な組成によって分析・評価できる硫酸アンモニアのような単純な要素を対象としているのではない。私たちは、農家が直接見ることのできない生産力の重要な要素、つまり土壌の働きを促進する生物が一時的に宿っている有機複合体を論じている。だから、腐植は生産力の一要素であり、この点で、農地におけるもっとも重要な要素なのである。

この点で、腐植のさまざまな特性に関心を払って、それがいかに化学肥料と異なっているかを認識することが重要である。この瞬間にも、世界中の試験場では、現在の作物栽培に影響を与える腐植とさまざまな化学肥料との比較試験が進行している。ただし、それらは単なる窒素含有量に基づいたものである。腐植の特性を少し考えるだけで、これらの試験が地力の誤った考え方に基づいており、誤解を生じさせるので役に立たないことがわかる。

ワクスマンは腐植の特徴を次のようにまとめている。

① 腐植の色は、黒褐色から黒色である。

② 腐植は、その一部が純粋な水に溶解し、コロイド状になるが、そのほとんどは溶解しない。希薄なアルカリ溶液に非常によく溶け、とくに煮沸する場合、黒褐色の抽出液を出す。この抽出液の大部分は、そのアルカリ溶液が酸によって中和されると沈殿する。

③ 腐植は、植物や動物、微生物よりも若干多い炭素を含有している。その炭素含有率は一般的に五五～五六％であり、ときには五八％にも及ぶ。

④ 腐植は、一般的に三～六％程度の窒素を有する。しかし、窒素含有量は、しばしばこの数値を下回る。たとえば泥炭の場合、窒素含有量は〇・五～〇・八％にすぎない。逆に、心土〔心土とは、作土層あるいは耕土層より下の土層の総称であり、一般的に作土層に比べて緻密で、腐植や有機物は少なく、養分も乏しいといわれている。また、作土層は、耕耘により撹乱された土壌上部で、耕耘や施肥、灌水など作物を栽培するために人為的な作用を大きく受けている土層をいう〕ではもっと高くなり、一〇～一二％に達することもある。

⑤ 腐植は、炭素と窒素を約一〇対一の割合で含む。この事実は、海底の多くの土壌と腐植についても同様である。しかし、この比率は、腐植の性質、その分解の段階、それが得られる土壌の性質と深さ、形成される気候やその他の環境条件によって、かなり異なる。

⑥ 腐植は静態的なものではなく、むしろ動態的な状態にある。なぜなら、腐植は常に動植物の残滓（ざんし）から形成され、さらに、微生物によって絶え間なく分解されるからである。

⑦ 腐植は、さまざまな種類の微生物の集まりを生長させるエネルギー源となり、分解の間、絶え間なく二酸化炭素とアンモニアを排出する。

⑧ 腐植の特徴は、塩基置換力やその他のさまざまな土壌成分との化合力、吸水性、膨潤性が高いこと、および、植物や動物の生命を支えている基質の構成要素をつくり出す物理的・化学的な特性にある。

この特性の一覧に加えて、団粒構造の形成と維持に重要な結合剤としての腐植の役割をあげなければならない。それによって、耕土が保全される。

3　植物に対する腐植の効果

作物に及ぼす腐植の効果は絶大である。自然と密接に接しながら生活している農家は、作物を見るだけで、その土壌が腐植に富んでいるかどうかを判断できる。腐植が豊かな場合、植物は独特の特徴を有するようになる。繁った葉は独特の様相を呈し、健康的になる。花の色も濃くなり、植物のあらゆる器官の形態的な特性が明確に、鮮明になる。根も単に伸びて拡がるだけでなく、活き活きとしてくる。

植物に対する腐植の影響は、あらゆる器官の表面的な変化にとどまらない。生産物の質にもよい影響を及ぼす。種子はより発達するので、作物の収量が増す。それゆえ、家畜は、疲弊した土地の生産物では享受できない満足感を得られる。肥沃な土地から食物が生産されれば、動物は少量の食料しか必要としない。腐植に富んだ土地で生産された野菜や果物は、他の方法で生産されたものよりも、品質や味、保存性の点で優れている。ワインなどの品質も、他の条件が同じであれば、同じことが言える。フランスのような国では、どの農村住民もこのポイントを十分に認識しているので、何のアドバイスもなく自由にこれらについて雄弁に語るであろう。

飼料用作物の場合では、近年、地力と品質の関係に関する非常に興味深い研究が行われている。次の事実は、プロヴァンス〔フランスの南東部〕のサロン（Salon）とアルル（Arles）との間にあるラ・クロー（La Crau）の牧草地で認められた。この地方の採草地は、デュランス（Durance）から流出した細かい石灰岩を含んだ泥水によって灌漑され、そのほとんどが堆厩肥によって肥培されている。土壌は多孔性で、浸透性がよく、土地はもともと排水性がよい。地力の基礎となるすべての要素が備わっているのだ。具体的には、豊富な有機物と適度な土壌水分を有する多孔性の土壌、そして植物の生長に適した気候である。初めてこの牧草地を見た牧畜業者は、決まってそうした印象を受けるであろう。

質の高い家畜の持ち主が遠方の採草地の粗飼料を購入しても割に合うという事実が、この干し草を作っている採草地を貫く一本道によって証明される。実際にその道を通って粗飼料が運送されているのである。毎年、数回、牧草が刈り取られ、その質は高い評価を受けている。その牧草の俵は、貨物自動車ではるばるとフランス国内の多くの競馬厩舎に送られ、イギリスのニューマーケット〔イギリスで競馬が有名な町〕にまで輸出される。胃袋の小さな競走馬は、できるだけ質のよい飼料を必要とするからである。ラ・クローの牧草地は、こうした良質の飼料を生産しているのである。

この灌漑されている牧草地の起源に、興味がもたれる。この採草地は、ブロードバーク（Broadbalk）・モデルの長年にわたる肥料実験の結果から生まれたものだろうか。それとも、その地方の先駆者たちの実践によって生まれたものであろうか。

私は、後者が真実に近いのではないかと考えているが、この疑問に対する明快な答えが待たれる。なぜなら、ローザムステッドで最近行われた議論では、「地力と良質の農産物との相関関係の証拠が、文献から発見できない」と述べられたからである。とはいえ、プロヴァンスの農業者は、その証拠を、満足のいく価格で販売できるという形で示した。近年、品質を測定する唯一の方法は、それを売ることでしかないようである。研究所の方法では測定できなくても、実際に高い価格で売られているのだ。そして、農業ではそれがきわめて重要である。いくつかの試験場は、この相関関係をいまだに把握できていないが、農家は十分に把握している。それゆえ、研究所と農家の間に効果的な連携が早急に確立されるべきである。

家畜に対する地力の影響は、圃場で観察できる。家畜は植物に依存しているので、植物の栄養的な特性が家畜にまで及ぶことは、当然考えられる。そして、まったくそのとおりであった。地力の効果は、家畜の健康状態から簡単にわかる。これは、イギリスのいくつかの有名な牧場のよく太った牛を見ただけで容易に理解できよう。

牛は、よく肥え、溌剌としており、毛と肌は健康で、目は澄んで活き活きと輝いている。家畜の様子から、その健康と幸せさがわかる。体重や体長を計る必要はない。すべてが良好かどうか、土壌が悪いのか、経営が悪いのか、両方が悪いのか、一部の優良な家畜業者や良質の家畜を取り扱っている屠畜業者はすぐにわかる。地力や経営の適切さは、市場で取引される家畜の価格や、市場における畜産業者のランクによって評価される。農学研究者に必要なことは、イギリスでもっとも良質な家畜の数頭を市場に連れて行き、何が起こるかを見ることである。もっとも良質な家畜はもっとも肥沃な牧場で育ち、競売人と買い手はすぐに品質を見極め、こうした家畜にはすぐに買い手と最高値がつくことがわかるであろう。最終的に、放牧地の評判は、屠畜業者と彼の顧客にまで伝わる。

病虫害に対する耐性も、腐植によって強められる。おそらく、このもっともよい実例はアジアで見られる。インドの五〇万の農村を取り囲む肥沃な土壌で栽培される作物は、ほとんど病害虫の被害を受けない。この詳細は、「病害虫発生前の作物と家畜の退化」について論じた第11章で後述する。

地力は作物や家畜だけではなく、地域の動物相にも影響を及ぼす。これは地力のまったく異なった地域を流れる河川の魚類から、もっともよく観察されるであろう。この違いは、アイザック・ウォルトン（Isaac Walton）の『釣道楽』（*Compleat Angler*）の第5章で、次のように描写されている。

「さて、話を先に進めよう。ヒアーフォードシャー（Herefordshire）にある、レオミンスター（Leominster）のはずれのある牧場では、羊の放牧が行われていた。その牧場の羊は、隣の牧場よりもよく肥えていて、羊毛もすばらしかった。要するに、特別な放牧地に連れてこられた羊の羊毛は、以前よりもずっとすばらしくなる。逆に、元の放牧地に戻されると羊毛の質が落ちる。再び質のよい放牧地に戻されて飼育されれば、良質の羊毛に戻る。これは紛れもない事実である。私の確信を信じてほしい。私がある採草地で釣った鱒は、青白くて元気がなく、とても貧弱だ。隣の採草地で鱒を釣ると、力強くて赤みを帯び、溌剌として肉付きもよい。研究者の皆さん、これは本当のことである。私は、ある特別な採草地で多くの鱒を釣ったが、その鱒は非常に型がよく、色艶もよかった。眺めていて楽しくなるほどであった。そこで私は気分がよくなって、『万物はその旬に美しい』というソロモンの言葉で結んだ」

地力は、適切な自然循環機能と物質循環機能、そして農業の基本的な原理の適用と忠実な実践からもたらされる状態である。そこでは、生長と分解のバランスが常に保たれなければならない。この状態の必然的結果が、生きた土壌であり、良質多収の作物であり、健康で溌剌とした家畜である。豊かな地力と農業の繁栄の鍵は腐植にある。

〈参考文献〉

Rayner, M. C., *Mycorrhiza : an Account of Non–pathogenic Infection by Fungi in Vascular Plants and Bryophytes*, London, 1927.

——'Mycorrhiza in relation to Forestry', Forestry, viii, 1934, p.96 ; x, 1936, p.1 ; and xiii, 1939, p.19.

Waksman, S. A., *Humus : Origin, Chemical Composition,and Importance in Nature*, London, 1938.

第3章　地力の回復

1　地力の低下と維持

人類が作物の栽培と家畜の飼育を手がけるようになったと同時に、自然の営みは人間の干渉を受けるようになった。食料や、衣類に必要な羊毛・皮製品・植物繊維のような原料を生産するために、地力が掠奪された。西欧で産業革命が始まるまでは、こうした農業生産に伴う腐植の消耗は、土壌への廃棄物の還元、もしくは未開墾地の獲得によって補われていた。

生産に伴う腐植の消耗と廃棄物の還元とのバランスがとれた地域では、農業生産のシステムは安定化し、地力は低下しなかった。中国での事例は、すでに言及したとおりである。イギリスを含めた西欧の大部分に見られる伝統的な複合農業は、同様のもう一つの事例である。この複合農業とは、農地と家畜の適正なバランス、廃棄物の堆肥化、羊の囲い込み放牧、多くの短期的な輪作草地の利用に特徴づけられる。

疲弊した農地の代わりとなる新たな農地の開墾が数世紀にもわたって行われ、いまでも行われている。これが戦争や侵略を伴う場合もある。単に、草原や森林を獲得するにすぎない場合もある。しかし、これはどこにでも見られることである。一方で、特別な方法を採用した原始的な民族もいくつかある。森林が焼き払われ、蓄えられた腐植が作物に転化されると、地力の衰退した土地は自然に戻されて再び森林となり、新たな腐植を蓄積する。手荒く簡単な方法で、地力が維持される。このような耕地を移動させていく方法はいまだに世界中に存在するが、人口が少なく、適当な土地が豊富に存在するときにだけ可能である。この焼畑農業は持続的農業の一つとなり、インド西部の稲作において非常に価値があるものとなった。この地域では、雨期が始まるまでに田植えの準備ができるように、手間のかかる苗代の土壌を夏の終わりに準備しなければならない。それは森林から集めた枝で苗代を覆い、それを焼くことによって作られる。熱がコロイドを壊し、耕土を回復させ、肥培し、稲の苗床栽培を可能にする。

バランスのとれた農業を破壊することは簡単である。食料や原料に対する需要が増し、作物の価格が高くなると、地力に対する負荷が増大する。地力を金に換えるという魅力には逆らいがたい。欧米の農業は、蒸気エンジン・内燃機関・発動機の発明、通信・交通手段の改良に伴う急速な発展によって、この負荷が増大した。工場が次々に造られると、労働力の需要が増加し、都市の人口は増大していく。こうした発展は、食料と原料の新たな市場を生み出し、膨張し続けた。この食料と原料は、次の三つの方法によって供給された。すなわち①世界中に現存する地力の換金、②地力を代替するための化学肥料の施用、③その両者の組合せである。その結果、農業生産のバランスが崩れ、不安定になったことは間違いない。

2　欧米農業における有機物の供給源

ここで、廃棄物の利用という観点から欧米農業を概観しよう。腐植が減少しているのか増加しているのか、また、現在は化学肥料の使用によって、腐植が減少しているのか、あるいはまったく変化していないかを明らかにするためである。これが可能であれば、農業生産のバランスを回復し、安定的・持続的なものにする何らかの措置が講じられるであろう。

土壌への有機物の供給源は、数多く存在する。①耕耘によって鋤き込まれる作物の根、雑草、作物の残滓、②土壌中の藻類、③短期的な輪作草地、草地の疲弊した芝草、間作作物、緑肥、④動物の尿、⑤堆厩肥、⑥都市や町のごみ箱の内容物、⑦農作物の加工から生じる工場の廃棄物、⑧海草を含む水草、⑨都市住民の有機廃棄物である。こうしたものがすぐに思い出されるであろう。これらの多くの有機物については後の章で、より細かく述べていく。

①耕耘中に鋤き込まれる残滓

どんな作物も、その約半分の有機物、つまり根が収穫の際に地下に残る。それゆえ、絶えず土壌中に有機物を還元していることは必ずしも認識されていない。一般的な耕耘の過程で鋤き込まれる雑草やその根が、その有機物に加えられる。空中窒素の固定によって供給されるこれらの残滓に、貴重な腐植の蓄積を保全する熟練した土壌管理が伴う場合、肥料をまったく施用しなくても（ときどき鳥や動物が糞を落とすこともあるが）、低いレベルではあるが作物の生産は維持できる。

こうした無施肥の農業形態のよい事例は、インドの沖積土に見られる。この地に伝わる一〇〇〇年にわたる圃場を見れば、その土地は、無施肥でも、毎年少ないながらも収穫をあげている。収穫された作物に必要な肥料の量と、地力を回復する自然の機能とのバランスが、完全に保たれているのである。しかし、過剰な作付けや不適切な時期の栽培がなされないように、また化学資材によって土壌作用が刺激されないように、細心の注意が払われる。こうした農業形態は、農業が発展するための原則を示しているように思われる。

それほど信憑性はないが、同様の結果が、ローザムステッド農業試験場における小麦の持続的生産に関する試験で得られた。そこでは、一八四四年以降、小麦が無施肥で連作されている。一八三九年以降、いかなる種類の肥料も施用していない。初めの一八年間は生産量が漸減したものの、その後、収穫量はほとんど変わらなかった。この場合、複合農業の時代から明らかに二〇年近くも、腐植の蓄積が残存した。しかし、この試験には、明らかな欠点がある。一つは、この試験区はいかなる農業形態をも代表していないので、試験区以外には適用できないことだ。もう一つは、ミミズやその他の動物が、糞などの形で周囲の土地から肥料を持ち込まないような措置を講じなかったことだ。意味のある成果を得るには、圃場があまりにも小さすぎたのである。

②土壌中の藻類

土壌中の藻類は、温帯地域よりも熱帯地域ではるかに重要である。とはいえ、藻類はあらゆる土壌で発生し、しばしば地力維持の役割を果たしている。インドのような国々では、雨期の終わりが近づくと、藻類の厚い層が土壌の地表を覆う。そうしなければ溶脱によって失われてしまう大量の窒素化合物を、藻類が固定するのである。この藻類の膜が形成される間、耕耘は一旦停止され、雑草は生え放題になる。そして、一〇月に行われる冬季作のための播種直前に、土地は耕される。このとき、窒素に富み、容易に細かく分解される藻類は腐植となり、次に窒素化合物に変わる。

もっと寒冷な国々で同様の方法が適用できるかどうかは、研究課題の一つである。アジアでは常に注目すべき方法で耕耘が行われ、その方法は生命循環の仕組みと一致している。耕耘は生命循環の一要素とみなさなければならないのに、欧米ではそれ自体が目的とみなされている。土壌の耕耘に関して、欧米はアジアに学ぶべき点が多い。

③短期的な輪作草地、間作作物、緑肥、草地の疲弊した芝草

これらは、おそらく欧米農業においてもっとも重要な腐植の供給源であろう。これらの作物はすべて、広く根を張る。永年性植物と短期的な輪作草地は、表土に蓄積する有機物の残滓を豊富にする。緑肥と間作作物には、軟らかく

分解しやすい組織が、ある程度発達している。これらの作物が上手に利用されれば、大量の新たな腐植を土壌に加えられる。そうすれば、地力を維持するこれらの方法の効率を著しく高められるだろう。

④動物の尿

植物性の廃棄物から腐植を作るのに鍵となる物質は、動物の尿である。尿とは、動物の活性細胞と分泌腺から排出される液体である。尿には、可溶性のあらゆる形態の窒素とミネラルがバランスよく含まれている。また、腐植を合成するうえでの第一段階となる、あらゆる繊維質を分解する菌類やバクテリアの活動に必要な副次的な生長物質も、確実に含まれている。既知のもの、未知のもの、発見されたもの、未発見なものを問わず、尿は肥沃な土壌の形成に必要な原料をほぼすべて含んでいる。しかし、地力の回復のために不可欠なこの物質のほとんどは、浪費されているか、もしくは不完全にしか利用されていない。この事実だけでも、欧米農業の崩壊が説明されるであろう。

⑤堆厩肥

堆厩肥は、いつの時代でも地力の消耗を補う基本的な方法の一つであった。にもかかわらず、今日、その作り方は、とても悲しむべき状態にある。堆厩肥作りは、欧米諸国の農業におけるもっとも弱い部分である。何世紀もの間、この点が欧米農業の根本的な欠陥であって、多くの観察者や大半の研究者が完全に看過してきたことの一つであった。

⑥ごみ箱の内容物

都市のごみ箱に捨てられるさまざまな繊維分や台所から出る生ごみは、事実、農業に活用されていない。これらの大半は、処分場に埋められるか、焼却されるかである。

⑦動物性残滓

食料品や工業原料の加工によって生じる多くの動物性廃棄物は、土地に還元されたり、身近な市場で販売される。

動物性残滓には、乾血、羽毛、脂肪屑、毛屑、蹄(ひづめ)や角、ウサギの廃棄物、屠殺場の廃棄物、魚の廃棄物が含まれる。これらの物質の多くは土地にプラスの影響を及ぼすので、その需要は大きい。唯一の問題は、それを供給できる量に限りがあることだ。工場から出る有機物の残滓には、使い古した油カス、廃棄羊毛、製皮所の廃棄物が含まれる。

このなかで、毛織物工業の副産物である廃棄羊毛がもっとも重要である。動物と工場から出る二つの形態の廃棄羊毛は直接土壌に施用される。一般的にいって、窒素、リン酸、カリの含有量からすれば、値段はずっと高価である。これは、土壌に対する腐植の必要性が緊迫しているにもかかわらず、その供給が需要をはるかに下回っているからである。将来、これらの廃棄物は堆肥の原料として、より有効な利用が考えられるであろう。その場合、堆厩肥の供給が制限されている地域では、ごみ箱のごみを分解するために、尿の代わりにこれらの動物性残滓が用いられるであろう。

⑧水草

水草は、地力を維持するための物質としてほとんど利用されていない。おそらく、もっとも有効な水草は海草であろう。一年のある時期に、大量の海草が浜辺に打ち上げられる。それは、ヨードと、植物性の廃棄物を腐植化するのに必要な動物性残滓を含んでいる。海辺の行楽地の多くは、その近辺の農場や菜園で必要とされる大量の腐植を、海草やごみ箱のごみから容易につくり出し、農業のバランスを保つことができる。しかし、この点に関しては、ほとんど手がつけられていない。農家が行楽地の海岸で海草を集めている場合もあるが、堆肥化を目的とした海草の体系的な利用は、いまだに課題として残されている。

土壌から流れ出た雨水を運ぶ小川や河川もまた、かなりの量の窒素化合物や無機物を溶解し、含有している。こうした養分の大半は、この流域に適した作物の栽培によって利用できる。河川は、腐植形成に役立つ分解しやすい物質を大量に供給するであろう。

⑨人間の屎尿

現在、これはまったく土地に還元されていない。都市の人口の過密が、下水道を発達させたおもな原因である。これを変革しようとするうえでの最大の課題は、こうした廃棄物を処理するための十分な土地がないことである。しかし、農村地域では、人間の屎尿を利用するために障害となるものはない。

欧米の農業では、ほぼどのような場合でも、動植物性残滓は完全に捨てられるか、ごく一部が利用されるかである。作物を生産するために消費される腐植の量と、肥料として施用される腐植の量との間のギャップが大きくなったのは当然である。これは、化学肥料によって補完された。

リービッヒの教えにしたがって遵守された原則は、いかなる土壌の溶解成分が欠乏しても、適当な化学資材で補完できるというものであった。これは、植物の栄養に関して、完全に誤った概念に基づいている。その原理は表層的なものしか捉えておらず、根本部分が不完全である。また、それは、土壌と根から出る液とを橋渡しする菌根との共生を含めて、土壌の生命的側面を無視するものである。それを無視すれば、化学物質に侵された食料や動物、究極的には化学物質に侵された人間を化学肥料が生み出すことは、当然である。

作物が化学資材によって栽培できることによって、廃棄物の正しい利用は非常にむずかしくなった。腐植に代わる安価な物質があっても、それを利用してはならない理由は何であろうか。答えは二つある。

第一に、化学資材は決して腐植を代替できない。なぜなら、土壌が生きていなければならないこと、そして、菌根との共生が植物の栄養分において根本的に不可欠なことが、自然の原理だからである。第二に、こうした物質の使用によって、あらゆる国でもっとも重要な資源の一つである地力が失われ、結局、安くはすまない。なぜなら、化学物質によって人工的に造られた植物、動物、人間は不健康であり、寄生生物から身を守ることができないからである。

農薬、ワクチン、血清の使用や、特許薬品、健康保険医、病院などの仕組みによる寄生生物の駆除が、代替物質〔化学資材〕の使用には伴う。作物の生産費を、不健全な農業を改善するために必要な社会的費用とあわせて考える場合や、人びとの健康が最大の財産であることを考える場合、化学肥料の安さは何の意味ももたない。時期が来れば、化学肥料は、工業化された時代の最大の愚かな資材の一つとして理解されるであろう。

次章では、欧米農業をバランスあるものに改善し、化学肥料の使用を控える方法について論ずることにしよう。

〈参考文献〉

Clarke, G., Some Aspects of Soil Improvement in Relation to Crop Production, *Proc. of the Seventeenth Indian Science Congress,* Asiatic Society of Bengal, Calcutta, 1930, p.23.

Hall, Sir A. Daniel, *The Improvement of Native Agriculture in Relation to Population and Public Health,* Oxford University Press, 1936.

Howard, A., and Wad, Y.D., *The Waste Products of Agriculture : their Utilization as Humus,* Oxford University Press, 1931.

Mann, H. H., Joshi, N. V., Kanitkar, N. V., *The Rab System of Rice Cultivation in Western India, Mem. of the Dept. of Agriculture in India* (*Chemical Series*), ii, 1912, p.141.

Manures and Manuring, Bulletin 36 of the Ministry of Agriculture and Fisheries, H.M. Stationery Office, 1937.

第Ⅱ部　インドール式処理法

第4章　インドール式処理法

動植物性の廃棄物から腐植を作り出すインドール式処理法は、一九二四〜一九三一年に、中央インドのインドール〔現在のマッディヤ・プラデーシュ州〕にある農業研究所（Institute of Plant Industry）で考案された。多くのインドールの首長は、中央インドにおける私の研究を支援し、かつ多大な便宜を与えてくれた。インドール式処理法という名称は、その感謝の記念として、処理法の発祥の地である〔中央〕インド州の名にちなんで付けられた。

実際の処理法の完成には七年間しか要さなかったが、その基礎を固めるために、私は二五年以上も費やした。思考と実践というまったく別の方法から、最終的な結果が導かれたのである。このうちの一つが病気の本質に関するものであり、これは第11章「病害虫発生前の作物と家畜の退化」で詳細に言及する。この研究過程で、地力の維持が植物の健康と耐病性を確保する基礎であることがわかった。さまざまな寄生生物は副次的なものにすぎないこともわかった。動植物に深く関係する土壌という生態的複合体が、不適切な農法や土壌の疲弊、あるいはその両方によって崩壊した場合に、寄生生物の害が現れるのである。

二つめは、プゥサ（Pusa）で育種に従事した一九〇五年から一九二四年の一九年間に、次第にわかったことである。それは、品種改良を十分達成するためには、新種を育成する土壌に適当量の腐植を加える必要があることだ。品種改良だけでも、約一〇％の収量増加が期待される。さらに、土壌の条件をよくすれば、一〇〇％ないしはそれ以上、収量が増加することがわかった。地力に乏しいインドの土壌にとっては、一〇％の増収でさえ、次第に地力を低下させてしまう。それゆえ、品種改良の成果をいつまでも保つためには、農家の小さな圃場の腐植含有量を絶えず増やさなければならないであろう。本当に重要な問題は、品種改良だけでなく、いかにして品種と土壌の効果を同時に高めるかであった。

一九一八年ごろになって、これまで独立していた作物生産の課題への二つのアプローチ――病理学と育種学――が一体化する兆しが芽生えた。そして、農業の研究そのものに次の三点の問題が含まれることが次第に明らかになっていく。①農業に関する重要な論点の認識を誤るのは研究機関に責任があるので、それを改革しなければならない。②作物に関する研究を、育種学・菌類学・昆虫学などの個別分野に分割すべきではない。③作物は、一面では土壌との関係から、もう一面では地域で実践されている農法との関係から、研究されなければならない。

プゥサのように作物の研究が六分野にしか分かれていない研究所で、作物生産に関する幅広い課題へアプローチするのは、間違いなく不可能であった。なぜなら、廃棄物から腐植を製造する方法や、改善された土壌条件への作物の反応についての研究は、どの研究分野をも侵害するからである。

これまで完全な自由なくして科学の進歩はなかったように、農学の一課題として地力研究を進める唯一の方法は、作物を研究課題の中心とした新たな研究所を設立し、既存の研究機関に気兼ねすることなく、研究と実践に集中できるようにすべきであると考えた。一連の中央インド州の支援と、インド中央綿花委員会（Indian Central Cotton Committee）からの莫大な資金援助を得て、一九二四年、インドールに農業研究所が設立された。この支援には非常に感謝している。中央インドがこの新たな研究の場として選ばれたのは、二つの理由からである。すなわち、①インドールの首長より、研究に適した三〇〇エーカー〔約一二〇ha〕の土地の、九九年間にわたる借地提供があったこと、②イギリス領インドに広く設立された農業研究機関が中央インド州の行政組織になかったことだ。したがって、私は土地を与えられた一方で、土壌の腐植含有量に基づいて、作物生産の基礎的課題を解明するための自由が与えられたのである。[1]

インドールにおける研究によって、二つの成果を得た。それは、①現在の農業研究機関が古い体質の研究を行っていることの実証、②腐植を作る実践的な方法の考案である。

インドール式処理法は、一九三一年に公刊された『農業の廃棄物』（*The Waste Products of Agriculture*）の第四章で初めて詳細に言及された。それ以来、多くのプランテーションや世界中の多くの農場・菜園で実践されるようになる。この実践においては、インドール式処理法の中心となる二つの基本原則以外には何もなかった。その基本原則とは、①酸性を中和するため動植物性の廃棄物に塩基を混合すること、②微生物がもっともその機能を発揮できるように堆積物を管理することである。しかし、実践においては、たくさんの細かな点が示唆された。そのいくつかは、生産量の増大に寄与した。次の項では、初期の方法を紹介しよう。ただし、その後たくさん有効な改良点が考え出され、その技術は現在でも採用されている。

1　必要な原料

植物性廃棄物

イギリスのような温帯の国々では、麦ワラ、モミがら、干し草やクローバー、垣根や堤防の刈り込み屑、海草や水草を含めた雑草、剪定屑、ホップのつる、ジャガイモの茎、温室を含んだ菜園の残滓、シダ植物、落ち葉、鋸屑や鉋屑（かんな）などが原料となる。大都市の近郊では、バナナの茎をはじめとして、綿花・カカオ・落花生の殻のような植物残滓も、量に限りはあるが、原料となる。

熱帯・亜熱帯地域でも、原料は温帯と非常に似ている。荒れ地に生えている植物、牧草、日陰に生える植物、緑肥、サトウキビの葉、家畜が食べ残したあらゆる残滓、綿花の茎、雑草、鋸屑、鉋屑、畑の縁・道端・庭先などに生えていて堆肥となる植物などである。

インドール式処理法のもっとも重要な点は、さまざまな植物の混ざった乾燥廃棄物の一年を通じた供給である。これらの素材の理想的な化学組成は、家畜の敷料として使われた後に、炭素と窒素との比率が約三三対一となっていることが望ましい。その材料はまた、菌類とバクテリアが容易に侵入し、組織を万遍なく分解するような物理的状態であることが望ましい。それゆえ、菌類の侵入を妨げるセルロースやリグニンなどの天然の保護物質を有する木の皮は、まず砕いておかなければならない。インドールの道路に綿やピジョン・ピーの茎のような木質の素材が敷かれ、往来によって細かく砕かれるようにしているのは、このためである。

世界中にインドール式処理法が拡がらない第一の理由は、堆肥が製造する価値のないものとみなされていること、また、こうした材料の供給が少ないことにある。実際、土地の利用率を高めた場合、圃場の縁に堆肥用の植物を栽培しても、あらゆる植物性廃棄物が不足してしまう。一方、未開の森林で日光を十分に活用して腐植を作っている自然の作用と、一般の農場・茶園・ゴム園における方法とを比べると、腐植の製造に適した素材を作っているという点で、後者は前者に決して遅れをとっていないことがわかるであろう。ときおり、腐植の製造に多大なコストがかかるという声が聞かれる。その答えは、北アメリカのごみ箱の利用にある。土壌は自らを肥培する権利を有すべきで、そうしなければ農業は崩壊する。

動物性残滓

一般的に利用されている動物性残滓は、家畜の糞尿、家禽類の糞、骨を含む台所ごみなど、世界中ほとんど同じである。家畜が飼われず、動物性残滓が利用できないところでは、乾血、屠畜後の残滓、角・蹄（ひずめ）の粉、魚肥などが使われる。真の腐植を作るためには、どのような形でも動物性廃棄物が不可欠である。その理由は二つある。

①動物性残滓によって作られた腐植と、カルシウム・シアナミド〔CaCN 2、無色の結晶。炭化カルシウムを窒素気流中で強熱し、炭素との混合物として得られる、石灰窒素の主成分〕や数種のアンモニア塩基類のような化学活性剤によって作られた腐植とを比べた場合、大地は常に前者に軍配を上げてきた。この二通りの方法で作られた堆肥を一握りでもつかめば、その感触と臭いだけで、植物が動物性残滓によって作られた堆肥を好む理由が理解できるであろう。動物性の腐植は、森林の豊潤な匂いがして、柔らかく感じられる。一方、化学的に作られた腐植は酸っぱい臭いがして、手触りは粗い。

化学的に作られた腐植と、植物性の廃棄物によって作られた腐植のサンプルを分析すると、前者のほうが好ましく思われる場合がある。しかし、それらを土壌に施用すれば、植物は研究室での結果をすぐに覆してしまう。レイナー（Rayner）博士は、森林の育苗に適した堆肥の事例に関して、実際の自然が示す結果と研究者の実験成果との相違について、次のように述べている。

「今日では、さまざまな種類の堆肥について、化学的分析が完全に行われており、役立っている。その研究の初期における有能な鑑識者による以下の報告が、非常に興味深い。それは、もっとも効果が高いとされた有機質肥料が、基礎的な比較分析によって『ほとんど価値がない』とされた例や、逆に、テストされたなかでもっとも質が悪いとされたものが、『最高の肥料』と実証された例である」

最初の事例で用いられた活性剤は乾血であり、二番目はアンモニア塩であった。

②動物を抜きにして、どのような恒久的・効率的な農業生産システムも考えられない。多くの試みがなされたが、結局は失敗してしまった。家畜を化学資材に代替すれば、土地がもともと蓄えていた地力を使い果たした瞬間に、常に病気が発生する。家畜が飼われているところでは、その廃棄物（糞尿）を集めることが、もっとも効果的であり、

重要である。

インドールでは、床が土でできている風通しのよい畜舎で牛を飼い、鉋屑や鋸屑のような分解しにくい物質を約五%含んでいる植物性の混合廃棄物を、敷料として毎日与えた。家畜は、夜間にこの敷料の上で休む。その間に敷料は細かく砕かれ、尿がしみ込む。翌朝、尿がしみ込んだ敷料と家畜の糞は、堆肥坑に運ばれる。次に、床をきれいに掃除し、尿で湿った部分を削り取った後、新たな土をかぶせる。こうすると、動物の尿はすべて新しい土に吸収され、畜舎の臭いはすっかりなくなり、床でのハエの繁殖を完全に防ぐことができた。その後、次の日のための新たな敷料が敷かれた。

三カ月ごとに畜舎の床土が取り替えられ、尿を吸収した土壌は粉砕器で砕かれ、カバーをかけられ、堆肥坑の近くに堆積された。この尿を含んだ土壌は有用な木灰と混ぜられ、堆肥化のための結合活性剤や塩基として利用された。労働力の豊富な熱帯地方では、インドール式処理法と同様の方法の実践に何の困難もなかった。すべての尿は吸収され、糞尿を吸収したすべての敷料は毎朝、堆肥坑で利用されるのである。

イギリスや北アメリカのように労働力が底をついており、労賃が高価な国々では、インドール式処理法に対してすぐに反対が起こるであろう。そこでは、コンクリートやピッチで固められた床の畜舎が圧倒的に多く、貴重な糞尿は噴水機で下水に流されている。しかし、このような場合、泥炭や鋸屑のような物質と少量の土を混ぜて敷料に加えることによって、必要不可欠な尿を床で吸収できる。また、畜舎のすぐ外側にある小さなレンガ造りの堆肥坑に直接流し込むこともできる。そこには、尿を吸収する適当なものを詰め、定期的に交換する。こうすれば、糞尿をためるタンクは必要なくなる。ぜひとも、尿は堆肥化に利用しなければならない。

過剰な酸性を中和するための塩基

腐植を製造する際、混合物はすぐに発酵して酸性になる。この酸は中和しなければならない。微生物の働きが鈍らないようにするためである。それゆえ、塩基が必要となる。炭酸カルシウムや炭酸カリウムが、チョークの粉や石灰石、木炭の形で利用されているところでは、それを一種類で用いたり、数種類用いたり、土と混合したりして、さまざまな反応を維持するために都合のよい塩基が与えられる。それによって、微生物が繊維質を分解するために最適な状態（pH7〜8）になる。チョークの粉や石灰石、木炭が利用できないところでは、土そのものが利用できる。消石灰も利用できるが、炭酸塩ほど適当ではない。生石灰は塩基として強すぎる。

水と空気

水は腐植を作るすべてのプロセスにおいて必要である。腐植製造の初期の段階で、通気性がよいことも不可欠な条件である。水分が多すぎると堆積物の通気が妨げられ、発酵がとまり、あまりにも早く嫌気状態になる。逆に水分が少なすぎると、微生物の活動が緩慢となり、発酵がとまってしまう。理想的な状態とは、初期の段階の堆積物の湿気が、約五〇％の飽和度に保たれていることである。それは、スポンジ（海綿）を搾った状態程度と考えればよい。このことは何でもないように思われるが、微生物が効果的に活動できるような、堆肥の湿気と通気性の維持は、決して簡単ではない。だいたいどの場所でも、堆積物が湿りすぎているのが普通である。

水分と酸素を同時に供給するためのもっともシンプルで効果的な方法は、酸素が飽和している雨水の利用である。また、腐植製造の初期の段階には、炭酸ガスが抜けて外気が入るように、発酵中の堆積物を野積みしておくことも重要である。

菌類の活動の初期段階が終わり、植物性廃棄物がバクテリアによって十分に分解した後、堆積物が凝縮して通気性が確保できない場合や、その必要がない場合、堆肥化は嫌気性の状態で進む。

2　堆肥坑と野積み

前述の廃棄物を堆肥化するためには、二つの方法がある。普通は、堆肥坑と野積みが用いられている。

発酵中の堆積物が乾燥しやすかったり、急に冷えてしまうような場所では、堆肥は浅い坑で作られるべきである。そうすれば、かなりの湿気が保たれる。堆積物の温度も上がり、一定に保たれるようになる。しかし、坑内が暴風雨や豪雨、地下水の上昇によって水浸しになり、堆肥が被害を受けることもある。堆肥が湿った状態では、適切に通気を確保できない。このように水浸しになるのを防ぐために、①堆肥坑の周囲に地表水の排水溝を設け、②雨期の降水量が多い場所では堆肥坑にワラ葺き屋根をかけ、③堆肥坑の床に排水溝側に向かってゆるやかな傾斜を設け、適当な場所に排水口を設ける。雨期に大量の地下水が湧き出るところでは、地下からの浸水のおそれのない場所に堆肥坑を造るように配慮すべきである。

坑を掘る経費を節約するため、また、穴を掘ることが不可能な場所では、野積みによる堆肥化が行われている。野積みによる堆肥化の効率を高めるために、さまざまな処置がなされる。風雨は堆肥の野ざらし部分の完全発酵を阻害するので、排水溝や適当な風よけを立てて、暴風雨から堆肥場を保護する。温暖な気候のもとでは、南向きに堆積すべきであるし、どんなところでも、堆肥場はできるだけ南壁の前に造り、東風・西風から守られるべきである。発酵を遅らせる豪雨の影響は、できるだけ堆積容量を大きくすることで防止できる。堆積量の多さは、必ずよい結果につながる。

アッサムやセイロンのような雨期の降水量が多い地域では、一定の速さで発酵が進むように、また年間を通じた生産が一時的な湛水で阻害されないように、一般的に堆肥坑や堆積場の上に草葺きの屋根が設けられる。一～二年後には、その草葺きの屋根も堆肥化される。イギリスでは、ワラ製の囲いが用いられる。

3　野積みと堆肥坑の積み込み

年間の生産量を約一〇〇〇トンとした場合、長さ三〇フィート〔約九m〕、幅一四フィート〔約四・三m〕、深さ三フィート〔約一m〕で、傾斜面のある堆肥坑が理想的である。通気の量を考えるうえで、その深さはもっとも重要となる。空気は発酵する堆積物の約一八～二四インチ〔約四五～六〇cm〕の深さしか浸透しないので、三六インチ〔約九〇cm〕の深さのものに対しては、特別な通気方法が講じられなければならない。その方法とは、坑の各部に積み込む際、四フィート〔約一・二m〕ごとに、軽い鉄棒で垂直な通気孔を造るのである。

長さ三〇フィートの堆肥坑の積み込みは、五フィート〔約一・五m〕ずつ六区画に分けて行われる。しかし、第一の区画は、堆肥を切り返すために空けておく。第二区画が最初に積み込まれる。まず、五フィート幅で、植物性廃棄物を約六インチ〔約一五cm〕に敷く。その上に、家畜の糞尿を含んだ敷料か堆厩肥を二インチ〔約五cm〕の厚さで重ねる。次に、尿を含んだ土と木炭との混合物、もしくは土だけを、万遍なく散布する。その厚さは、約八分の一インチ〔約〇・三cm〕以上にならないように注意しなければならない。大量に散布されると通気性が阻害されてしまう。そして、このサンドイッチ状の堆積物に水をかける。その際、水が飛び散らないように、散水口がついたホースを使用する必要がある。

その区画の堆積物の高さが計五フィート〔約一・五m〕に達するまで、この積み込みと灌水が続けられる。次に、鉄棒を左右に動かすことによって、直径四インチ〔約一〇cm〕程度の三つの通気孔が、堆積物に空けられる。第一の通気孔は中央に、他の二つは、中央と両端の真ん中に空けられる。堆肥坑の幅が一四インチ〔約三五cm〕であれば、三つの通気孔の間隔は三フィート六インチ〔約一m〕になろう。それから、堆肥坑五フィートの最初の区画に隣接した次の区画が、同じ方法で積み込まれる。これを五区画で行い、堆肥坑の積み込みは完成する。堆肥坑や野積みの各区の高さを五フィートにする利点は、①各区画ですぐに発酵が始まり、無駄な時間がないこと、②堆積物が圧縮されないこと、③ずっと切り返しをし続けなくても、完成した各区画に通気孔を造れば換気できること、である。

乾季における堆肥坑の毎日の管理は、夕方に再び軽く灌水し、翌朝も灌水を繰り返すことである。こうして、積み込み時の最初の灌水は三回に分けて行われる。つまり、積み込まれるとき、積み込みが完了した夕方、一二時間経過した翌朝である。三回に分ける目的は、堆積物が水分を吸収するために必要な時間を与えるためである。

発酵の初期に与えるべき灌水量は、材料の性質、季節、降雨量によって異なる。イギリスでは基本的に灌水を必要としない。材料の四分の一が新鮮な植物であるならば、必要な灌水量はかなり減少する。すべてのものが湿気を帯びている雨天時には、水はまったく必要ない。適切な水管理は、地域の条件と個人の判断によるものである。堆積物を水浸しにしてはならないし、完全に乾燥させてもいけない。

イギリス、南リンカーンシャーのアイシニ育苗園（Iceni Nurseries）では、年間降水量は約二四インチ〔約六一〇mm〕である。ここでは、新鮮な野菜残渣が大量に堆肥化されるので、堆積物への灌水はどの段階でも不必要である。中央インドのインドールでは、約四カ月間の降水量は約五〇インチ〔約一二七〇mm〕であったが、雨季以外は灌水が不可欠であった。この二つの事例から、堆肥化に必要な水分量は一律に定められないことが証明される。灌水量はその環境による。インドールで必要な灌水量は、完成した堆肥一立方ヤード〔〇・七六m³〕あたり、二〇〇〜三〇〇ガロン

〔約九〇〇～一三六〇ℓ〕であった。

堆肥坑の各区画が満たされたら、堆肥化の第一段階として、菌類が活発に繁殖するためのあらゆる条件を整える。できるだけ早く菌類の繁殖を促進し、維持することが必要不可欠である。一般的に、積み込んでから二～三日後までには、順調になる。菌類が繁殖し始めると、すぐに堆積が減る。数日後には菌類が堆肥坑いっぱいに繁殖し、深さは三六インチ〔約九〇㎝〕にまで減少する。

この第一段階で、細心の注意を払い、破ってはならない約束事が二つある。①一般に、灌水しすぎて水浸しにしたり、積み込み時に細部にまで注意を払わないと、嫌気性の状態になる。これは、臭気や堆積物に集まるハエを見ればすぐにわかる。こうした状態になったら、堆肥坑をすぐに切り返さなければならない。②水分が不足すると、発酵が徐々に鈍ってくる。この場合は、堆積物に灌水しなければならない。積み込み時にどれほどの水分量が必要であるかは、経験が教えてくれるだろう。

4　堆肥の切り返し

堆肥原料をむらがないように混ぜて分解させるために、また好気性段階の完遂に必要な量の水と空気を与えるために、原料を二回切り返すことが必要である。

一回目の切り返し

一回目の切り返しは、積み込んでから二～三週間後に行う必要がある。堆肥坑の端の五フィート〔約一・五m〕ほどの空間は、三つ叉熊手（pitchfork）を用いて堆積物を端から順に切り返していくのに便利である。発酵中の原料は、端の空間に大雑把に積み上げる。そのとき、いままで空気と接していた上層が、空気と触れない堆積物の内部に入るように注意する。

切り返しの際、必要であれば積み込み時と同じように灌水する。そのとき、原料が湿り気を帯びる程度で、水浸しにならないように注意する。その目的は、二回目の切り返しまで発酵を続けるのに十分な水分を堆積物に供給することにある。そのためには、時間をかけて水分を吸収させなければならない。最良の方法は、積み込み時に灌水を行った後、必要な水を二段階に分けて与えることにある。その二段階とは、切り返しを行うときと、その翌朝である。そして、切り返しを行って新たな堆積を作るとき、鉄棒で新たな換気口を三フィート六インチ〔約一m〕間隔で設けなければならない。

二回目の切り返し

積み込みから約五週間後、堆肥原料の二回目の切り返しを行う。ただし、二回目は一回目と逆の方向に行う。この時点までに菌類の活動はほとんど完了し、堆積物の色は黒くなり、原料は著しく分解しているのがわかる。それ以降、腐植の製造においてはバクテリアの果たす役割が大きくなり、次の段階では嫌気性となる。

二回目の切り返しは、発酵が完了するために必要な水分を十分に供給する絶好の機会である。スポンジ（海綿）を搾った後のような理想的な状態にするため、切り返しを行ったときと、翌朝に、もう一度水分を与える必要がある。これによって、堆積物がボロボロになり、原料の湿度を保つことが次第に容易になるという堆肥化のプロセスが実感できるであろう。これは、以下の二つの事実に基づいている。すなわち、①発酵にはそれほど多くの水を必要としないこと、②腐植の完成が近づくにつれて、堆積物の吸水性と保水性が急速に高まること、である。

二回目の切り返しの後、熟成作用が始まる。この期間に空気中の窒素の固定が行われる。良好な環境のもとでは、加えられる遊離窒素の二五％程度が空気中から得られるであろう。

腐植を合成するさまざまな微生物の活動は、堆肥の温度の記録から簡単に明らかにできる。最初は、約六五℃という最高温度を示すが、徐々に下降曲線をたどり、九〇日後には三〇℃になる。この温度範囲は、微生物が繊維質を分解するための最適な温度とぴったりと一致する。好気性・好熱性のバクテリアは、四〇℃から五五℃までの間でもっとも繁殖する。一回目・二回目の切り返しが行われる前、発酵は必ず緩慢になる。これは同時に、温度の下降を伴う。切り返しが行われると、非常に通気性のよい物質と混ぜられ、すぐに微生物の活動が再び活発になる。その間に、野積みや堆肥坑の表面にある植物性物質の未分解部分が分解される。そして、この活動は温度の著しい上昇をもたらす。

5　腐植〔堆肥〕の保管

積み込みから三カ月後、微生物はその役割を十分に果たし、腐植〔堆肥〕は完成するであろう。次は、土地に施用する準備である。熟成してからそのまま堆積しておくと、有効成分が消失してしまうにちがいない。酸化作用は続き、硝化作用〔窒素化合物の分解によって生じたアンモニアが、生物によって酸化されて、亜硝酸塩、さらに硝酸塩になる反応。主として、土壌中で硝化菌によって行われる〕が始まり、可溶性の窒素化合物が生成される。これは、豪雨時の溶脱によって失われなければ、嫌気性の生物が酸素を供給するために必要な物質となるであろう。腐植〔堆肥〕が土壌に施用されて蓄えられる場合、それほどの損失は起きない。

こうして作られた新鮮な腐植〔堆肥〕は、農民の重要な資産であるから、現金と同じように大切に管理されなければならない。これは農場の家畜と同様に重要な部門の一つである。腐植〔堆肥〕に含まれる微生物は、顕微鏡でしか観察できないが、肉眼で観察できる家畜と同じような管理が求められる。腐植〔堆肥〕を貯蔵するときは、カバーをかけて保存し、ときどき切り返しを行うべきである。

6　生産量

堆肥の年間生産量は、明らかに、その生産条件に影響を受ける。インドール農業研究所では、糞尿の供給量が植物性腐植の供給量を常に上回っており、荷馬車五〇台分〔荷馬車一台分は二七立方フィート＝約〇・八㎥〕の完熟堆肥、つまり、一三五〇立方フィート＝五〇立方ヤード〔約四〇㎥〕を、二頭の牛から作ることができる。もっと大量の植物性廃棄物が利用できれば、この生産量を少なくとも二倍にできたであろう。インドールの役牛は、マルヴィ（Malvi）種で、その平均の体格は、イギリスのような国の乳牛の約四分の三であった。したがって、イギリスの平均的な牛の糞尿と大量の植物性廃棄物が適切に堆肥化されれば、年に荷馬車約六〇台分、つまり約一六〇〇立方フィート＝六〇立方ヤード〔約四五㎥〕の堆肥が生産できるであろう。

腐植の水分含有量は、年間で三〇～六〇％と変化する。だから、水分含有量を測定しないで生産量をトン数で示すことは不可能である。この問題は、生産量を体積で表すことで克服できる。エーカーあたりの施用量も、体積で示すべきである。二立方ヤード〔約一・六㎥〕の堆肥の重さは約一トンである。

7　腐植の製造に重要なこと

インドール式処理法の考案には、昔から行われてきた農業の経験がもっとも役に立った。腐植の製造にもっとも光明を与えたのは、キングが『東亜四千年の農民』で叙述している東洋の実践である。この実践は、森林で見られたような「自然による生産」の原則に従っている。中国の意識の高い農家は、利用可能な植物・動物・人間のあらゆる廃棄物を土壌に還元するための簡単な方法を編み出した。その結果、地力を低下させることなく、膨大な人口を維持できた。

独立した研究所で腐植生産が研究されるようになってから、インドール式処理法の完成にとって次の二つの成果が非常に有効であることがわかった。それは、①腐植の生成における微生物の重要性を主張したワクスマンの論文と、②人工の厩肥に関するハッチンソン（H. B. Hutchinson）およびリチャーズ（E. H. Richards）の論文である。

廃棄物が化学変化によって適正な構造に変化するという重要な指摘とともに、腐植の生成において微生物の役割が重要であるとするワクスマンの主張は、それを対象とする生物学を、経験主義や化学的な小さなひっかかりから救い出すことができた。堆肥が菌類やバクテリアの働きによって作られることがひとたび認められると、世界中のさまざまな堆肥の製造過程に改良が加えられた。腐植製造の本質は、まず適正な原料に微生物を加え、次にそれらが活動するのに最適な条件を手助けすることにある。

ハッチンソンとリチャーズの考え方はインドール式処理法の考え方にもっとも近かったが、二つの致命的な過ちを犯していた。それは、①植物性廃棄物を分解するための活性剤として尿の代わりに化学資材を使用したこと、②アドコ（ADCO）堆肥処理法の特許を取ったことである。

尿とは、動物体内のすべての細胞と分泌腺から出た不要な液体であり、菌類やバクテリアがセルロースを分解するために必要な窒素とミネラルだけでなく、それらが繁殖に必要なあらゆる物質を含んでいる。アドコ資材は石灰と同じく工場で製造された化学資材を供給するにすぎず、インドール式処理法で使われる木炭や尿を含んだ土より劣る塩基である。アドコ資材は、堆肥の質をよくするよりも、堆肥の生産量を高めることを重視している。それは、堆肥化に関して、現在の農業と同じ根本的な過ちを犯している。つまり、天然の資材に代わって化学資材を使用することである。さらに、堆肥の製造過程に関する特許は、常に研究者を束縛する（この場合でも、特許はその所有者に何の個人的利益ももたらさない）。特許所有者は自らの考えにかたくなにこだわるようになり、柔軟な発想も堅くなってしまう。そして、進歩は困難になり、結局は不可能になる。アドコ堆肥処理法は一九一六年に特許を受け、一九四〇年になっても、その目的も方法も改良されず当初のままである。

農業の廃棄物を腐植化するためのあらゆる方法の課題とは、どんな条件にも柔軟に適応することである。また、その方法は発展すべきであるし、新たな知識と視点が提起されれば、それらを吸収すべきである。最終的には、前途有望な新たな研究の方向を示唆、提示するものでなければならない。インドール式処理法がこれらの課題をクリアーできるならば、すぐに農業の実践に適応されるであろう。そうすれば普遍的な技術が完成される。この地球という土壌に肥培権を返還するという目的を果たすことができる。以下、第5章から第8章において、この理想を達成するために八年間になされた進歩の過程を明らかにしよう。

（1）　農業研究所の組織に関しては、一九二九年に *The Application of Science to Crop-Production*（Oxford University Press）で公

表された。

〈参考文献〉

Howard, A., and Howard, G. L. C., *The Application of Science to Crop-Production*, Oxford University Press, 1929.

Howard, A., and Wad, Y. D., *The Waste Products of Agriculture : Their Utilization as Humus*, Oxford University Press, 1931.

第5章　インドール式処理法の実用化

一九三一年に、インドール式処理法に関する初めての完全な報告書が公刊されて以降、この方法は数多くの各地の中心都市で急速に普及していく。最初の成果は、一九三三年一二月八日刊の『王立技術学会誌』(*Journal of the Royal Society of Arts*) の講義録に要約された。その後二年間に、この講義録は約二〇〇〇部も別刷りされて配布された。

一九三五年末までには、この製法が世界中で急激な発展をとげたことが明らかになった。次々に興味深い成果が報告されたのである。これらは一九三五年一一月一三日の二回目の講義で明らかにされ、その内容は一一月二二日刊行の同学会誌に掲載された。この講義録はパンフレットの形で再版され、別刷りは六四二五部すべてが配布された。一九三六年までには一層の進展が見られる。一二月一八日刊の同学会誌では、その進展についての簡単な報告がなされ、この報告は七五〇〇部も別刷りされた。また、一九三五年の講義録は二カ国語で翻訳された。最初の翻訳はドイツの『熱帯栽培』(*Der Tropenpflanzer*, 一九三六年二月) 誌上で、第二の翻訳はスペインの『コスタリカ・コーヒー保全学会誌』(*Revista del Instituto de Defensa del Café de Costa Rica*, 一九三七年三月) 誌上で紹介された。

これらの論文は、インドール式処理法を世界中に普及させ、数多くの新しい堆肥製造基地を造ることに貢献した。一九三八年七月までの状況は、イギリスの『農務省報告』(*Journal of the Ministry of Agriculture*, 一九三八年八月) で公刊された論文で簡潔に記載された。以下、報告が印刷された時代の進歩を要約しよう。それにはまず、作物別の情報の整理が有効であろう。

1 コーヒー

インドール式処理法の導入

アフリカでインドール式処理法を導入した最初の中心都市は、ナイロビ〔ケニア〕から数㎞離れたキャムブ（Kyambu）近くのキンガトリ農園（Kingatori Estate）である。その処理法は一九三三年二月に導入され、偶然にも、私はこの農園における初めての堆肥化のプロセスを観察できた。それは、グレート・リフト・バレー（Great Rift Valley）への観光を兼ねて、アフリカ一周旅行をしているときのことである。

私がナイロビから観光に出発しようとしていたとき、キンガトリ農園の支配人であるベルチャー（Belcher）少佐が私を訪ねてきて、言った。

「私は、農園主（proprietor）のグローガン（Grogan）少佐から『インドール式処理法を導入して、あらゆる廃棄物を腐植化するように』と命じられたので、援助をお願いしたい。現場で、実践上のいろいろな具体的方法を教えてほしい」

私は、グレート・リフト・バレーへの観光を中止して、その代わりにキンガトリ農園に滞在することにした。キンガトリ農園はコーヒーの主産地であると聞かされていたが、繁った植物の状態や土壌の組成からすれば、新鮮な腐植を絶え間なく供給すれば、農園の生産量がさらに増えることは明らかであった。ベルチャー少佐は、最初の成果を書面で次のように報告した。

「私は、現在三〇の堆肥坑を常時使用し、各堆肥坑から平均五トンの堆肥を生産している。これによって、一エーカー〔約四〇a〕あたり年間三・五トン〔一〇aあたり九〇〇kg弱〕の堆肥を供給し、徐々に土壌を本当によい状態に変えられると考えている。

私はすでに三〇エーカー〔約一二ha〕の農地に堆肥を施用したが、結果を出すには少々早すぎる。この三〇エーカーに植わっているコーヒーは四歳と若く、収量が多い。いまはみごとな生育を示している。一二月の収穫までこの生育が続き、翌年もコーヒーの収量が多ければ、それは堆肥のおかげであると信じざるを得ない。収穫の多い若木は、まず胴枯病（die-back）とコーヒー豆の白枯病（light beans）にかかり、翌年には不作となりがちである。しかし、現在、この兆候は見られない。

私は多くの関係者の訪問を受けている。また、ナイロビの本屋から『農業の廃棄物』（*The Waste Products of Agriculture*）のコピーを送り続けてもらっている。エムブ（Embu）地区の長官（District Commissioner）は、村内の衛生改善と地力の向上という二つの目的から、積極的にインドール式処理法を採用した。実際、彼は私たちが処理法を実践する前から始めていた。

植民地の欧米の農業者の多くがあなたの処理法を採用した場合、山羊や牛の糞をその土地から搬出することは許されなくなると考えている。コーヒー産業のある有力者は、『あなたの処理法はコーヒー栽培に革命を起こすと思う』と私に言った。また、ある人は『この処理法はこの一〇年間で最大の前進であると思う』と私に言った」

二年後、彼は私に二回目の報告書を送ってきた。そのなかで、「この二年四カ月の間に、窒素約一・五％を含む一六六〇トンの堆肥をこの農園で作り、農地に施用した」と書いている。一トンあたりのコストは四シリング四ペンスで、そのおもなコストは原料の収集である。その処理法が著しく進歩したことは、ケニアの他の地方、ローデシア〔現ジンバブエ〕、ウガンダ、タンガニーカ〔現タンザニア〕、ベルギー領コンゴ〔現コンゴ民主共和国〕から絶えず訪問者があったことからわかる。その訪問者数は、ベルチャー少佐が数え切れないほどであった。

インドール式処理法の普及

この先進的な取組みは、インドール式処理法が農園の日常の仕事に組み込まれた以上に、大きな成果をもたらした。それは、試験場の目的とコーヒー産業のモデルを示したことである。多くの新しい都市がキンガトリ農園にならった。インドール式処理法の急速な普及は、ナイロビのグローガン少佐からの一九三五年五月一五日の手紙に要約されている。それは次のとおりである。

「インドール式処理法が急速に普及し、いまでは管理の行き届いたコーヒー・プランテーションの多くで日々の作業として定着していると知って、あなたは喜ばれることでしょう。二年間かけて私の農園に蓄えられた効果は、驚くべきものです。私は現在、腐植の大量生産のために堆肥坑のまわりの広い面積にエレファント・グラスを栽培しました。また、私たちは農村にエレファント・グラスの切り花を売って、多くのポケット・マネーを得ました。私はいま、エレファント・グラスと混作するのに最適な在来種のマメ科の植物を探しています。また、タヴェタ（**Taveta**）の砂漠地帯から持ってきたクロタラリア（*Crotalarias*〔熱帯産のマメ科植物〕）やナンバンクサフジ（*Tephrosias*）に期待しています。それらは急速に繁殖し、在来の雑草に負けていません」

グローガン少佐の報告は、東アフリカにおけるインドール式処理法の普及状況について書かれていたが、非常に重要なことを忘れていた。それは、その成果のなかで彼が果たした役割についてである。彼はキンガトリ農園における最初の試みを始めたし、ケニアでは適切な処理方法を強く説いた。タンガニーカでは、ミルソム・リース（**Milsom Rees, G.C.V.O.**）卿が同様の成果を収めた。

ケニアやタンガニーカのコーヒー園でインドール式処理法が導入され、普及した理由は、詳しく言えば三つある。①プランテーション産業への適用事例のうちもっとも早い時期の実践であったこと、②他のどの地方でも同じように適用できるモデルを示したこと、③私の研究経験が退職後にフルに活用できる新たな研究分野を示唆したこと、である。

ケニアとタンガニーカは、世界のコーヒー産地の二つにすぎない。最大の生産地帯は新大陸〔南米〕である。インドール式処理法の概要をまとめた『西インド委員会回覧』（*West India Committee Circular*、一九三六年四月二三日）が公刊されたことによって、満足のいく発展が見られた。これは、初めはコスタリカ、次に中央・南アメリカにおいて重要な発展をもたらした。それは、前述の王立技術学会の講義録（一九三五年）がドン・マリアーノ・モンティールグル（Don Mariano Montealegre）氏によってスペイン語に翻訳されたからである。この翻訳書はラテン・アメリカ全土で広く読まれた。そして、新大陸のコーヒー生産に有機物が必要不可欠であることを喚起した。

この後二年間に、腐植に関する七つもの論文がスペイン語に翻訳され、『コスタリカ・コーヒー保全学会誌』に公表された。一九三九年一月には『腐植の探求』（*En Busca del Humus*）というタイトルで、前述雑誌の特別号が出版された。それは、インドール式処理法について書かれた論文と、過去八年間のさまざまな進歩の過程をまとめたものである。

アフリカ、インド、新大陸〔南米〕において、腐植を施用したコーヒーの木は生育がよく、収量が多いという事実は、コーヒーという作物が菌根生成植物であることを示した。コーヒーの木の根の表面のたくさんの標本が、トラヴァンコール（Travancore）〔現在のケララ州の母体の一つとなった藩王国〕、タンガニーカ、コスタリカで採取され、試験研究のために本国〔イギリス〕に送られた。これらの標本は、どんな試験でも菌根との共生関係が存在することを示した。

2　茶

インドール式処理法の導入

東アフリカのコーヒー栽培における成果は、茶についても何らかの手を打つ必要があることを必然的に示唆した。多くのグループの茶園を支配下に収め、高度に組織化されたプランテーション産業は、そのほとんどを産業界のメンバーによって構成された小ロンドン理事会（small London Directorate）によって統制されていた。問題は、どのようにしてそうした巨大な組織にアプローチするかであった。

一九三四年当時、茶と茶産業に関する私の知識は非常に乏しく、栽培した経験がなく、茶に関してはプランテーションに任せっきりであった。私は二つの茶園しか訪れたことがない。それは、一九〇八年に訪れたセイロンのニュワラ・エリヤ（Nuwara Eliya）近くの茶園と、一九一八年に訪れたデラドゥーン（Dehra Dun）〔インド、ウッタル・プラデーシュ州北西部の都市〕近くの茶園である。けれども、私は茶に関する研究へのつながりは切らないようにしていた。私が茶栽培についての疑問をもっている間に、C・R・ハーラー（Harler）博士が私の助手になるという機会に恵まれた。私と博士の共通の友人からの要請があったのである。

ハーラー博士は、インド茶協会（Indian Tea Association）が支援するトックレイ研究所（Tocklai Research Station）が一九三三年に再編された際にそこを辞め、新しく独創的な研究を模索していた。私は、ハーラー博士との面識を新たにし、茶園の廃棄物の腐植化に着手することを提案した。彼は、非常に興味をもったようで、少しの後（一九三三年八月）、ジェームス・フィンレイ商会（Messrs. James Finlay & Co.）によって申し出があった、トラヴァンコール高地のカナン・デヴァン・ヒルス物産（Kanan Devan Hills Produce Co.）の科学研究員（Scientific Officer）の職に就いた。都合よく事が運び、ハーラー博士はこの非常に有効な実践に取り組むにあたって、当時の総支配人、ウォーレス（T. Wallace）氏の積極的な関心をひいた。

そして、ムンナー（Munnar）近くのヌラタンニ（Nullatanni）にある本社において、農園単位でインドール式処理法に取り組み始める。その実践を試みるにあたって、何の障害や問題もなかった。大量の植物性廃棄物と家畜の糞尿の利用が可能であり、その地域の労働者が雇用できたし、農園の管理者もすぐに夢中になった。

私は、この知らせを受け取り、インド茶協会の前科学研究局長のマン（H. H. Mann）博士を通じて、ロンドン茶業理事会の会員のなかで誰か腐植の問題に関心をもっているかどうかを尋ねた。

私はウォルター・ダンカン商会（Messrs. Walter Duncan & Co.）の専務取締役の一人であるジェームス・インスチ（James Insch）氏に会うように勧められた。そして、インスチ氏からの要請で、ダンカン・グループの管理者のための指導書を一九三四年一〇月に書き上げ、二五〇部印刷した。他の茶園グループの重役も、次第にインドール式処理法に関心を持ち始め、この指導書は四〇〇〇部以上も配布された。一九三四年の末までに、シルヘット（Sylhet）、カーチャー（Cachar）、アッサム・バレー（Assam Valley）、ドゥアース（Dooars）、テライ（Terai）、ダージリン（Darjeeling）地区にある五三の茶園が、腐植を大量に含んだサンプルを合計二〇〇〇製造し、配布した。本書を書いている一九三九年一二月現在では、ダンカン・グループの茶園だけで、一年間に一五万トン以上の腐植が製造されているだろう。

他のグループ、とくにジェームス・フィンレイ商会の管理下にある茶園でも、同様の進展が見られた。当然、同商会はトラヴァンコールでハーラー博士が行っている先駆的研究にならったもので、常に腐植製造の指導的立場にあった。滑り出しは順調で、アジアにおける茶園の二大勢力が堆肥に傾倒したのである。

イギリス植民地の茶園で、現在どれくらいの腐植が作られているか明らかにすることは非常にむずかしく、おおよその数値を示すことしかできない。一九三八年四月にメイスフィールド（Masefield）氏とインスチ氏は、「今日、インドとセイロンの茶園では年間一〇〇万トンの堆肥が作られている。これは、この五年間になしとげられたといっても過言ではない」と言っている。このことが記述された後、ニアサランド（Nyasaland）〔現在のマラウイ〕とケニアの茶園でもインドール式処理法が着手され、成功を収めた。

化学肥料か？ 腐植か？

こうした発展は、幾多の議論を重ねたうえでの成果であった。茶の肥培に関する最良の方法には、二つの説があり、いまでも議論が続いている。

茶調査研究所（tea research institute）を含む派の説は「土壌に供給する窒素化合物の量が茶葉の収量に直接影響するので、地力の問題はもっとも安価な化学肥料、この場合では硫酸アンモニアを施用することによって解決する」という単純なものである。この説が化学肥料の関係者に熱心に支持されたのは当然である。トックレイ（Tocklai）やボルブヘッタ（Borbhetta）における硫酸アンモニアの小試験区から得られた結果は、この説を裏付け、一歩前進させるものであった。つまり、茶は化学肥料によって、スムーズに動くベルトコンベアーの上で生産できるようなものだというのである。しかし、この説の弱点は明らかだ。

この小試験区は決して茶産業における生産を代表しているわけではなく、単なる試験区にすぎない。茶園の経営と同じように、小試験区を管理し、製品に加工して販売することは、不可能である。言い換えれば、小試験区は経営の現場ではない。

また、硫酸アンモニアに顕著に反応するトックレイやボルブヘッタのような土地は、適切に耕作されていないはずである。そうでなければ、化学肥料がそれほど顕著な肥効を示すはずがない。土壌が肥沃になるにつれて、化学肥料の効果は次第に低下し、最後にはまったく効かなくなる。これが世界中どこでも見られる傾向である。保水をしない不適切な耕作や試験技術は、一つの方法を確立するには不十分な基盤である。小さな試験区の成果を引き出すために、高等数学で用いるような無作為抽出を繰り返しても、トックレイ試験区の根本的な問題は解決できない。それは、自らを追いつめるものにしかすぎない。さらに、茶園における硫酸アンモニアの施用を信じる者たちは、少なくとも、この肥料によって極端に増加した収量の一部が土壌酸度の増加によるものであることを忘れている。周知のとおり、茶は酸性土壌を必要とし、硫酸アンモニアは酸性度を増加させる。

もう一つの腐植説は次のとおりである。茶栽培に重要なものは、原生林で作り出されているような地力の質と蓄積である。これは、動植物性の廃棄物から作られた更新される腐植、陰樹〔かなりの日陰にも耐えられる樹木〕や緑肥の適切な利用、土壌流亡の防止によってのみ獲得できる。茶園の土壌の肥沃度が真に高められる場合、茶への窒素の供給はその植物自身が行う。だから、化学肥料のわずかな効果を確保するために、金銭を浪費する必要はない。したがって、茶の肥培管理に関して、年間の収量に対する肥効はそれほど問題ではなく、むしろ地力の蓄積と増進が課題である。このように考えれば、肥培管理の問題と企業経営の安定性との利害関係は一致する。経営収支と、堆肥化計画の投入・算出の対照表を分けて考えることは不可能である。なぜなら、一年間に施肥する腐植〔堆肥〕の量が双方に影響を及ぼすからである。

巨大プランテーションにおいて、この議論の結末を見守るのは興味深いことであろう。いまはまだ、成功を収めたごくわずかのグループだけが腐植〔堆肥〕を採用しており、ほとんど化学肥料を使っていない。一方、その他の会社は一様に、安価な化学肥料の使用によって問題が解決できると信じている。この両者の間に、化学肥料によって補完しつつ腐植〔堆肥〕をも用いるという中間的な方法がある。こうしたさまざまな説よりも、大地は自らの判断でこれらのなかからどれか一つの方法を選ぶであろう。

茶自体は、この論争の勝者に光を当てるのか。もしくは、この論争に対して消極的であるのか。茶は、自らの好みについて言いたいことがあるのか。もしそうであれば、少なくともその主張に注意深く耳を傾けなければならない。動植物に適当な質問を投げかけ、その返答を注意深く研究すれば、動植物が必要としているものがよくわかるであろう。

茶は菌根生成植物

インドール式処理法の実験初期の段階で、茶が腐植に関する興味深い何かを伝えようとしていたことが明らかになった。実験を重ねた結果、私が関心をもったのは、一エーカー〔約四〇a〕あたり五トンくらいのわずかな堆肥の施用によって、たちまち生長・木の勢い・耐病性が著しく向上したことである。非常に喜ばしい結果であるが、ある意味では、この成果にとまどいを覚えた。もし、腐植が間接的にしか地力の増進に寄与しないのであれば、さまざまな物理的・生物的・化学的変化が起きるには時間を要するであろう。しかし、植物がすぐに反応したということは、地力の増進以外の何らかの要因が働いているにちがいない。この要因とは何であろうか。

一九三七年一〇月七日、茶業取引先の回覧文書において、私は次のような示唆をした。観察によれば、ただ一度堆肥を施用しただけで、茶が急速に生長した理由は、茶の根に生じるといわれる菌根との共生関係が腐植によって刺激された影響であろう。

私は、アジアの茶園へ最近（一九三七年一一月〜三八年二月）旅行をした際、さまざまな種類の茶の根を調べた。茶は適切に作られた堆肥を施用されており、どこの茶園でも同じ現象が見られた。それは、平均以上に発達している葉や小枝とともに、健康そうな根におびただしい房状のものが見られたことである。地上と地中で、腐植が茶を良好な状態にしているのは明らかであった。特徴的な房状の幼根を顕微鏡で調べると、表皮細胞には菌糸が文字どおり群がっており、それが病原寄生菌による深刻な感染の場合よりも拡がっていることがわかった。菌根との相互作用の影響であることは明らかである。

必要上、不完全ではあるが圃場実験を取り急いで行い、それはレイナー（M. C. Rayner）博士とイダ・レヴィソン（Ida Levisohn）博士によって追跡調査された。両博士は、私が所有する大量のサンプルを検査した。そのサンプルには、化学肥料だけを施用したもの、土壌が完全に疲弊した場所のもの、作付けの約半分近くが放棄された茶園のものが含まれている。こうしたサンプルからは、健康な根に特徴的な房状のものは観察されず、根の発達と生長はいずれも不完全であった。菌根との関係はなく、あったとしても非常にわずかであった。疲弊した茶に化学肥料を施用したところでは、しばしば軽い寄生をする菌類の褐色の菌糸による感染が認められた。

適切に作られた堆肥を施用した茶の根を綿密に調べると、常に幼根のすべての表皮組織に、無数の内生菌糸（endotrophic mycorrhizal）の感染が見られた。この内生菌糸は、おもに一種の菌類に属する細胞内の菌糸体と考えられる。菌類は常に幼根だけに存在し、古い根への感染は見られなかった。侵入された細胞では、一般的な一連の変化を示す。つまり、菌糸はまず細胞核を取り巻いて菌糸塊をつくり、顆粒体を消化・分解し、最終的には細胞から精製される物質を消滅させる。

したがって、土壌内の腐植は、菌根との共生関係を媒介して茶に直接的な影響を及ぼす。自然は、植物と肥沃な土壌を結びつけるために、そのメカニズムを担う命をもった重要な「部品」を与えてくれた。この驚くべき一連のメカニズムによって現れる、収量・品質・耐病性に関する反応に、私たちは十分な関心を払わなければならない。私たちはまた、土壌の腐植含有量によって、植物自体が有する能力を最大限活用できることを知らなければならない。

茶と菌との共生関係と、植物の栄養摂取とには、明らかな相関関係がある。それは、作物の肥料に関する課題を新たな局面、すなわち応用生物学へと導く。茶が健康に育つのは、もっとも安価な化学肥料によるものではなく、腐植と菌根との共生関係によるものである。私たちは、命をもった腐植によってもっとも健全に育つ森林の植物を扱っており、工場で製造される命のない副産物を扱っているのではない。

この理解の正しさを証明するのは簡単である。それは二つの方法で行うことができる。①〔腐植を含んでいる表土を除去した〕心土に完全な混合化学肥料を施肥したものと、新しく作られた腐植を施したものとで茶の苗木を育て比較することであり、②本当に肥沃な土壌の茶園で化学肥料の効果を観察することである。この試験はすでに開始されている。試験区①には心土に一エーカー〔約四〇a〕あたり二〇トンの腐植を施し、試験区②にはそれに相当する量の窒素・リン酸・カリを含む化学肥料を施用した。これは、ケンネス・モルフォード（Kenneth Morford）氏がセイロンのヴェルノン山地で行ったもので、非常に注目すべき成果を得た。

定植後九カ月間、腐植を施した試験区①は、非常に好成績であった。樹高は一〇インチ〔約二五cm〕に伸び、枝も葉も茂り、健康そのものの濃緑であった。化学肥料の試験区②の樹高は六インチ〔約一五cm〕で、枝はまばら、葉は弱々しい浅緑であった。根を調べると、その差は一層明らかとなった。試験区①の茶は長さ一二インチ〔約三〇cm〕の太い根を発達させたが、試験区②では太い根の発達はまったく認められず、地表近くに拡がった根が確認されたにすぎない。なぜ腐植試験区①は乾燥に対して強く、化学肥料試験区②が灌水に依存するかは、根系の観察によってすぐに解明された。アジアの他の茶園においても、モルフォード氏の試験を繰り返すべきである。その結果は、それ自体が物語るであろうから、議論をする必要もなかろう。

真に肥沃な土壌における硫酸アンモニア〔硫安〕の効果は、非常に興味深い。思ったとおり、そのほとんどがマイナスの効果であった。なぜならば、こうした条件下では、窒素・リン酸・カリの不足という制限要因がないからである。有機物が定期的に補給されなかった古い茶園では、潜在的な地力の大半が失われていた。それゆえ、前述のような試験は、現在の管理の仕方によって、地力が失われているか、保たれているか、あるいは増進されているかについて、明確な指針を与えるであろう。

土壌に適量の腐植を施用し、菌根との共生関係と有機物の硝化作用がもっとも速いスピードで作用すること。それは、地域特有の条件下で植物が可能なかぎり高品質・多収を達成するために必要なすべての条件である。したがって茶は、「腐植」対「化学肥料＝硫酸アンモニア」の議論において、すでに有利な証拠を整えている。

施肥の方法

茶の施肥に関する問題の解決は、単純である。牛や豚、山羊などの糞尿を用いて茶園や周辺農地の植物性廃棄物を腐植化すればよい。茶園のある地域の降水量が非常に多い場合は、野積みや堆肥坑を激しい雨から防ぐことが重要である。十分な植物性廃棄物の供給も重要である。実践上の具体的な問題は、地域の条件ごとに解決することが必要である。南西モンスーンの影響を受けるドゥアース（Dooars）のガンドラパラ（Gandrapara）茶園では、ワトソン（J. C. Watson）氏が、あらゆる手段で腐植の大量供給を開始した。これに関しては、「付録A」（二七八〜二八五ページ）を参照されたい。これは生産者だけでなく、すべてのプランテーション企業にも役立つにちがいない。

動植物性廃棄物の腐植化は、茶園の地力問題の一側面にすぎない。陰樹の利用、排水、土壌浸食の防止、茶樹の剪定枝や緑肥の最善の利用、ウォーターヒヤシンスのような水草の利用、病害を受けた根の処理、種子の芽出し、植物性廃棄物のみによる腐植化、茶の品質に及ぼす化学肥料の影響などのような多くの問題が存在する。次に、これらについて概観しよう。

一般的に、南インドやセイロンよりも北東インドで陰樹に対しての関心が高い。南下するにつれて、陰樹の利用が減少する傾向にある。北東インドで陰樹が日常的に用いられた理由は、南部では見られない三月から六月にかけての極度の乾燥と高温にあろう。しかし、茶は森林植物であり、その栽培は常に森林管理の適用とみなさなければならない。それゆえ、必要以上な陰樹の管理は間違いであろう。陰樹の根と葉が有機物を供給し、太陽から土壌を守るという混作の利点は、地力の維持においてきわめて重要な要因である。これは、セイロンにおいて、陰樹を取り除いた茶園より、陰樹のよく繁った茶園のほうが優れていることからわかる。

茶園における大量の植物性廃棄物は、剪定された茶の枝と緑肥植物からなる。これらは熊手で運ばれ、幅の広い浅い溝に埋められるか、腐植化される。これらの廃棄物をより効果的に処理する方法があるだろうか。茶を剪定すると、新しい枝を出す。同時に、通気性のよい肥沃な土壌で、根系の一部を再生できないか。私は可能だと考えている。適切に陰樹を植え、等高線に沿って排水路を掘った茶園で、剪定された枝と緑肥の堆肥化が、以下の二つの方法で試みられた。

① 枝と緑肥を堆肥に混合し、一エーカー〔約四〇a〕あたり五～一〇トン〔一〇aあたり一・二五～四トン〕の割合で鋤き込むとしよう。すると、通常の場合よりもはるかに急速で効率的に腐植化される。剪定された枝を積み重ねて堆肥化するこの方法は、ガンドラパラで実践され、好成績を残した（二八四ページ）。

② 剪定された枝と緑肥は、茶の畦間の小さな堆肥坑で堆肥化すべきである。堆肥坑は、長さ二フィート〔約六〇cm〕、幅〇・五フィート〔約一五cm〕、深さ九インチ～一フィート〔約二三～三〇cm〕にすべきで、等高線に沿った排水溝と平行にしなければならない。そして、どの茶の根も片側の堆肥坑にだけ接触するように、堆肥坑を配置しなければならない。次に、剪定された枝と緑肥を混合したものを堆肥坑の半分近くまで投入し、その上に、堆肥もしくは厩肥を薄くかぶせる。さらに、堆肥坑がほぼいっぱいになるまで緑肥を加える。それから三インチ〔約七・五cm〕の厚さで土をかける。そうすると、すぐに坑は小さな堆肥製造所となり、茶が成長する間に腐植が作られる。ミミズは活発に活動し、隣接する茶の木の根は堆肥坑に侵入してくる。その地区のすべての茶の根系の一部は、非常に肥沃で透過性の土壌の中で再生される。一番摘茶を製茶しない地域において剪定された茶葉を

処分しなければならない場合には、最初の列の間に、同じような堆肥坑を一列おきに造ることができる。

次に茶が一斉に剪定されるときには、茶の列と列の間のこれまで使われていなかった場所で、同様の堆肥化作業を行うことができる。四回目の堆肥坑が造られるときには、それぞれの茶の木の根系のほとんどは、豊かな土の中で完全に再生しているであろう。

堆肥坑を利用した方法に関する大規模な試みは、一九三八年一月、ヴェルノン山地で初めて行われた。その結果は、あらゆる点で満足のいくものであった。茶の収量は増大し、茶は干ばつに強くなった。研究費が正当な投資であったことが証明されたのである。

アッサムにおけるいくつかの茶園では、茶の木の間の低地部分は、堆肥の堆積にウォーターヒヤシンス栽培が利用されている。ウォーターヒヤシンスが堆積容積の四分の三を占めるようになると、乾期の灌水を大幅に減らすことができる。その約四分の三は刈り取られ、残りは翌年の作付けのためにとっておかれる。ウォーターヒヤシンスは蚊を激減させることが知られているから、すべての低地部分で、堆肥化のためにこの植物を栽培することが、マラリア予防の点からも茶園に利益をもたらすにちがいない。ウォーターヒヤシンスが堆肥製造のために茶園で広く栽培されるようになれば、雇用労働者が北東インドの大稲作地帯にこの知識を伝えることは疑いない。こうして、世界の食料生産におけるもっとも大きな進歩の一つが、まずウォーターヒヤシンスを腐植化し、それを水田に還元することによって達成される。

栽培の問題とその克服方法

茶を生産している多くの地域の一部で、茶の根が病気に侵されている。普通の土地より低い土地は排水が悪く、ここに溜まった水は当然、茶の抵抗力を弱めるであろう。私は調査旅行の報告書で、垂直に柱状の排水溝を掘り、それを石や小石ときには表土で埋めれば、こうした問題が解決できる可能性を示唆した。同様の排水溝がスウェーデンで使用され、好成績をあげている。

茶産業における最大の弱点は、種子の生産である。私は旅行中に、十分に管理の行き届いた採種園を、数少ないながらも見ることができた。種子を実らせる枝を適切に選抜し、適当な間隔をとり、排水をよくし、新鮮な堆肥を施すことが基本となる。自然は、自動的に種子を管理する方法を与えてくれているのだろう。木や種子に病気が発生した場合は、何かが間違っていたのであろう。木と種子が健康でよく育ち、害虫に侵されなければ、木が本来もっている力を十分に発揮する。中国では、一〇〇年間も育つ木があると言われている。茶という植物は、生育のスタートが重要なのである。

セイロンでは、動物性の廃棄物を用いずに腐植を作る試みがなされた。その結果は、期待を裏切るものであった。茶葉や剪定された枝のような難分解性の材料の分解は不十分である。腐植を生成する微生物も、適切に培養されない。完熟した腐植の重要な部分を形成するこれらの微生物の残滓には、動物性物質が足りない。家畜なしで効果的・恒久的な農業システムを確立することに成功した人は、いまだかつていない。それゆえ、茶産業だけが自然法則の例外となる理由はない。

茶に関してもっとも議論が集中した話題の一つは、化学肥料が品質に及ぼす影響についてである。一般的に、「化学肥料が導入されて以来、茶の品質が次第に低下した」と言われている。ダージリン地区のプランテーション・オーナーの一人、ゴムティー（Goomtee）とジュングパナ（Jungpana）の茶園のオーナーであるオブライエン（O'Brien）氏は、最高品質の茶を生産し続けた。彼が一九三五年に報告したところによれば、三一年前に茶園を管理し始めて以来、一度も化学肥料を施用したことはない。施用した肥料は厩肥と植物性廃棄物のみであり、換言すれば腐植である。茶と菌根との関係が、こうした結果を科学的に説明している。この関係が、茶の生産力と健康と同様に、品質に影響を及ぼすことは疑いない。腐植と菌根との関係は、これまで存在しなかった特徴を生み出すものではない。これらの要素によって、どの産地においても、森林から茶園に開拓された初期の段階に有していたはずの優れた特徴を取り戻すことにある。

3　サトウキビ

肥料の変化とサトウキビの反応

サトウキビの廃棄物の量は膨大である。家族経営の農業では、サトウキビを搾った殻はすべて鍋で搾り汁を蒸発させ、濃縮するための燃料に用いられる。したがって、サトウキビのおもな廃棄物は、古い葉と刈り取った後の株、燃やした後の灰である。サトウキビ農園では、このほかに工場の廃棄物を加えなければならない。搾り機による搾り粕、燃え残った殻、アルコール製造後に不必要となった蒸留廃棄液（ナタール〔南アフリカ共和国東部の州〕ではダンダー（dunder）と呼ばれている）などである。いずれにしても、おもな廃棄物は枯れたサトウキビの葉（サトウキビの屑）であり、その構造と化学成分からして腐植化することはきわめてむずかしい。

化学肥料が出現する以前、サトウキビ農園では、運搬と耕耘のためにラバと牡牛を飼うのが一般的であった。サトウキビの屑をこれらの家畜の敷料にして、未熟堆厩肥（pen manure、西インド諸島では踏込み肥という）が得られる。化学肥料が導入されてすぐ、この生産物の価値が化学的分析に基づいて明らかにされ始めた。踏込み肥と、それと同量の窒素・リン酸・カリを含む化学肥料との生産コスト比較が行われたのである。

その結果、すぐに化学肥料が踏込み肥に取って代わり始めた。家畜はコストのかかるぜいたく品とみなされるようになり、トラクターや貨物自動車の発達が、役畜を代替した。機械や輸入燃料によってより安く作業できるのに、飼料から生産しなければならないラバや牡牛のようなカネのかかる家畜をどうして飼う必要があろうかというのだ。損益勘定というはっきりとした証拠が明らかになったので、必然的に家畜も堆厩肥も排除されることになった。こうした誤った理論は悲しいことだが、農業の世界では一般化している。

施肥の変化によって、サトウキビそのものがどのような反応を示すか注目され、二つの事態が発生した。一つが病虫害の増加であり、もう一つが品種の著しい劣化である。次々と開発される新品種も、こうした困難に直面した。大農園におけるサトウキビの状態と比較されるのは、北インドの農家が栽培している同じ種類のサトウキビである。そこでは牛糞の堆厩肥だけが施用され、病気も品種の退化もほとんど見られない。インドにおける在来種のサトウキビは、菌類学者・昆虫学者・作物育種家の支援を何ら受けることなく、二〇〇〇年もの間、栽培されてきた。なぜ、サトウキビの品種が退化し、病気にかかるのか。サトウキビは挿木によって繁殖する。インドにおいて天然肥料で栽培された場合、どの点からしても、挿木から出た芽の品種は変わらない。しかし、サトウキビ農園において化学肥料で挿木が栽培されると、その品種の寿命は短くなる。この差異について、何らかの明瞭な説明がなされなければならない。

化学肥料が発明されておらず、新品種のサトウキビが発見される以前の初期のサトウキビ農園では、どうであったか。たとえば西インド諸島では、一八九〇〜一九〇〇年までの一〇年間、事実上ブルボン（Bourbon）種しか栽培されていなかった。病気にはほとんどかからず、この古い品種が劣化する兆しは見られなかった。それゆえ、農家の経験が、サトウキビ農園でも踏襲されていたのである。

サトウキビの品種の劣化に関する明瞭な解説は、化学肥料がまったくサトウキビに適しておらず、栽培初期段階で栄養不良に陥ることである。そうすると、炭水化物とタンパク質の生成がやや不完全になり、各生長期にサトウキビは標準以下から生育を始めることになる。この過程によって生長機能は著しく減退し、寄生生物の侵入に対する抵抗力が弱まる。換言すれば、品種が劣化するということであろう。

この仮定は、サトウキビが菌根を生成する植物であり、次の二つの方法によって養分を摂取していることが証明されれば、原理に一歩接近したと言えるであろう。二つの方法とは、①緑葉によって合成された炭水化物とタンパク質と、②根における菌糸体の直接的な消化である。

この仮説を証明するために、一九三八年から三九年にかけてサトウキビの根の分析が行われた。分析対象はインド、ルイジアナ、ナタールから入手した。すべてのケースで、根と菌根との共生がはっきりと観察された。そのうちナタールから送られた大量のサンプルには、化学肥料だけで栽培されたもの、腐植だけで栽培されたもの、両方を用いて栽培されたものが含まれており、結果は歴然としていた。腐植で栽培された根では、菌根の生成と、サトウキビの根による菌類の消化分解が見られた。一方、化学肥料で栽培された根では、菌根との共生がまったく見られないか、菌根が存在してもサトウキビの根によって菌類が消化分解されなかった。

この結果は、堆厩肥から化学肥料への転換が、サトウキビが病気に侵される原因となり、品種を劣化させる原因となることを示唆している。私たちは生育初期の栄養不良を問題にしているのであり、サトウキビ以外の作物においても、この現象が世界中で見られる。

サトウキビ廃棄物の堆肥化方法

こうした観察・分析によって、今後のサトウキビ栽培の課題がサトウキビの搾り殻やその他の廃棄物の腐植化にあることは疑いない。しかし、サトウキビの搾り殻を堆肥化するむずかしさは、それを発酵させて、その状態を保つことにある。葉は硬い表皮細胞で覆われていて、簡単に水を吸水できない。しかも、葉は窒素成分が約〇・二五％と少

表2　ナタールにおけるサトウキビの廃棄物の堆肥製造

堆積物	湿度	燃焼による損耗	窒素	全リン酸	有効態リン酸	全カリ	有効態カリ
牧柵内（クラール）の肥料	60.5	30.6	0.74	0.28	0.14	痕跡	
搾り粕	74.2	44.0	0.67	0.68	0.52	痕跡	
牧柵内（クラール）の肥料、搾り粕	61.0	33.3	0.71	0.40	0.28	痕跡	
牧柵内（クラール）の肥料、搾り粕、糖蜜	64.8	34.6	0.70	0.40	0.20	微量	痕跡
ダンダー（dunder）	28.5	20.0	0.72	0.40	0.21	0.52	0.30
牧柵内（クラール）の肥料、搾り粕、硫酸アンモニア、硫酸カリウム	59.2	27.8	1.00	0.42	0.29	0.72	0.49
有効材料による農場の堆肥	55.5	27.6	0.78	0.32	0.24	痕跡	
有効材料による農場の堆肥	52.2	29.6	0.67	0.89	0.56	痕跡	
有効材料による農場の堆肥	57.8	33.1	0.91	0.56	0.44	痕跡	
有効材料による農場の堆肥	41.0	30.0	0.84	0.44	0.36	痕跡	
有効材料による農場の堆肥	29.2	9.9	0.67	0.27	0.20	痕跡	

ないのに、容積の七・三％を占める搾り殻の灰の六二％は珪酸である。腐植化を進める微生物は、こうした反応しにくい原料に対してなかなか作用しない。

問題は、どのように微生物の作用を最適に促すかである。それは、①搾り殻が吸水することと、②容易に発酵する植物性の物質をできるだけ多く加えることである。その可能性のある糖蜜は、発酵を促すものとして使うことができる。また、高品質の腐植を製造するためには、適量の糞尿を供給しなければならない。それができなければ、副次的な成長物質を欠いた生成物しかできないであろう。適量の糞尿と緑肥のような発酵しやすい植物性廃棄物を加えれば、サトウキビ・プランテーションから出るサトウキビの搾り殻とその他の廃棄物は、最高級の腐植になるにちがいない。

そして、サトウキビ・プランテーションはきっと肥料を自給できるであろう。そのための条件は、これまでの研究蓄積から明らかである。ダイモンド（Dymond）は、堆肥化する前にサトウキビの搾り殻をやや風雨にさらさなければならないとしている。なぜなら、堆肥化される葉は最初に水分を含んでいなければならないからである。こうすれば、菌類とバクテリアは繁殖しやすくなる。一九三八年、ナタールで行われた彼のさまざまな研究成果（表2）によれば、搾り殻、ダンダー〔アルコール製造後に不必要となった蒸留廃棄液〕、その他のあらゆる廃棄物は、事前に処理すれば役立つ。

これらの結果は、一九三五年にインドールにおいてタンブ（Tambe）氏とワッド（Wad）氏が得た成果と同様であり、それを確認するものであった。ナタールでは、一〇〇トンのサトウキビの茎から、約二八〇ポンド〔約一二七kg〕の窒素と一六〇ポンド〔約七三kg〕のリン酸を含む約四〇トンの堆肥が作られることが見積もられている。

サトウキビの搾り殻を堆肥化する際のおもな問題点は、常にその炭素と窒素の割合を適正に保つことである。問題は実践であり、いかにしてさまざまな廃棄物をもっとも安価な方法で集め、堆肥化後、腐植を耕地に施すかだ。しかし、これとなる決め手がないのは明らかである。問題の正しい解決法は、地域によってさまざまであろう。つまり、その作業は現場で働く人によってのみ行われる。今後、サトウキビ・プランテーションにおける肥料は次第に自給肥料になっていくであろうし、やがては化学肥料への投資はなくなるであろう。ただし、現在の肥培技術の改良には時間を要するし、何よりも飼われる家畜があまりに少ないので、大量の良質な腐植を作るということは問題外であろう。

まず、初めに作られる少量の腐植をもっとも有効に利用するにはどうすればよいのか。これは非常に重要な問題である。私は、その腐植を作物の育つ土地に施用すべきであると考えている。こうしたサトウキビは、シャージャハンプールの原理（第14章参照）に基づいて、植付溝で栽培されるべきである。そして、すべてのサトウキビに一生涯、新土壌の通気を維持するような措置を講ずるべきである。植付溝は丹念に耕し、少なくとも定植の三カ月前までに、新鮮な腐植を施用しなければならない。これらのサトウキビは、プランテーションでもっとも重要なものとみなされるべきであり、できるだけ最高の素材を製造するように努力する必要がある。未熟なサトウキビを引き続き定植し続けるかどうかは、まだ課題として残っている。

新鮮な腐植を施用した土壌で、定植されたサトウキビが非常によく生育することは確かである。どんな作物でもスタートが肝心だ。サトウキビ・プランテーションにおける有機物の供給量が増加するにしたがって、サトウキビ栽培に最高の成果をもたらすために考案された方法が、すべてのサトウキビ・プランテーションに拡がることは間違いない。

ここまで述べた内容は、インドやナタールで行われた研究成果から実証できる。一九三八年三月、ダイモンドは、全般にわたる問題の概要を次のような言葉で結んだ。

「化学肥料は利用しやすく、景気のよいときには安易に購入されるが、景気の悪いときにはまったく購入されない。化学肥料は隣人と際限ない話題をつくり、化学肥料商人との議論の的となる。これらは、良心の呵責に対する気休めになる。一方、腐植はより多くの労働と注意、運搬、煩わしさを伴う。それにもかかわらず、腐植は持続的な農業の基礎であり、化学肥料は今日の手段ではあっても、明日には衰退するものである」

4　綿

綿栽培の経験と研究

一九二四年、インドールに新設された農業研究所で綿に関する研究を開始する以前に、インドの各地で綿栽培に関する調査が着手されていた。同時に、この作物に関する調査方法の発展が試みられた。

インドにおけるもっとも重要な二つの綿栽培地帯は、①玄武岩からなる半島の黒土綿花地帯、②ガンジス平原の河川によって運ばれた堆積岩よりなる北西インドの沖積地帯である。

前者については、この作物の調査研究の進むべき方向を指し示す何千もの実例が存在する。黒土綿花地帯の集落の周辺には、十分に肥培されて有機物に富んだ土地が見られる。その土地の綿は、どの季節でもよく育つ。茎葉は十分に生育し、病気に侵されず、綿実の収量が高い。その土地の周辺の似たような土地――ただし肥培されていない――では、生育が比較的悪い。しかし、雨が平均して降る年には十分な収量が期待できる。生育を制限する要因は、雨が降り出すとすぐに通気性を阻害し、透過性を低下させるコロイド状の物質ができることにある。これはすべての黒土地帯に共通するが、有機物はその状態を緩和する。

北西インドの沖積地帯でも、同様の制限要因が発生する。ここの綿は灌漑栽培されている。この灌漑が、まず粒子の細かい土壌を固めて、次にコロイドを形成する。これは、この地でのアメリカ種の栽培が不適当であることを示している。アメリカ種の葯（やく）〔被子植物の雄しべの主要部。中に多数の花粉を有する〕はしばしばその機能が正常でなく、綿実の生育が不十分で、成熟期が非常に遅れ、繊維は強度・品質・生命力に乏しい。こうした栽培上の問題も、やはり貧弱な土壌の通気性にあり、このような土壌はややアルカリ性のようである。これによって、綿が土壌から十分に吸水することを妨げる。これを防ぐもっとも簡単な方法の一つは、腐植の施用によって土壌の団粒構造の生成を手助けすることである。

したがって、インドにおける綿の調査研究の基礎は、作物の圃場自体の研究によって明らかにされた。問題は、どのようにして土壌の通気性と透過性を維持するかであった。この問題は、より多くの腐植を施用すれば解決できるであろう。それゆえ、適切な農耕技術がインドの綿栽培の問題解決の鍵である。

世界中で行われている研究を調べても、この見解に誤りはなかった。綿研究の根本的な欠点は、諸要因をばらばらに分けて考えていたこと、方向性がなかったこと、研究課題が定まっていないこと、適切な農業の経験によって得られたバランスと安定性を無視した、あまりに狭い視野の科学的アプローチにあったと考えられる。

表3　インドールにおける総肥沃度の増加

年　次	改良綿圃の面　積（エーカー〔ha〕）	平均収量（1エーカーあたりポンド）	年間優良区の収量（1エーカーあたりポンド）	降　雨　量（インチ〔mm〕）	
1927年	20.60〔約　8.3〕	340	384	27.79〔約706〕	（降雨分布良好）
1928	6.64〔約　2.7〕	510	515	40.98〔約1041〕	（多雨）
1929	36.98〔約15.0〕	578	752	23.11〔約587〕	（降雨分布不良）

そこで、プゥサ調査研究所で開発された腐植の製造方法の改善が試みられた。インドール式処理法はその結果うまれた。そのためには、まず綿栽培において、それを徹底的に試みる必要があった。その結果を表3にまとめる。表3によれば、総降水量や降雨のばらつきにかかわらず、腐植の施用区は、隣接した同じような圃場の平均綿実収量（一エーカー〔約四〇a〕あたり二〇〇ポンド〔約九〇kg〕に対して、三倍の収量をあげた〔平均収量を比べると、一・七倍、二・五五倍、二・八九倍である〕。

インドールでの腐植の施用において、主要な廃棄物の一つは枯れた綿の茎であった。この茎は堆肥化される前に、破砕する必要がある。これらの原料は農園の道ばたに敷き並べ、役牛の敷料として利用するのに最適な状態になるまで踏まれた後、堆肥坑で発酵させた。

インドール式処理法の実践事例

インドール式処理法を最初に綿栽培に採用した農家は、パンジャブ地方〔パキスタン北東部からインド北西部にかけての肥沃な農耕地帯で、小麦・綿花の産地〕のモントゴメリー（Montgomery）地区にあるコールヤナ（Coleyana）農園のヒアール・コール（Hearle Cole）大佐（現在はエドワード卿）（Sir Edward）である。その地区には、インドール農業研究所の方針に基づいて、一九三二年六月に堆肥工場が造られた。設立以来、この工場ではすべての有用な廃棄物が恒常的に堆肥化された。現在、その生産量は完熟した腐植で、一年に数千トンにも及ぶ。

綿は、腐植の定期的な施用によって、著しいプラスの効果を得た。綿毛の質は向上し、高値がつき、現在の灌漑水の必要量は以前の三分の一以下になった。近隣の農家はすべてこの堆肥化技術を採用し、それに関心をもったくさんの人びとがその作業の進歩を視察した。とくに、インドール式処理法がパンジャブ地方にもたらした利益、つまり、この農園の肥沃な土壌で適切に栽培された種子が、州農務省（Provincial Agricultural Department）の種子配分計画に非常に貢献したことに注意すべきである。この作物の育種の成功は、品種改良と、腐植に富む土壌で栽培された良質な種子の普及という二つの意味をもっていた。

綿栽培に初めてインドール式処理法を採用した農務省の役人は、インド帝国名誉勲位（C.I.E.）のジェンキンス（Jenkins）氏であった。彼は、シンド（Sind）の主席農務官であった当時、アルカリ性の抑制、綿の健康維持、綿毛の収量の増加に、腐植がもっとも効果的であることを明らかにした。たとえば、一九三四〜三五年にサクランド（Sakrand）では、綿の茎やその他の作物の残滓などの廃棄物から、一一五〇荷〔荷車一台の荷量〕にも及ぶ完熟堆肥が作られたのである。

近年、帝国綿花栽培組合（Empire Cotton Growing Corporation）が所有するアフリカの小さな圃場において、インドール式処理法が徹底的に試験された。たとえば、ローデシアでは、ガトーマ（Gatooma）のピート（J. E.Peat）氏が興味深い成果をあげた。この内容は、一九三九年八月一七日の『ローデシア・ヘラルド』（*Rhodesia Herald*）で公表された。堆肥は、綿毛を大幅に改善し、綿収量を増加させるだけでなく、輪作作物の一つのトウモロコシの収量をも増加させた。

菌根の重要性

なぜ、綿が腐植に対して顕著な反応を示すのかという理由は、明らかにされたばかりである。その内容は非常に興味深いので、記録に残しておく必要がある。一九三八年七月、私は雑誌『帝国綿栽培』（*Empire Cotton Growing Review*、第一五巻第三号、一八六ページ）に論文を発表した。それは、肥沃な土壌で栽培した作物は耐病性が強くなり、その理由としての作物と菌根との相互作用の役割を論じたものである。この論文の終章で、私は次のような示唆をした。

「菌根は綿にとって重要であることがほぼ間違いなく証明された。インドのカンボジア（Cambodia）綿を、①腐植に富んだ農園と、②堆肥を施用していない普通の土地に栽培した場合、収量や繊維の長さの大きな違いは、菌根との相互作用によってうまく説明できよう」

この雑誌の次号（第一五巻第四号、一九三八年、三一〇ページ）では、綿が菌根を生成する作物である根拠を示し、綿栽培における菌根の重要性を次のように述べた。

「菌根との相互作用を有する他の作物栽培の経験から、綿栽培に何が必要であるか明確に指摘される。適切な農法の積極的な試み、植物性および動物性廃棄物から作られた腐植の施用による地力の回復に対して、一層の注意を払わなければならないであろう。そうすれば、土壌と、植物、動物との循環のバランスが確立・維持されるであろう。どのような特殊な綿栽培地帯でも、家畜数と綿の栽培面積との間には適切な一定の割合が、必然的に存在するであろう。この割合が確保されれば、収量、綿毛の質、作物の健康状態が著しく改善されるであろう。もし、菌根との相互作用が始まり、また土壌と植物とを結ぶ自然の回路が機能するならば、このすべてが必然となる。逆に、自然のメカニズムを狂わす企ては、すべて失敗に終わることは間違いない」

綿に関する研究は今後、地力という新しい視点から始める必要がある。将来の研究への移行過程で、現在、研究されている多くの問題はすべて解決されるか、もしくはまったく新しい様相を呈するかのいずれかであろう。肥沃な土壌によって、植物はその葉においてタンパク質や炭水化物を完璧に合成できるだろう。その結果、病原菌・害虫・その他の病気による犠牲は少なくなり、そしてとるにたらないものになるであろう。また、私たちは、綿栽培が行われているニアサランドのような地域の土壌浸食の被害を耳にすることも少なくなるであろう。なぜなら、肥沃な土壌が降雨を吸収するであろうし、また、この被害が根本的に防止されるだろうからである。

　こうした先進的な研究成果は、すぐに追認された。『イギリス微生物学会誌』（*Transactions of the British Mycological Society*、第二二巻、一九三九年、二七四ページ）でバトラー（Butler）氏は、スーダンやグジラート（Gujerat）〔現在のパキスタン〕の黒土地帯の綿にも、おびただしい菌根の発生が確認されたことを記している。雑誌『ネイチャー』（*Nature*, 一九三九年七月公刊）で、ヨーニス・サベット（Younis Sabet）氏はエジプトにおける作物と菌根との相互作用について言及した。『帝国綿栽培』では、レイナー博士が、中央インド、インドールのワッド（Y.D. Wad）氏を通じた私のアドバイスによって、ラジプタナ（Rajputana）の黒土綿花土壌と砂土で綿が栽培されたカンボジア綿とマルヴィ綿との双方に菌根の存在を確認している。

5　サイザル

廃棄物の堆肥化方法

よく知られているように、サイザル麻〔リュウゼツラン科の多年草。葉の組織は柔軟で耐水性があり、船舶などのロープに使う〕という作物の葉の約九三％は廃棄物であり、約七％が繊維である。そして、通常その繊維の約五％が抽出される。

　廃棄物は流水を利用して剥取機（decorticators）から廃棄され、通常、近隣の凹地や穴に積み込まれた。しばしばそれらは河川に捨てられる場合もあり、非常に残念である。ごみの山では腐敗が起き、悪臭を放ち、何㎞先からもその場が特定されるであろう。河川は汚染され、魚は死んでしまう。こうした原始的な方法で廃棄物を処分しているので、一般的にサイザル工場は、もっとも不快でイヤな場所となっている。そのうえ、こうした作業に使用される水――掘り抜き井戸などを深く掘ったり、ダムや貯水池を建設したりした後、ポンプで汲み上げられており、膨大なコストがかかる――もムダに流されている。それゆえ、サイザル産業が直面している問題は、①繊維の残りを含む固い廃棄物を有効に利用できる腐植のような副産物に加工すること、②汚水を作物の灌漑に利用すること、の二点である。

この二つの問題は、ケニアのタヴェタにあるグローガン少佐のサイザル園で、レイゼル（S. C.Layzell）少佐によって解決された。その技術は一九三五年に開発されて以来、確実に進歩し、雑誌『東アフリカ農業』（*East African Agricultural Journal*、一九三七年七月）でその成果が公表された。

第一の問題は、桶の中の廃棄物を、液体と固形物に分離することであった。タヴェタでは、桶に網を付けて、剥取機から出てくる廃棄物がその網を通過するようにした。網は固形物をせき止め、酸性の液体はコンクリートの集水孔に流れ、そこから一〇〇〇分の一の傾斜の導水管を通じて、溜め池に運ばれる。網にせき止められた固形物の廃棄物は、スレート製のトロッコ（木で造られた普通の四輪車の上に、線路と直角にスレートの台が取り付けられている）に積んでコンクリートの堆肥坑に運ばれ、そこで濾過される。濾過された排水は、小さな用水路によって他の場所に流れていき、作物の栽培に利用される。このように灌漑のための水は、二つの給水源がある。主要な一つは桶からの水であり、もう一つはトロッコに積んだ廃棄物から濾過された水である（写真1）。

堆肥製造場の配置は非常に重要である。サイザル置場は均等な四つの区画に仕切られ、それらは、トロッコの両側に、線路の直角に配置される。置場は、通気のために一フィート〔約三〇㎝〕間隔に設置され、廃棄物が縦一五フィート〔約四・六ｍ〕、横四フィート〔約一・二ｍ〕、厚さ二フィート〔約六〇㎝〕に軽く積まれる。どんな新しい堆積物にもタネとなる堆肥が必要であるから、初めて堆肥を作る農園には、インドール式処理法をすでに採用している他のサイ

写真１　サイザル麻の廃棄物の腐植化（濾過と灌漑）

ザル園で製造された少量の堆肥を供給すべきである。この古い少量の堆肥は堆積物に均等に混ぜられ、発酵を促進するのに大いに役立つ。廃棄物は三〇日間、置場に放置される。その間に発酵バクテリアによって分解作用が始まり、堆積物の中に手を入れられないくらいにまで温度が上昇する。

一回目の切り返しは、初めて堆積されてから三〇日後に行われ、二つの堆積物が一つに混和される。そのときまでに、体積は著しく減少している。一回目の切り返しが終わると、次の段階に入り、おもに菌類によってさらに分解が進む。この時期になると、毎朝、茎の長いキノコが堆積物の表面全体にびっしりと生えていることがある（写真2）。

さらに三〇日後、二回目の切り返しが行われる。すると、腐熟作用が始まり、初めて堆積して約九〇日で熟成する。レイゼル少佐の記録によれば、完成したこの堆肥は最良質の腐葉土（leaf mould）とそっくりで、一・四四％の窒素を含有している。この化学成分だけを基準に換算すれば、この地域では堆肥一トンあたり二ポンドの価値があると評価された。

腐植施用の効果と条件

新しい圃場すべてに適切に育てられた強い苗を植えるために、この腐植の大半はサイザルの苗床に使用される。それでも余裕があれば、サイザルの圃場に施用する。サイザルは肥沃な土壌でだけよく育つので、粗放的な栽培よりも集約的な栽培が必要である。これが守られなければ、栽培は失敗に終わる。その理由は、工場周辺の地力が消耗し、たちまち剥取機が利潤を使い切るからである。まさに、骨折り損のくたびれ儲けとなる。したがって、廃棄物の腐植化によって、この問題が解決されよう。工場周辺の地力が維持・増進され、そのうえ、悪臭を発するサイザル廃棄物の山がなくなるであろう。

写真2　サイザル麻の廃棄物の腐植化（上から堆肥製造場の配置、撒布、切り返し）

一カ月あたり一二〇トンの繊維を生産する剥取機から出てくる廃棄物を処理して、その堆積物を切り返すために必要な労働力は、二名の主任を含めて三四名である。さらに、一六名が濾過係とトロッコ係として必要であるから、この堆肥製造所では全部で五〇名の労働力が堆肥作りのために必要であった。労働者の皮膚を保護するために、安い油を支給すれば、サイザル廃棄物を取り扱うのはむずかしくない。もし、油がなければ、労働者の手足はサイザルの汁にかぶれて湿疹ができてしまう。

桶の液体は、おもに労働者の食料となる作物の栽培に利用される。これによって、彼らの食料となるトウモロコシ粉、豆類、塩の供給を一定量、増やすことができる。これは、労働者の意欲を非常に高めた。広大な農園で栽培されるバナナ、サトウキビ、柑橘類、ジャガイモの壮観な光景は、労働者とその家族から食料不足の不安をすっかり取り去り、彼らは安堵感を抱く。それゆえ、彼らの精神面の健康と労働力としての力は急激に増加する。食料付きのこの報酬は労働者にとってたいへんな魅力であり、簡単に、また自動的に、新たな労働者が得られた。

タヴェタの土壌は石灰を含んでいるので、排水を利用した酸性の灌漑水を事前に中和する必要はない。他のサイザル園では、この点に注意すべきである。おそらく、排水の酸性を中和するもっとも簡単な方法は、堆肥製造のために固形物を桶の網で分離した後、桶の水に自然の石灰石の粉末を十分に加えることであろう。

タヴェタで実践された方法がどの地域でも普遍的に採用されるには、次の二つの条件が満たされなければならない。①灌漑が必要な作物を栽培するために、工場の近くに適当な平地がなければならない。②工場を設置するスペースが、軽便鉄道によって廃棄物を運送でき、また、そこから熟成した腐植を灌漑農地やサイザル園の他の箇所へ容易に運搬できる場所にある。

なお、サイザル園における堆肥化技術で、改善すべき点が明らかに一つある。それは、植物性廃棄物に動物性廃棄物を加えることだ。サイザルの廃棄物すべてにいきわたるほど十分な家畜を飼養できないのであれば、品質の異なる腐植を二種類作るべきである。動物性廃棄物を含む一級品の腐植を親木とその苗を育てるために用い、繊維を生産するためのサイザルには二級品を施用するのである。

6　トウモロコシ

現時点でイギリス農業の最大の弱点の一つは、豚、家禽類、搾乳用などの家畜が輸入飼料に依存していることである。イギリスの畜産業は、肥沃な土地で栽培される食料の供給という視点からすれば、バランスを欠きつつある。それは都市住民にとってもマイナスである。大量に輸入されている飼料の一つはトウモロコシである。残念ながら、輸入されるトウモロコシの大部分は、疲弊した土地で栽培されている。イギリス人は、どこで、どのように栽培された農産物であろうと、安いかぎりそれで家畜を養う。間接的には、イギリス人自身もその作物で扶養されていることになる。

しかし、大地はそれに対して明らかに抗議している。ケニアやローデシアなどのトウモロコシ栽培地帯の土壌が次第に疲弊する兆しを見せている。そして、収量は減少した。トウモロコシ栽培の経験をもつ人なら誰でも、この事実を予言できたであろう。この作物は肥沃な土壌を必要とするのである。

ケニア、ローデシア、南アフリカのトウモロコシ農家は、この教訓をすぐに学んだ。開墾したばかりの土地に養分吸収力の強い作物（exhausting crop）を連作したことで、急激に収量が低下したのである。こうした現象が、ちょうどインドール式処理法が考案されたころに目立ってきた。そこで、ケニアとローデシアのトウモロコシ畑にインドール式処理法を適用したところ、好結果をもたらした。そのため、ケニアとローデシア中で、トウモロコシの茎、その他の植物の残滓、緑肥の堆肥化が開始された。

数多くの成果のなかで、二つの事例をあげよう。ケニアのロンガイ（Rongai）でウォリッチ・ウィットモア（J.E.A. Wolryche Whitmore）氏が三つの農場でインドール式処理法を採用した。夜間、役牛を乾いたトウモロコシの茎、麦ワラ、野草、その他有用な繊維植物の上に寝かせるのだ。一週間後、家畜に踏まれたこの敷料は、堆肥坑の中で木炭と家畜の糞と混ぜられ、堆肥化される。もし、糞が十分に利用されなければ、高温は維持されない。一カ月の間隔をおいて二回の切り返しを行うと、九〇日後に満足のいく堆肥が完成する。この堆肥がトウモロコシ栽培に与える影響は顕著である。ローデシアでは、モーブレイ（J. M. Moubray）大尉も同様の成果を得た。これについては付録Bで後述（二九三〜二九五ページ）する。

ローデシアのトウモロコシの病気として、地元の人びとがヒメノマエガミ（witch-weed（*Striga lutea*））と呼んでいる寄生顕花植物は、腐植で防止できる。この注目すべき発見はティムソン（Timson）によってなされ、その成果は雑誌『ローデシア農業ジャーナル』（*Rhodesia Agricultural Journal*、一九三八年一〇月）で発表された。

枚柵（kraal）〔南アフリカにおいて集団生活を営む村落。垣根を周囲にめぐらし、中央に家畜飼育の空間をもつ〕の家畜の糞尿を含んだ敷料から作られた腐植をヒメノマエガミの被害がひどい農地に一エーカー〔約四〇ａ〕あたり一〇トンの割合で施用したところ、寄生植物にほとんど侵されていない良質のトウモロコシが生産された。一方この実践区の隣の圃場は、この病気によって赤いカーペットを敷いたようになった。トウモロコシの二回目の作付けが同じ実践区で行われたが、この場合もヒメノマエガミは見られなかった。この寄生植物は、ローデシアのトウモロコシ土壌が肥沃かどうかを調べる有能な検査官の役割を果たしていることを証明するものである。もし、ヒメノマエガミが現れるならば、その土地は腐植を必要とし、現れないならば、その土壌は十分な有機物を含有している。したがって、適切な農法は管理の手順を自動的に示すであろう。

腐植の施用は、トウモロコシの収量とともに、その品質にも影響を及ぼすにちがいない。トウモロコシ輸出国と輸入国の双方の利益のために、肥沃な土地で生産された農産物を格付けし、市場取引を行うための新たなシステムを導入すべきである。化学肥料を用いず、適切に作られた腐植を施用した農地で栽培されたトウモロコシは、その旨が表示され、格付けされるべきである。この方法によって初めて、適切に栽培された農産物がその地位を確立できる。そのトウモロコシは、農地から動物の口に入るまでの間、はっきりと識別され、質の悪いトウモロコシと明確に区別されるべきである。そうすれば、購入者は、家畜に与えている格付けされた飼料が、適切に栽培されたものであることを知るであろう。そして、彼らはその飼料が家畜に適していることを理解するであろう。

栽培方法によって農産物を格付けするという課題は、トウモロコシだけでなく、他の多くの作物にも適用される。今後の農業と国民の健康に対するその重要性は、後述する（二七四ページ）。

7　米

世界中で、群を抜いて重要な食用の作物は米である。それゆえ、この穀物が腐植にどのような反応を示すか、興味のもたれるところであり、この課題の解明が期待される。なぜなら、稲の苗床は常に動物性有機質によって肥培され、田植え時の苗は稲の一生のどの時期よりも窒素に富んでいるからである。

米栽培におけるインドール式処理法の初めての試験が、ナイザム殿下（H.E.H.the Nizam）のディチパリ（Dichpali）領地にあるハンセン病療養所（Leper Home and Hospital）の故ケル（Kerr）夫人によってなされた。一九三一年に『農業の廃棄物』（*The Waste Products of Agriculture*）を読んだ彼女は、「彼〔筆者〕が正しいなら、インドール式処理法はイン

表４　条件を異にする圃場区における稲作の試験結果（ディチパリ・ハンセン病療養所）

	第１圃場区	第２圃場区	第３圃場区	摘　　要
播 種 量	6ポンド〔約2.7kg〕	6ポンド	6ポンド	種子同一
数　　量	422ポンド〔約191kg〕	236ポンド〔約107kg〕	60ポンド〔約27kg〕	秤量ではなく容量測定
ワラ稈量	138束	106束	40束	同じ大きさの束

ドの村に完全な経済的革命をもたらすことを意味するだろう」と考えた。そして、インドール式処理法を試験する作物として稲を選んだ。彼女は試験過程で亡くなったが、その研究成果は夫であるケル牧師からの手紙（一九三三年一一月二日、ディチパリ発）で次のように要約されている。

「私たちは、面積がまったく等しい三つの圃場〔六三六四平方フィート＝約六〇a〕の刈り取りを行った。第一圃場はインドール式処理法による堆肥を一・二五～一・五インチ〔約三・二～三・八cm〕鋤き込み、第二圃場は農場から出る若干の残滓に加え、インドール式処理法による堆肥を八分の三インチ〔約一cm〕鋤き込み、第三圃場は無肥料の標準圃場とした。

あなたに、刈り取った稲ワラの重さを表にした数値をお見せしたい。第一圃場は一二日前、第二圃場はほんの二日前、第三圃場は昨日刈り取りを行った。したがって、第一圃場のものは乾燥しており、第二・第三圃場のものはまだ湿っている。同じ大きさのワラの束で比較したところ、第一圃場のワラがよく、良質な水牛の飼料となろう（表4）。

三〇エーカー〔約一二ha〕すべての水田に堆肥を十分に施用すれば、米の増収によって、さらに五〇～六〇名のハンセン病患者を受け入れることができよう。これは、一般的な算定法による科学的な結論ではないが、魅力的な実践的成果である」

また、一九三五年一〇月一〇日の手紙では、ディチパリにおけるインドール式処理法の実験結果が次のように要約されている。

「インドール式の堆肥は蒸気、電気、無線のように、ここでの生活の物的恩恵の一つである。ここでは、それなしでは生活できないであろう。堆肥は、農業に関するあらゆる利害関係を変化させた。

私たちは水田四三エーカー〔約一七ha〕を所有しているが、三年前はそのほとんどの土地がやせきっていた。また、大部分が塩分を過剰に含んでいるので、白いミョウバンのような粉が土壌の表面に現れていた。現在、二八エーカー〔約一一ha〕の水田が地力を回復し、そのおかげで今年の稲は大豊作である。長年にわたってこの地で栽培してきたが、このような作柄はなかった。残りの一五エーカー〔約六ha〕は、以前と同じく土地はやせ、稲の収量も乏しい。私たちは三〇の堆肥坑で堆肥を製造しているが、必要量を十分に供給できない。現在、私たちは飼料用作物の農地にも堆肥を施用し、すばらしい成果をあげている。一・二五インチ〔約三・二cm〕の厚さで農地に散布される堆肥は、その他の方法で得られる収量よりも、少なくとも三〜四倍の収量を保証するであろう」

稲が苗床で有機物に著しく反応することは、よく知られている。ディチパリの成果は、田植え後の稲も腐植に反応することを証明している。苗床の土壌は好気性である。田植え後、作物の根は水中にあるので、供給される酸素のほとんどは藻類の活動に依存している。酸素が水に溶解されなければならない条件下で、腐植は水田の稲に対してどのように影響を及ぼすのか？　苗床において、また、田植え後に、稲の根は菌根との相互作用を示すのか？　もし相互作用があるなら、ディチパリの試験結果の説明は簡単である。そうでなければ、水田の腐植がどのように緑葉の光合成に影響を与えるのか？　このような条件下での有機物の硝化作用は、次の二つの理由でむずかしいと考えられる。①硝化作用には十分な空気を必要とする。②化合された窒素化合物は、水田の大量の水によってすぐに希釈されるであろう。しかし、田植え後の稲に菌根との相互作用があれば、ディチパリでの試験結果は自ずから説明される。

本書が印刷されている最中、播種から一一六日経ち、腐植を施した土壌で栽培された田植え後の稲の地表根の標本が、中央インドのジャブア（Jhabua）州でワッド氏により収集された。一九三九年一〇月二七日のことである。これらの標本は一二月一一日にレヴィソン博士によって分析された。報告は次のとおりである。

「第一列の強靱な側根は広範囲にわたる内生菌根の侵入を示し、菌根域は、不透明、水泡状（beading）、根毛の欠落によって肉眼で確認される。活性菌糸は太く、容易に細胞膜に侵入し、コイル状（coils）・小胞状（vesicles）・房状（arbuscles）のものを形成する。それは、消化分解の初期および後期の段階を示している。その結果、生成される顆粒状の物質は、細胞から移動できると考えられる」

稲が菌根生成植物であることは疑いない。この事実はただちに、この作物の腐植への顕著な反応を説明し、数多くの新たな研究分野を開拓するものである。おそらく、米の栄養価値だけでなく収量・品質・耐病性も、菌根との相互作用の効果によるものであることがわかるであろう。

8 野菜

腐植の施用と野菜の品質

露地やハウス内での園芸経営の重要な問題の一つは、腐植の供給である。以前、馬車による輸送が一般的で、数多くの馬が都市で飼育されていた時代、たとえばロンドン近郊では、箱詰め野菜を荷馬車で朝市に運び、堆肥を一袋積んで帰るのが普通であった。しかし、内燃機関の導入により、この慣行が変化した。全般的な堆肥不足に陥ったのである。多くの場合、園芸経営は大規模複合農業との関連がないので、こうした地域では堆肥を自給する可能性はない。つまり、堆肥の自給に不可欠な家畜がいないのである。都市で販売される野菜の需要量の増加分は、化学肥料で栽培されることになる。この方法では、収量は増加させられても、味、品質やその特性の維持という点で、堆厩肥によって栽培された野菜に比べて、格段に劣る。

窒素・リン酸・カリによって栽培された野菜を見分けることは容易である。そうした野菜は固く、繊維質で、また味、風味がない。これとは対照的に、腐植を施用して栽培された農産物は、柔らかく、たいへん風味がよい。どんな学校でも、公民館でも、家庭でも、子どもたちに教えるべき栄養学の一課題は、腐植で栽培された野菜、レタス、ジャガイモ、果物と、化学肥料で栽培されたものとの違いである。消費される野菜、果物、ジャガイモ、その他の作物を肥沃な土壌で栽培し、新鮮な腐植を施すと、冷害や斑点病（measles）などの一般的な病気に侵される割合が少ないという証拠がそろいつつある。

作付体系とインドール式処理法の実践

都市地域が必要としている良質の野菜は、どのようにして必要な腐植を吸収するのであろうか？　この問題には二つの答えが考えられる。

第一に、園芸経営は、適当な数の家畜を飼養する複合経営の一部門として位置づけられなければならない。そうすれば、どんな動物性・植物性の廃棄物もインドール式処理法によって腐植化できる。この仕組みの初めての試験がリンカーンシャーのサーフリート（Surfleet）のアイシニ育苗園で行われた。研究は一九三五年一二月に開始された。その内容は、一九三七年九月四日にこの農場を訪問したイギリス協会（British Association）の会員たちのためにウィルソン（Wilson）大尉が書いたメモの中の言葉に、もっともよく表されている。

「アイシニ育苗園は約三二五エーカー〔約一三二ha〕からなり、その内容は次のとおりである。

耕地、その他……………二二五エーカー〔約九一ha〕

恒久的な草地……………三〇エーカー〔約一二ha〕

粗放的な放牧地…………三五エーカー〔約一四ha〕

集約的な園芸地……三五エーカー〔約一四ha〕

この農園開発の主たる目的は、イングランドのある地域で、不適切な農業が営まれていた農地を譲り受け、一エーカー〔約四〇a〕あたり多数の人数を雇用し、その農地の地力を回復するのが、今日でも商業的な経営だ、ということを証明するためである。

この目的のために、この農園は、家畜、耕地、草地、集約園芸地のバランスのとれた完璧な農業経営として開発された。適切な管理が数年行われた後は、化学肥料やその他の飼料作物などの外部資材の供給に依存することなく、不完全ながらも自給自足単位を確立し、地力を高い状態で維持するという確信をもってである。それは、今日ではたいへんむずかしいことだが、次の方法によってなされている。

① バランスのよい作付け。

② すべての麦ワラを堆肥化し、また、農地に施用する腐植を作るために農地から出る廃棄物を利用して、これらの堆肥をできるだけ利用する。

②について、腐植製造の方法はインドール式処理法として知られ、すばらしい成功を収めた。一九三六年の生産量は約七〇〇トンに達し、今年〔一九三七年〕は約一〇〇〇トンに達するであろう。腐植の利用に関しては、集約的な栽培の農地はすでに腐植を自給し、化学資材はこの二年間、肥料としても病虫害防除の農薬としても使用されなかった。ただ、毎冬、果樹に石灰硫黄合剤が散布されているが、これも以前から取りやめるように望まれている。

農地は依然、金肥の購入に依存している。だが、その施用量と必要コストは、一九三二年の一〇六トンに六七五ポンドの経費から、一九三七年の四〇・五トンに二八一ポンドの経費へ、大幅に減少した。同様にジャガイモも、以前は四～五回の化学資材を散布したが、現在は一回だけである。つまり、次第に土地が健全になり、その適切な肥沃度となるには、それほど多くの時間を要しないということが期待できるのである。

結論として、私の農園での実践と同様に、バランスのとれた輪作によって循環と自給が達成できることは間違いないと考えられる。おそらく、最終的に作物の作付けは次のようになろう。

七五エーカー〔約三〇ha〕＝ジャガイモ、小麦

二五エーカー〔約一〇ha〕＝裸麦、エン麦、豆類、亜麻仁〔アマの種子。油を採る〕（家畜飼料用）

一五エーカー〔約六ha〕＝根菜類（家畜飼料用）

三〇エーカー〔約一二ha〕＝豚と家禽の飼料用の干し草を作るために、クローバーとライグラスを栽培して刈り取り、耕耘する。

六月の報告によれば、農場で飼われていた家畜は次のとおりであった。

牛（私が飼育する牝牛と仔牛）＝二二頭

馬（ラバを含む）＝一四頭

牝豚（繁殖用）＝一五頭

その他の豚＝一〇三頭

採卵鶏（私個人の所有）＝一二〇羽

まだ言うのは早いかもしれないが、前述の数値に、冬に飼養する約二〇頭の家畜を加えれば、農場の広さとちょうどバランスがとれると考えている。私個人の飼養家畜頭数が増えれば、冬季の家畜数の増加は不必要になろう」

このメモ以後、サーフリートでは野菜栽培に一層の進展が見られた。現在、リンカーンシャー、オランダ地区（そこにはウィルソン大尉の菜園がある）の沖積層土で、生産を阻害する原因は、土壌の通気にあることは疑いない。こ

の土壌は固まりやすいので、しばしば、土壌中の微生物や作物の根への酸素供給が阻害されるのである。心土の排水は、この阻害要因を緩和するのに役立つ。一九三七年の秋、ウィルソン大尉の全農園にパイプを設置して、排水を行った。その結果、期待どおり土壌の通気がすぐに改善され、作物は腐植の恩恵を受けられるようになった。土壌・植物・動物間の自然のバランスの確立によって作物の増収と高品質化をもたらしたのは明らかである。

このほか、野菜栽培において有機物をどのように供給するかという問題に対する、簡単な解決法は、都市近郊の最終処分場の何百万トンというごみの堆肥化と利用にあろう。この課題の詳細は第8章で詳しく述べる。

9　ブドウ

欧米とアジアのブドウ栽培には、いくつかの点で著しい差がある。アジアではおもに食用として栽培され、アフリカを含む欧米ではおもにブドウ酒に加工される。

アジアのブドウ栽培の特徴は、品種の寿命が永いこと、動物性の肥料が広く利用されていること、比較的、病虫害が少ないことである。化学肥料、噴霧器・農薬散布は一般化していない。

欧米では、ブドウ栽培地帯の農地と家畜数とのバランスが失われてしまっている。ブドウ園には家畜がほとんどいなくなり、堆厩肥の不足は化学肥料によって補われ、品種の寿命は短く、病虫害が蔓延し、噴霧器・農薬散布がどこでも見られ、ブドウ栽培のバランスの喪失が必然的にブドウ酒の品質の低下をもたらした。

三年前の夏、プロヴァンス地方全域を旅行したが、そのブドウ園の景観はすばらしく、ブドウの様子はあらゆる点で中央アジアのブドウとまったく同じであった。どのブドウの木もよく育ち、葉や若木も順調に育っていた。ローヌ川河口地域（Department of Bouches du Rhône）のジョーク（Jouques）村の近くで、ついに次のようなブドウを見つけた。それは、化学肥料をまったく用いず、動物性肥料のみで栽培されていたのである。この農園は、ブドウ酒の質がよいことで有名であった。経営主（proprietress）と活発な根を分析する約束を取り付け、分析したところ、その根は菌根との共生関係を明らかに示した。ブドウは菌根生成植物であるから、土壌中の腐植は申し分ない養分として必要不可欠である。すぐに、中央アジアのブドウの寿命が永いことと病気のないことが、明らかになった。

また、南アフリカ連邦のウエスタン州（Western Province）における果樹栽培の最新調査結果が、一九三九年八月二三日の『ファーマーズ・ウィークリー』（*Farmer's Weekly*（Bloemfontein））に発表された。ニコルソン（Nicholson）は、ソマーセット・ウェスト（Somerset West）とシュテレンボッシュ（Stellenbosch）とを結ぶ幹線道路沿いに見られるブドウ園がインドール式処理法を採用していることを述べている。

「この道路を通る自動車のドライバーは、この農家のブドウ園がいかに健全で、すべての農園がきちんとしているかを認めざるを得ない。私はこの冬の初めに、巨大な腐植の山を見学するためにこの地を訪れた。腐植の山はみごとに腐朽した灌木で、垣根の内側に家畜を飼養したことによって、この状態になった。豚も重要な役割を果たしていた。ブドウ搾りの期間中、ブドウの皮はすべて豚に食べさせ、後に糞の形でブドウ園に還元された」欧米のブドウ農家が品種の退化、耐病性の喪失、ブドウ酒の品質低下という形で現れているアンバランスな農業によって、いかに多くのものが失われているかを自覚するとき、少数の先駆的農家が、飼養家畜頭数を増やして、すべての有益な廃棄物を腐植化し、できるだけ早く自然に還元するよう工夫を始めるのは、間違いないであろう。

〈参考文献〉

Dymond, G. C., Humus in Sugar-cane Agriculture, *South African Sugar Technologists*, 1938.

Howard, A., The Manufacture of Humus by the Indore Process, *Journal of the Royal Society of Arts,* lxxxiv, 1935, p.25 and lxxxv, 1936, p.144.

——— Die Erzeugung von Humus nach der Indore–Methode, *Der Tropenpflanzer,* xxxix, 1936, p.46.

——— The Manufacture of Humus by the Indore Process, *Journal of the Ministry of Agriculture,* xlv, 1938, p.431.

——— En Busca del Humus, *Revista del Instituto de Defensa del Café de Costa Rica,* vii, 1939, p.427.

Layzell, S.C. The Composting of Sisal Wastes, *East African Agricultural Journal,* iii, 1937, p.26.

Tambe, G.C., and Wad, Y.D., Humus-manufacture from Cane-trash, *International Sugar Journal,* 1935, p.260.

第6章　インドール式処理法の発展（1）

1　緑肥栽培

マメ科植物の利用

一八八〇年ごろ、シュルツ・ルピッツ（Schultz-Lupitz）が、北ドイツの粗い砂状土に青刈作物ルーピンを鋤き込むことで、土壌の組成と肥沃度の改良ができることを初めて示して以来、地力を増す方法の可能性が、試験場において徹底的に研究された。空中窒素を固定するマメ科植物の根粒菌の役割が確認された後、緑肥への関心は、土壌中の窒素化合物と有機物の増大に関与するマメ科植物の利用に集中した。一九世紀末には、マメ科の植物を鋤き込むという簡単な方法によって、きわめて経済的で容易に地力維持という大問題を解決することが考えられた。少しの労力で、マメ科植物の根粒菌を窒素供給源として利用でき、根以外の部分も腐植を供給できる。これらのすべては、わずかな経費で、また作付けをほとんど変更せずに達成できる。

こうした期待、いうなれば、窒素・リン酸・カリという自然の働きによって、世界中であらゆる種類のマメ科植物に関する緑肥肥培実験が何度も行われた。数少ない事例だが、粗くて通気性のよい土壌では、満足のいく成果が得られた。緑肥を鋤き込んだ後、雨が適当に降り、また、緑肥を分解する時間が十分にあったからでもある。しかし、多くの事例では成功しなかった。それゆえ、問題の全体を分析し、地力を増進するこの方法が頻繁に失敗する理由を追求することは、有効であろう。

緑肥作物の栽培・分解・残滓の利用に内在する要因を考察すれば、後作を成功させるための緑肥肥培の全般的な失敗がすぐに説明される。また、時間を含むすべての要因が偶然うまくいったために成功したドイツの成果を繰り返そうという空しい望みは、いつ捨ててもよい。北ドイツの土壌と気候は他の地域では再現できないのだから、この方法を必死にまねしても何の役にも立たない。

緑肥肥培の条件

緑肥肥培における重要な要因は、①その地域の農業をめぐる窒素循環についての知識、②緑肥肥培に用いられるマメ科植物の根に存在する、膨大な根粒の急速な生長と形成に必要な諸条件、③緑肥作物が鋤き込まれる際の化学成分、④分解作用が起こる時期の土壌条件である。緑肥肥培の有効性を分析する前提として、この四つの要因を研究すべきである。

その地域の農業をめぐる窒素循環の重要性は、緑肥肥培の一要因であるが、これまでほとんど関心が払われてこなかった。第14章でさらに詳しく言及するが、一年のどの時期に窒素化合物が蓄積されているのか、この蓄積がその地域の農業にどのように対応しているか、溶脱やその他の方法によっていつ失われるか、ということを理解した場合にのみ、緑肥肥培は十分に利用が可能となる。作物が窒素化合物を十分に利用しなければ、この貴重な物質は緑肥、雑草、藻類によって固定されるにちがいない。それはそのまま放置されることはない。作物によって吸収されるか、他の植物によって蓄えられるかのいずれかである。
緑肥として利用されるマメ科植物の生長に必要な土壌条件は、十分に研究されてこなかった。クラーク（Clarke）はインドのシャージャハンプールで、緑肥作物の播種直前に、少量の堆厩肥を土地へ施用すると有効であることを発見した。この効果は、根粒の生長と発達を刺激することにある。さらに、堆厩肥を事前に施用すると、そうでない場合に比べて鋤き込まれた緑肥の分解作用が急速に進む。根粒の発達を刺激するだけでなく、多くの緑肥作物の根に存在する菌根との相互作用の効果を高めるのかもしれない。

この相互作用は、緑肥肥培研究において完全に見逃していた要因である。ワクスマン（Waksman）の腐植に関する最新の研究論文の二〇八～二一四ページに掲載されている特筆すべき要旨でも、このことには言及されていない。緑肥肥培によって供給された腐植を利用する場合、この菌根との相互作用の重要性がわかるはずである。土壌中の腐植と植物とを結ぶ「生きた経路」を、適切に構築しなければならない。そうしなければ、私たちが得ようとする作物の栄養素は、ほとんど失われるであろう。

生育が進むにつれ、緑肥作物の化学的性質は著しく変化する。若い作物や成熟した作物の中にある物質は、土壌中の微生物と反応すると、さまざまな効果を示す。ワクスマンとテンニィ（Tenney）は、異なる生長段階で刈り取った代表的な緑肥作物（ライ麦）の分解の度合いを明らかにした。植物が若ければ分解は急速で、窒素の大半はアンモニアとして放出され、利用可能になる。植物が成熟していると分解は緩慢で、分解のための窒素が足りないので、微生物はその不足分を補うために土壌中の窒素化合物を利用する。利用可能な窒素を形成し、土壌を肥沃化する代わり、作物の分解により地力が低下

表５　ライ麦の各生長期における分解速度
（27日間に分解した２g乾物）　（単位：mg）

生長期	CO_2の消失	アンモニアとして散逸した窒素	培地から奪い取った窒素
茎丈25～35cm	286.8	22.2	0
出穂始め	280.4	3.0	0
開花直前	199.5	0	7.5
成熟直前	187.9	0	8.9

（出典）ワクスマン、テンニィによる。

表6　ライ麦の各生長期の分解における腐植生成

（単位：mg）

	化学成分	分解初期	分解末期	
出穂始め	不溶性有機物全量	7,465	2,015	27.0%
	ペントザン	2,050	380	18.5
	セルロース	2,610	610	23.4
	リグニン	1,180	750	63.6
	不溶性タンパク質	816	253	31.0
成熟直前	不溶性有機物全量	15,114	8,770	58.0
	ペントザン	3,928	1,553	39.5
	セルロース	6,262	2,766	44.2
	リグニン	3,403	3,019	88.7
	不溶性タンパク質	181	519	286.7

（注）分解初期は、幼苗には乾物10 g、成熟作物には乾物20 gを使用。分解末期は、幼苗は30日間、成熟作物には60日間生育のもの。
〔訳注〕ペントザンは多糖体の粘液物質。
（出典）表5に同じ。

することになる。これらの基本的事項は表5に要約してある。

緑肥作物の分解によって生じる腐植の量も、植物の年齢によって異なる。若い植物はリグニンとセルロースが少ないので、腐植の残滓もきわめて少量である。一方、成熟した植物は、セルロースとリグニンを大量に含んでいるので、大量の腐植を産出する。これらの違いは、表6で明らかにされている。

これらの結果から次のことが理解される。土壌の栄養分を急激に増大させるために緑肥肥培を行うならば、緑肥作物の若い段階で鋤き込まなければならない。もし、土壌中の腐植の量を増やすのが目的であれば、緑肥作物が最大限成長するまで待たなければならない。

緑肥作物が鋤き込まれた後の土壌の状態は、作物の化学的組成と同じように重要である。緑肥を分解する微生物には、次の四要素が必要である。①豊富な窒素化合物とミネラル、②水分、③空気、④適度な温度である。これらは、すべて同時に供給しなければならない。

しばしば障害を引き起こす原因は、土壌中の窒素化合物とミネラルの不足である。したがって、成熟した作物を鋤き込み、その分解作用が次期作物に与える効果は、常に土壌の地力に依存する。土壌の養分が足りない場合、有効な窒素化合物のほとんどは、緑肥の分解によって固定されるであろう。次期に栽培される作物は窒素飢餓に苦しむであろうから、緑肥肥培は一時的に失敗に終わる。しかし、土壌が肥沃である場合や緑肥から作られた新鮮な腐植が鋤き込まれた場合、分解に必要な窒素化合物が十分に供給され、後作は成功するであろう。この点で、地力は他の要素と同様に、農家に余裕を与える。地力の豊かな土壌では、どんな事柄もうまくいくが、地力が乏しい場合は問題外である。それゆえ、地力を十分に蓄積することは、常に緑肥肥培を行ううえでの重要な要素となろう。

微生物の活動と温度

緑肥作物の分解は微生物によって営まれるので、土壌の湿度がある点まで低下すると分解が止まる。

緑肥を鋤き込んだ後に激しい雨によって空気の供給が絶たれる場合や、緑肥作物を深く鋤き込みすぎた場合も、嫌気性の微生物が急速に繁殖し、緑肥作物から酸素を吸収するようになる。貴重なタンパク質は破壊され、窒素成分は気体となって放出される。つまり、泥炭湿地における化学反応と同じような反応が、適切に堆積・管理された堆肥化の初期段階でも起こる。この反応はモンスーン気候のもとでしばしば起こり、緑肥肥培が熱帯農業で満足のいく結果を残せない理由の一つである。

最後に、冬のあるイギリスのような国では、温度の問題が重要である。このような場所では、冬が来る前に分解の初期段階が完了するように、土壌の温度がそれほど下がらない秋のうちに緑肥作物を鋤き込む必要がある。

ここで、農業における緑肥肥培の効果を考察すると、一般的には次の三点にまとめられる。①窒素化合物蓄積の保護、②腐植の生産、③この二者の組合せ、である。

2　窒素化合物（硝酸塩）蓄積の保護

この重要な問題を研究するにあたり、私たちはまず次のことを考察しなければならない。自然の状態で、土壌中の微生物によって生成される窒素化合物がどうなっているかである。窒素化合物は浪費されることなく、表層土の藻類の膜を含めた植物によって固定される。このような藻類は簡単に分解されるので、それらは窒素化合物を保護する場合にきわめて価値ある媒介物質である。

農業者には、窒素化合物を固定するための二つの方法がある。彼は自動的に窒素化合物を固定できるように、緑肥作物を栽培したり、雑草や土壌中の藻類を管理して、蓄積された余剰窒素化合物をうまく利用する。いずれの場合でも、そのままでは失われる窒素化合物が、若い生命として再生される。この新たな生命は、溶脱されて失われることなく、後に、土壌微生物によって有効な窒素やミネラルに戻すこともできる。もし、雑草がすべての窒素化合物の蓄積を吸収し、後作に間に合うように生長した植物を鋤き込んで分解できるなら、マメ科の植物を播種する必要はなく、自然にすべてがうまくいくことは明らかである。

窒素化合物を固定させるための雑草と間作作物との併用に関して、私が観察したもっともよい事例の一つは、サセックス（Sussex）州〔イングランド南部〕ボディアム（Bodiam）にあるアーサー・ギネス二世商会の広大なホップ農園におけるハイネス（L. P. Haynes）氏による研究であった。

この農園では、八月にホップが生え出してすぐ、中耕をやめる。次に、少々のカラシナ（mustard）を播種する。このカラシナは、ハコベ類（chickweed）とともに、ホップの生長を阻害することなく緑の絨毯のように農地一面に生える。ホップの摘み取り時期に、混ぜて播いた植物は十分に活着し、その後、夏の終わりから秋の初めにかけて、自ら窒素化合物を生成する。生長は急速である。秋には、カラシナを食べる羊を放牧する。羊はハコベ類の上に糞尿をし、それは貴重な動物性廃棄物としての役割を果たす。さらに、春先にハコベ類を肥沃な土壌に鋤き込む。分解されやすいハコベ類は、ホップの後作に都合よく分解される。このホップ農園の土壌にはハコベ類の種子が大量に落ちているので、八月に中耕をやめるとすぐにハコベ類の新芽が発芽する。

普通の雑草をホップ栽培に適用するこの管理方法は、まさに天才的技術のように思えた。自然が私たちに与えてくれた作物より効果的な緑肥作物を見つけることは困難であろう。春先に緑肥を急速に分解するために、蓄積地力を利用するという点で、これ以上の好事例はないであろう。ボディアムの土地は、作物で覆われていないことはない。ホップかハコベ類のいずれかが必ず農地に存在する。そして、ホップとハコベ類との関係は、ぴったりと一致している。太陽エネルギーはほぼ一年を通じて利用されているし、ミミズと微生物という目に見えない労働力も、このホップ園に多数存在している。化学肥料と農薬の使用量が減少するにつれて、この目に見えない労働力の効果があがっていると考えられる。

イギリスのような国では、こうした緑肥培法がさまざまな面で用いられているようである。果実、野菜、とくにジャガイモ栽培では、ボディアムの方法にならって、秋の雑草を緑肥として利用しないという理由はないようだ。土地が豊かならば、雑草は土壌によって簡単に分解されるであろう。土壌の有機物が不足しているならば、雑草を鋤き込む前に、一エーカー〔約四〇a〕に五トン以上の適切に堆肥化された新鮮な腐植を散布すべきである。

3　腐植の生産

緑肥作物を用いた腐植の生産は、窒素化合物の固定以上にむずかしい。しかし、これは地力の維持にとって非常に重要な問題である。土壌で緑肥を腐植化するための諸要素は、堆肥坑による堆肥化と同様である。すべての要素は同時に作用しなければならない。その一要素でも欠落すると、堆肥化の過程は不完全となる。そうなると、次の作物は悪条件の土壌に植えられることになろう。つまり、土壌は腐植の生成と同時に、作物の栽培も要請される。しかし、これは過大な要請である。土壌は、要請された仕事を中断し、腐植の製造を続けることになろう。それは作物を無視することでもある。

管理できない要素は雨である。土壌中の腐植化が成功するのは、雨が適度なときであろう。たとえば、インドでは、二六年間の実践の間に、雨が適度に降ったのは六～七年に一度であった。その他の場合は、まったくうまくいかなかった。鋤き込み後の雨が多い場合には、しばしば好気性の状態にならず、代わりに泥炭のような状態になった。菌根の初期活動の段階で雨が不足した場合もあった。しかし、灌漑が可能な地域では、雨の不足はまったく問題にはならない。

例外的な場合には、一時的な失敗というリスクはなく、土壌での腐植の製造が可能である。イギリスの一事例をあげよう。リンカーンシャーのオランダ地区にある大農場の一部では、エンドウ豆とジャガイモが輪作作物として栽培されている。ここでの課題は、後作としてジャガイモが植えられる前に、腐植を生産することである。この問題は次のようにして解決された。

七月の初めにエンドウ豆を刈り取り、殻取り機にかけて緑豆を取り、大量の砕かれた茎を取り除く。エンドウ豆の収穫が終わるとすぐに、インゲン豆を播種する。次に、新たに播種した土地に、一エーカー〔約四〇a〕に六～七トンほどの堆厩肥を表層に施用した後、その表層に砕かれたエンドウ豆の茎を散布する。インゲン豆は土壌表面の発酵層を通じて生育し、発酵層の湿度の維持を助ける。インゲン豆が生育している間に、農地全体の薄い表面で腐植が生産されているのである。インゲン豆が花をつける九月の末に、土壌表面での堆肥化が完成する。次に、緑肥が、適切に堆肥化された新鮮な堆肥の層といっしょに、軽く鋤き込まれる。すると、堆肥化は土壌中で進行する。こうした条件によって、インゲン豆はすぐに分解され、腐植製造の全工程はジャガイモが植えられる前に完了するのである。

4　腐植製造による窒素化合物の保護

緑肥作物の腐植化による窒素化合物〔硝酸塩〕の固定は、時間とあらゆる作用の完璧な管理とを必要とする。この方法をうまく利用した事例は、第14章（二六二ページ）で言及する。インド連合州シャージャハンプールでは、次の理由により、サトウキビが大豊作となった。すなわち、南西モンスーン〔季節風による雨〕の中断期のマメ科植物による蓄積窒素化合物の利用と、同じ土壌において秋に蓄積された窒素化合物を利用した腐植化の効果である。

緑肥肥培に基づいた原理と、これらの原理に基づいた実践によって、次のことがわかる。緑肥の鋤込みは、一エーカーに大量の窒素を加えるという単純な問題ではなく、幅広い大きな生態学的な問題である。さらに、それは動態的であって、静態的なものではない。関係する要素は生きているので、その活動は、一方では農業の実践に、もう一方では季節に合わせなければならない。私たちが、単なる窒素含有量や炭素／窒素比に基づいて作られた化合物を用いるならば、生態的な原理に背くことになり、次々に自然の法則との矛盾が生ずるであろう。それゆえ、緑肥肥培が多くの誤解と幾多の失望を招いたとしても、何の不思議もない。

5　緑肥肥培の改良

土壌中での腐植生産の不安定さは、堆肥となる材料を提供する緑肥の栽培によって克服できる。当然、追加的な労働力とコストが必要になるが、多くの国では商業的な方法となっている。たとえば、ローデシアでは敷料用にサン・ヘンプ（san hemp）〔麻の一種〕が一般的に栽培されている。これは、牧柵内の家畜の敷料の炭素／窒素比を高めるために、トウモロコシの茎にサン・ヘンプを混ぜて、窒素量を多くさせるためである。こうすれば、土壌への負担はかなり軽減される。つまり、土壌は、収穫時に残されたサン・ヘンプの根を分解するだけでよい。腐植は、土壌と堆肥堆積とに分けて作られる。

窒素分の少ない材料（サトウキビの葉や綿花の茎のような）の腐植化においては、未熟なマメ科植物を分解しにくい材料と混ぜると有効である。腐植製造は簡単になってスピードは増し、必要な水の量も減少した。緑肥作物を栽培した土地は、その恩恵を受けたのである。

〈参考文献〉

Clarke, G., Some Aspects of Soil Improvement in Relation to Crop Production, *Proc. of the Seventeenth Indian Science Congress*, Asiatic Society of Bengal, Calcutta, 1930, p.23.

Waksman, S. A., Tenney, F. G., Composition of Natural Organic Materials and their Decomposition in the Soil, *Soil Science*, xxiv, 1927, p.275 ; xxviii, 1929, p.55 ; and xxx, 1930, p.143.

第7章　インドール式処理法の発展(2)

1　草地管理

イギリスのような国で草地管理に関する問題にアプローチするには、二つのまったく異なった方法が可能である。一つは、現在のこの国にある農業研究機関の視点からのアプローチである。もう一つは、独自に草地問題を研究しているウェルシ植物育種試験場（Welsh Plant Breeding Station）、アバーディーン（Aberdeen）のローウェット研究所（Rowett Institute）ならびにローザムステッド農業試験場でさえ考察したことがないような、イネ科植物とクローバー類に関する世界中の経験のレビューである。

後者の新しいアプローチは優れた点が多く、明瞭である。また、イネ科植物とクローバー類に属する多くの作物の栽培に関して、私は永年の豊富な経験があるので、イギリスの草地管理に内在する諸原理を新たな分析視角から考察できよう。新たな視角とは、イネ科植物の本質とおいたちを説明するにあたって、熱帯での実践経験をとおして明らかとなった諸条件である。

イネ科植物とクローバー類は、単作として、またしばしば混作の形態で、世界中に広く分布し、栽培されている。

熱帯から温帯にかけても、どんな標高でも、どのような土壌と湿度の組合せにおいてもである。イネ科植物とクローバー類を混作した短期間の草地栽培のようなものが、どこでも見られる。こうした二種類の作物の混作は、何世紀も前からうまく行われていた。イギリスが、ローマ帝国の侵略者が発見した原始の姿——島の大部分が、深い森と歩くことも困難な湿地で覆われた状態——から発展を始めるはるか以前に、アジアではすでにこれらの植物がうまく組み合わされて栽培されていた。

イネ科植物とクローバー類に不可欠な条件とは何か？　熱帯の農業は、この疑問に対する明快な答えを示している。熱帯における植物の生長要素は、イギリスのような国と比較して、より明確に、劇的に作用する。イギリスのような国では湿度が高いので、あらゆる反応が鈍く不明瞭となる。

サトウキビ、トウモロコシ、キビ、インド産ギョウギシバ（the *dub* grass of India（*Cynodon dactylon* Pers.））は、もっとも広く栽培され、この研究にもっとも適したイネ科植物であろう。ルーサン（Lucerne,〔アルファルファ〕）、クロタラリア（*Crotalaria juncea* L.）、クラスター・ビーン（cluster bean（*Cyamopsis psoralioides* D.C.））、ピジョン・ピー（*Cajanus indicus* Spreng.）は、クローバー類のもっともよい例である。このうちクラスター・ビーンとピジョン・ピーは、トウモロコシかキビのいずれかと混作される。イギリスでレッド・クローバーとライグラスがいっしょに播種されるのと同じ方法である。

まず、イネ科作物について考察しなければならない。サトウキビ栽培に関する詳細な解説は後述する（第14章）。改良された土壌条件に新品種が組み合わされると、腐植と十分な通気性によって、地力をまったく疲弊させることなく、サトウキビを勢いよく生長させ、耐病性を高め、最高の収量と最高品質の汁液を生産できる。トウモロコシも土壌条件に影響を受ける。おそらく、サトウキビやトウモロコシのようなイネ科作物は、もっともすぐれた土壌分析者の一人である。有機物なしでイネ科作物の栽培を試みる人はいずれも、この作物にとって地力がいかに不可欠であるかを理解し始めるであろう。

熱帯地方のもっとも重要な飼料用作物の一つであるインド産ギョウギシバの栽培に必要なことは、恒常的な耕耘と大量の腐植である。腐植と土壌の通気性に対するこの種の作物の反応は、トウモロコシよりもはるかに顕著である。これらの要素を欠くと生長は止まる。ギョウギシバの特性は後述するが、世界中のあらゆるイネ科作物が必要とするものをはっきりと示している。

インドにおけるルーサンの灌漑栽培は、堆厩肥を一定量供給し、表層土の通気性を十分に維持しなければ、必ず失敗するだろう。適切な土壌条件を維持すれば、一年に二〇回以上も高い収穫が可能となる。表層土が固くなったり、正しい肥培管理が行われなくなると、異常な結果となる。刈り取り回数は一年に三~四回にとどまり、植物の立ち方も悪くなる。また、緑肥用や採種用としてサン・ヘンプが栽培される場合、作物に堆厩肥や腐植を施用する場合にのみ十分満足のいく結果が得られる。この二種類のマメ科の作物は、独立して生長するのではない。私が栽培したこの種類の植物のいずれもが、堆厩肥や腐植にすぐに反応する。しかし、これらのすべては、理論どおりにいかない。

テキストによれば、マメ科植物の根粒は窒素化合物を寄生主に供給するので、この種の植物は窒素肥料を必要としないという。しかし、何か他の要因の作用を示唆しているかのように、実践経験と理論はかけ離れている。この要素が何であるかがわかったのは、一九三八年一月になってからであった。

セイロンのウァルデマール（Waldemar）茶園で私は、腐植に富んだ土壌に栽培されている緑肥作物クロタラリアの豊作を観察した。根の発達は普通ではなく、活性根を調べると、著しい菌根が見られる。同様の土壌で栽培される他の熱帯性マメ科植物も、菌根との共生関係を示した。フランスやイギリスで採取された数種のクローバー類も同様である。これらの結果は、サン・ヘンプ、ルーサン、その他の熱帯マメ科植物が著しく家畜の堆厩肥に反応する理由を即座に示した。これらのマメ科植物は、すべて菌根生成植物であるにちがいない。

マメ科植物とイネ科植物が同じ要素に反応し、前者が菌根生成植物であるという事実は、イネ科植物にも菌根との共生関係があることを示唆した。そこで、まずサトウキビを分析し、菌根生成植物であることを証明した。次に、フランスやイギリスの採草地や放牧地のイネ科植物を分析した。〔プロヴァンスの〕サロンとアルル地方の間にある有名なラ・クローの採草地の牧草を、一九三八年と一九三九年の二度にわたって、菌根の観点から分析したのである。そして、二回とも、牧草の根に菌根が侵入していることが明らかになった。

一九三九年七月に採集された標本を分析したレヴィソン博士の報告書には、「長短のさまざまな根に、広く深く菌が侵入している。細胞の内と外の粗状の菌糸体、分解過程、分解されたものがすぐに移動する様子が見られる」と記されている。同じ年に分析されたラ・クローの資料においては、牧草地の少なくとも四分の一を占めているタンポポ類に、菌根との関係を示すもっとも顕著な例が見られた。タンポポ類は、長短の根の内側への菌の侵入が、「深く、とても拡がっていた。菌糸体は太く、その薄い壁には顆粒状の物質を有している。おもに内細胞に分布しており、あらゆる分解段階が見られる。根毛はまばらに形成されている。根の菌根が着生する範囲は、次の特徴によってわかる。見た目でも、菌根の侵入した跡がビーズ状に少しふくれ、他の部分より不透明になっており、やや黄色がかっている」（レヴィソン）。これは、いわゆる草地の雑草の一部またはすべてが、土壌から植物へ栄養素を移動させ、動物の栄養に重要な役割を果たす可能性を示唆している。

そこで、イギリスの二つの有名な牧場の芝草のサンプルを分析した。〔イングランド南部の〕ウィルトシャー（Wiltshire）〔州〕のホジィア（Hosier）氏の牧場と、〔イングランド西部の〕シュロップシャー（Shropshire）〔州〕のコルヴ・デール（Corve Dale）のウィリアム・キルヴァート（William Kilvert）氏の牧場である。この分析は、ラ・クローと同様の結果を示した。クローバー類のように、イネ科植物の牧草が菌根生成植物であることは明らかな事実である。この事実は、クローバー類とイネ科植物が著しく腐植に反応する理由を即座に説明するものである。

イギリスのような国の草地問題に対する独自のアプローチは、新たな原理を導き出した。イネ科植物とクローバー類は栄養の点では一つのグループに属し、従来のように二つに区分されない。両方とも、同じ要素、つまり腐植と土壌の通気を必要とする。両方とも、適切な栄養、つまり草地管理の鍵をなす菌類という橋渡しによって、土壌中の有機物と結びつく。この理解が正しければ、草地の芝のもとにおける自然な腐植生成を促進する作用が、牧草の質を改善し、家畜の飼養能力を高めるであろう。次に、土壌中の腐植生成を促進する方法を考察しなければならない。それは次のとおりである。

2　土壌中の腐植生成を促進する方法

囲い込み方式

放牧地の土壌での腐植生成に関して、もっとも注目すべき事例は、マールボーロ（Marlborough）近くの平原にあるホジィア氏の土地で見られる。ホジィア氏は、囲い込みによる放牧で第一次世界大戦による物価の下落に対応するために、中庭、牛舎、糞用荷車の利用をやめた。彼は、結果的に正しい方法で逆境に対応した。つまり、それが新しい発見のきっかけとなったのである。

牝牛は屋外で飼育・肥育され、自由に移動可能な囲い込み地で搾乳された。その糞尿は放棄された牧草地に、ほとんどコストをかけずに機能的に散布された。牧草地の植物性廃棄物は、糞尿・空気・水・塩基と常に接触した。インドール式処理法実践のための舞台が整えられたのだ。ホジィア氏の有する目に見えない労働力が働き始めた。つまり、土壌微生物が牧草地一面に腐植を製造し、ミミズがそれを散布したのである。すぐに、イネ科の牧草、クローバー類と腐植とは、菌根の働きによってかみ合う。牧草地の土壌は改良され、草地の家畜飼養能力はめざましい速さで向上した。そして地力が蓄積される。

約五年ごとに、よく育った二～三種類のイネ科植物を牛が食べ、そしてその牛はお金になる。それ以外の期間は再び牧草地に戻される。これにしたがって、家畜も健康になった。このとんでもない試みが開始されたとき、牝牛が結核などの病気にかかって死ぬと近隣の人びとは予言したが、それははずれたのである。[1]

塩基鉱滓の利用

重い粘土質の草地の多くでは、腐植生産を阻害する要因は、尿素ではなく酸素である。腐植を作るために必要な、空気以外のすべてのもの——水分と動植物性廃棄物——が豊富に存在する。このような芝草地では、常に酸欠に陥り、ついには土壌が死んでしまう。この状態は、芝草地での窒素化合物不足によって示される。約五〇年前、このような草地は塩基鉱滓〔塩基性製鋼法で出る製鋼の副産物〕の施用によって改良できることが発見された。この物質はリン酸塩を含み、クローバーを刺激する。こうした土壌は、恒常的に家畜が飼われることによってリン酸不足に陥っていることが推測された。何世代もの家畜の骨に含まれるリン酸が持ち出されている。

しかし、鉱滓を施用した芝草地を調べると、腐植が生成されていることがわかった。五～六年ごとに重い粘土質の土地に繰り返し鉱滓を施用しても、それ以上の反応がない場合がある。石灰質の放牧地に塩基鉱滓を施用しても、何の反応もない。重い粘土質の土壌においてのみリン酸塩の欠乏が見られ、軽い石灰質の土壌ではリン酸の欠乏はまったくない。

これらの結果は結びつけられるものではなく、まったく矛盾している。私たちは、こうした土地をリン酸塩不足として取り扱ってよいのか？　鉱滓を施用した後に生成された腐植は、この肥培管理の永久的な効果を説明するものではないのか？　重い粘土質の土壌において、鉱滓がその通気性を増し、酸性を中和し、腐植製造の開始を促進するという物理的効果を有する事実を証明するものではないのか？　これらの疑問は、次の研究によって初めて答えられる。新たな技術、つまり深耕（sub-soiling）によって重い粘土質土壌の通気が改善されるとき、果たしてどのようなことが起こるのか。

深耕（心土耕）

重い粘土質土壌の草地における深耕の効果に関して、バーナード・グリーンウェル（Bernard Greenwell）准男爵は、ファーマーズ・クラブの機関誌（一九三九年一月三〇日）で、次のように述べている。

「私たちの草地を例にとれば、化学肥料の施肥よりも、集約的な家畜飼育を伴った機械の適切な使用によって、より多くの目的を達成できるであろう。二流の放牧地を鋤き、再播種を勧める人もいる。しかし、これにはコストが一エーカー〔約四〇a〕あたり約三～五ポンドかかり、必然的に不安定になるので、バクチ的であることがわかった。一方、溝の掃除、排水溝の再開、暗渠排水などによって、多くの効果が得られる。また、ランサム式暗渠用プラウや車輪型深耕機の使用によって、四フィート〔約一・二m〕間隔で一二～一四インチ〔約三〇～三五㎝〕の深さに耕すと、より良質の牧草を生産できることがわかった。

そして、この事実は最高の牧草研究者である家畜によって証明された。草地の一部を深耕すると、深耕した部分では家畜が大量に牧草を食べ、深耕していない部分ではつまみ食い程度にしか食べなかった。これにかかるコストは、間接コストとタイム・ロスを除いて、一エーカーあたり約二シリング六ペンスである。私たちは、労賃・減価償却、その他を含めて四〇馬力のトラクターを一日一ポンドと計算している。また、このトラクターは、四フィート間隔で、一日に九～一〇エーカー〔約三・六～四ha〕を深耕できるであろう」

マーデン・パーク（Marden Park）では、たしかに通気性不良が制限要因であった。この問題点が解決されると、腐植の生成が始まり、牧草地が改良された。この研究の発展の成果を見守るのは、非常に興味深いことであろう。深耕した草地の半分への塩基鉱滓の施用と、これに対する家畜の反応である。もし、家畜が草地に一様に分散してその草を食べるならば、塩基鉱滓は何の影響も及ぼさなかったということであろう。また、家畜が鉱滓施用区の牧草を好むのであれば、この肥料が必要である。(2)

草地の耕耘

ウェルシ植物育種試験場によるアドバイスの一つは、草地を部分的あるいは完全に耕耘することである。部分的な耕耘は、さまざまな形のハロー〔馬やトラクターに引かせて除草・耕耘する農機具〕で表層土から行われる。一方、完全な耕耘はプラウによって行われる。この両作業によって土壌の通気性は改善され、腐植の生産が促進される。一般的に言えば、得られた効果は、耕耘の程度に正比例する。また、プラウ耕と再播種は、牧草にとって、単なるハロー耕よりもはるかに有効である。この研究において、私たちは手段と目的とをはっきりと区別しなければならない。効果のほどは耕耘の方法により、その目的は常に腐植の製造にある。

栽培されている芝や古い芝を鋤き込んで腐植化するさまざまな方法が、熱帯の牧草類から学んだこととあらゆる点で一致することは、明らかであろう。ジョージ・ステープルドン（George Stapledon）卿のイギリスに対するアドバイスは、東洋の長い経験によって支持される。これほど強力な後ろ盾はない。世界中の草地の課題は一つ、単純なことである。すなわち、土壌は生命力あるものに回復されねばならない。そのためには、微生物やミミズには新鮮な腐植や空気が供給されねばならない。また、改良された土壌に反応するさまざまな牧草類を栽培すべきである。イギリスの農家が牧草地の多くを緑のカーペットで覆うのは、この方法しかない。このような方法で、私たちは、自ら肥培するという森林の仕組みを草地で実践できるであろう。

草地の管理が改良される際の手順は重要である。牧草とマメ科植物が十分に自生するように、第一に、地力を増進しなければならない。第二に、新たな土壌条件に適するように改良された品種を選択すべきである。私たちが土壌を軽んじて品種自体を研究したり、現在のままの土地で牧草とマメ科植物の高収量品種を広めるのは危険である。それは、農家に対して、地力を消耗する別な方法を提示することになる。新品種は短命で、その仕打ちは自分に跳ね返ってくるであろうし、農場は最終的に最初の状態よりも悪化するであろう。しかし、まず土壌条件が改良され、地力が維持されるような農業システムであれば、農家は自分の経営に役立つ安全な農地を得られるだろう。そうすれば、農家の仕事は恒久的な価値を保証するであろう。

どのようにして草地の地力を計るか？　ホジィア氏はその問いに答えた。草地は、完全な化学肥料によって地力を計ることができる。土壌が本当に肥沃であれば、こうした施肥は何の効果も示さないであろう。なぜなら、窒素・リン酸・カリの不足という制限要素が存在しないからである。ホジィア氏は手紙（マールボーロ発、一九三八年四月六日）の中で、この問題に関する自らの経験を次のように要約している。


「私の改良された草地で、私は何度も化学肥料試験区を設けたが、完璧な肥料が施用されたところですら何の反応もなかった。一九二四年に大規模な屋外酪農経営を始める以前、私は一五〇の試験区を設け、化学肥料が有効だと信じていたのだが」


この実験の価値は、地力の計測にとどまらない。欧米の草地の大半はやせており、その地力を回復するには大量の腐植が必要であることを指摘している。牧草地の多くは化学肥料に対する効果を示すであろう。これはすべて土地がやせているためである。

イギリスのような国での草地改良の成果は、次のように要約できる。土地はより多くの家畜を飼養できよう。余分な夏草は、冬の飼料のために乾燥すればよい。草地に蓄積された地力は、小麦やその他の穀物の形でいつでも現金化できる。戦争中の貴重な備蓄食糧は、いつでも役立てられよう。こうした肥沃な土地が開墾され、小麦が植えられる場合に、ハリガネムシ（wireworms）の害がないことも、ホジィア氏が示したとおりである。

（1）ホジィア氏は、地域の問題の解明や新理論を裏付ける証拠の提供以上の仕事を行った。彼の研究は、草地の潜在的能力に私たちの関心を集中させた。その能力とは、ローマ・サクソン時代の範囲でイギリスの人口の大半を扶養するほどである。

（2）マーデン・パークの結果は、さらに深い問題を示唆している。一エーカーあたり二シリング六ペンスの深耕は、農務省が近年施行した「プラウ耕キャンペーン」に取って代わるであろうか。このキャンペーンでは、州によって一エーカーあたり二ポンドが支払われる。塩基鉱滓とプラウ耕補助金の両方が不必要であるならば、莫大な金銭がイギリスの土壌の腐植を増進するのに有効であろう。その必要性は議論するまでもない。

〈参考文献〉

Greenwell, Sir Bernard, Soil Fertility : The Farm's Capital, *Journal of the Farmers' Club,* 1939, p.1.
Hosier, A. J., Open–air Dairying, *Journal of the Farmers' Club,* 1927, p.103.
Howard, A., *Crop Production in India : A Critical Survey of its Problems,* Oxford University Press, 1924.
Stapledon, R.G., *The Land, Now and To–morrow,* London, 1935.

第8章　インドール式処理法の発展（3）

1　都市廃棄物の有効利用

人口のほとんどが都市と農村に集中しているので、ほぼ例外なく土地によって扶養されている。海産物は別であるが、農業は人びとの食料と、都市地域の工場が必要とする動植物性の原料とを供給する。農産物の廃棄物の大半が、都市やその農産物が生産された農地から離れたところに存在するのは当然である。それゆえ、狭い都市への人口の集中は、農業廃棄物の甚大な量が農地から相当離れた場所に分散する結果を必然的にもたらした。こうした廃棄物は、二グループに大別される。

①ごみ箱の中身、市場・道路・工場の廃棄物を主とし、それに少量の家畜肥料を含む都市廃棄物。

②人間の糞尿

イギリスでは現在、いかなる場合でもこの二グループの廃棄物を、できるだけ早く、人目につかないように、コストをかけずに処分している。都市廃棄物のほとんどは、ごみ処分場で埋められるか、焼却場で焼かれるかのいずれかである。農地に還元されることはほとんどない。大半の欧米諸国では、まず、住民の廃棄物を大量の水で薄め、浄化処理した後、河川や海に流す。その結果生じる少量の下水汚泥を除いて、都市住民のごみは農業の循環から完全に失われる。

農業の視点からすれば、都市は寄生虫になってしまったのである。都市は、農地の地力が保持される場合においてのみ、現在の状態のまま維持されよう。そして、最後には、この文明の全構造が崩壊するにちがいない。

この憂慮すべき事態をいかに救うか、都市廃棄物をいかに土壌に還元するかを考えるにあたって、初めから、解決すべき問題の重要性とむずかしさを自覚しなければならない。これには二つのむずかしさがある。問題そのものに内在するものと、私たちに本来的に備わっているものである。現在の下水処理システムは、一〇〇年間の進歩の成果であった。次々に起こる問題を、「その時点で都市にとって最善」という唯一の視点から解決しなければならなかった。大地は自らの意見を議会に主張する代表者をもたなかった。下水の処分は常に、国民全体の福祉にかかわる事柄というよりはむしろ、都市だけの問題とみなされた。必然的に諸課題が、医療、工業、行政、財政などの都市の要素へと細分化され、進むべき方向を見失った。こうした課題に対する断片的な考察は、失敗に終わるだけであろう。

手遅れかもしれないが、改革によって何らかの措置を講じることができるだろうか？　大地は、自ら肥培する機能の一部でも取り戻せるのだろうか？

もっとも容易な方法がまず講じられるならば、数年のうちに多くのことが達成できよう。都市廃棄物を農地に還元するという課題の解決は、むずかしくない。しかし、下水を代替する方法を提示し、実践するのは、途方もなく大きな課題である。さしあたり、それは実際の政治の範疇外である。地力問題が考察される前に、飢饉による広域の食糧不足や、敵の飛行機による直接・間接の被害から都市住民を守るために田舎に疎開させる必要性といったような災難が、降りかかってくるであろう。

都市廃棄物の有効な処分方法は、すでにイギリスで完成したことからわかるように、それほどむずかしくはない。

農務省の最新刊[1]で要約された、ごみ箱のごみをそのまま利用するという、都市廃棄物に関する初期の試験は、おいておく。都市廃棄物から缶やビンを除き、さらに分別した材料をハンマーミルで砕いて作った粉状廃棄物を用いて行った最新の研究成果は、農業における都市廃棄物の真の役割を明確に示している。その価値は、ほとんど意味をもたない化学的成分にあるのではなく、多くの国の農業の最大の弱点である堆積堆肥の完璧な調整剤になるという点にある。

農場の一般的な堆積堆肥は生物的にアンバランスであり、化学的に不安定である。アンバランスな理由は、腐植を生成する微生物が活動を始めるためには糞尿が多すぎ、セルロースとリグニンが少なすぎ、通気が不十分なことにある。化学的に不安定な理由は、堆肥の保存がむずかしく、貴重な窒素がアンモニアや遊離窒素として失われ、微生物が尿を使い切る前に尿が流亡し、またタンパク質が酸素源として利用され、遊離窒素の発散をもたらすことにある。

堆積堆肥内の菌類やバクテリアは、活動に不利な条件下で生きている。菌類やバクテリアの活動は常に阻害されており、バランスのとれた一定量の餌を与えれば、その阻害要因を克服できる。つまり、堆積堆肥にその三倍量の都市廃棄物を混ぜるのである。この稀釈によって、微生物が必要とするセルロース、リグニンが供給される。堆肥の調整剤は、自動的にその通気性も改善する。その結果、製造される堆肥の容積は少なくとも三倍になり、この効果も増す。こうした堆肥の改良は実践可能である。二つ事例をあげよう。

サセックス州ボディアムにある広大なアーサー・ギネス二世商会のホップ農園では、サウスワーク(Southwark,〔ロンドン中部〕)から持ち込まれる毎日三〇トン以上の粉状の都市廃棄物が腐植製造のために一年中利用される。この材料は、六トン積みの列車でボディアムへ輸送され、トラックでホップ農園に運ばれる。その後、ホップのつる、屑、垣根、街路樹の刈り込み、古いワラ、利用できるすべての堆厩肥といったホップ農園のあらゆる廃棄物と、地方で集められるその他の動植物性廃棄物とを混ぜて、堆肥が製造される。完熟した腐植の年間生産量は一万トン以上で、土地への散布費をも含めて一トンあたりの生産コストは一〇シリングだ。

この農園の管理者であるハイネス氏は、腐植もしくは化学肥料の形で施用される窒素・リン酸・カリのコストの比較を行った。ボディアムへの都市廃棄物輸送コストは一トンあたり四シリング六ペンスである。駅から農園までの輸送コストは一トンあたり三シリング、堆積堆肥の積み込み・切り返し・散布のコストは一トンあたり二シリング六ペンスである。この腐植の成分の分析結果は、窒素〇・九六%、リン酸二・四五%、カリ〇・六二%であった。したがって、一六トンの腐植には、窒素三四四ポンド〔約一六〇kg〕、リン酸七六九ポンド〔約三五〇kg〕、カリ二二二ポンド〔約一〇〇kg〕が含まれている。散布コストまで含めて一トンあたり一〇シリングかかると、一エーカー〔約四〇a〕あたり八ポンドになる。硫酸アンモニア、塩基鉱滓、塩化カリウムに含まれる窒素・リン酸・カリのコストを換算すると、その購入・輸送・散布コストは九ポンド一二シリング七ペンス半となる。それゆえ、腐植が使用される場合、コストはそれほどかからない。

しかし、これは金銭的な一側面にすぎない。土壌成分は急速に改良され、地力が蓄えられるので、化学肥料や殺虫剤散布の必要がなくなる。

このホップ園で採用された肥培の方針は、むしろ興味半分に行われ、確立されたものである。今日の規模で腐植を製造するための試みがなされる以前から、サウスワークの粉状廃棄物は少量利用されていた。しかし、肥料の大半は、市場に出回っているさまざまな有機質肥料と無機物によって作られた化学肥料であった。それゆえ、ボディアムの労働者は、あらゆる無機質・有機質肥料に詳しかった。彼らの正しさの一つは、農園の施肥に関しては常に都市の粉状廃棄物をほしがったことにある。なぜなら、野菜を育てるために粉状廃棄物は最適だと考えていたからである。

堆積堆肥による土壌改良の効果があった二つ目の大規模な例は、サレイ（Surrey）のマーデン・パークにおけるものである。何千トンもの腐植が、都市の粉状廃棄物と一般的な糞とによって製造された。バーナード・グリーンウェル

表7　サウスワークにおける圧砕廃棄物の販売量

年　度	圧砕されたトン数*		販売されたトン数		販　売　収　入		
	tons	cwt	tons	cwt	ポンド	シリングとペニイ	
1933／34	18,643	12	7,971	9	653	9	9
1934／35	18,620	1	6,341	9	482	2	7
1935／36	19,153	14	9,878	5	1,001	11	1
1936／37	18,356	13	12,760	15	1,845	6	8
1937／38	18,545	15	15,391	8	2,306	13	7
1938／39	17,966	3	17,052	1	2,715	14	8

（注1）＊一定量の廃棄物はごみ処分場のフタとして利用されるので、圧砕された全廃棄物を農民に販売はできない。
（注2）cwt は hundred　weigrt の略で、イギリスでは 112 ポンドである。

卿は、一九三九年一月三〇日の『ファーマーズ・クラブ』で、その成果に関して次のように述べている。

「私は、この実践に関して二年間の経験しかない。しかし、この結果から私は、糞の量を四倍にでき、純粋な糞を施用した農地のような収穫をあげられることを知った」

一九三八年に、私はこの作業のいくつかを観察した。農園の圃場のほとんどは二つに区分され、一区画には腐植、もう一区画には同量の家畜糞尿が施用されている。作物が出穂し始めたので、私はこれらの圃場の多くを検査した。小麦、豆類、エン麦、クローバーなどの作物を腐植によって栽培すると、いかなる場合でも、堆厩肥によって栽培したものよりはるかに優秀であった。これらの結果は、あちこちの圃場に一エーカーあたり肥料を何ポンドという問題ではなく、農地が新鮮な腐植を求めていることを示している。私たちは肥培において、工場のベルト・コンベアの仕事のようにするのではなく、複合的な生物的システムを育成するようにしなければならない。

ひとたびサウスワークの適切な利用が証明されると、この廃棄物の材料に対する需要が高まった。売上げは増加し、現在では需要が供給を上回っている。この詳細は表7に示す。

2　ごみ処分場で作られる腐植

イギリスにおける一年間のごみの量が一三〇〇万トンにもなり、その半分が多くの家畜糞尿の調整剤として利用できることを考えれば、大都市や町から八〇㎞以内の地域の地力を高める可能性が十分にあることがわかるであろう。保健省（Ministry of Health）が公刊した一九三七年度の『衛生白書』（*Public Cleansing Return*）は、こうしたごみの相当量がいまだに焼却炉で焼かれていることを示している。しかし、この素材の農業的価値が農家や園芸経営者に認められれば、焼却をやめ、都市廃棄物における有機物のすべてが堆肥に利用されるのもすぐであろう。

このときになれば、ごみ処分場で処理される前に集められるごみの山が利用できる。このごみの山には、サウスワーク方式で処理可能な何百万トンをはるかに上回る廃棄物が含まれている。この方法で、イングランドの多くの堆積堆肥が改良され、大面積の農地の地力が回復される。それは、農村のための肥培権を返還するよいきっかけとなろう。都市は、その負債を土壌に返還し始めるであろう。

都市近郊には、ごみ箱に捨てられる廃棄物以外に、もっと利用されていない重要な腐植のための資源がある。それは、現在、多くのごみが埋められているごみ処分場にある。ごみ処分場の廃棄物は、都市近郊の適当な場所に積まれる。普通は、悪臭やハエの発生を防ぐために粘土・土・灰でフタをする。しかし、フタをしても、多くの有機物を腐植化する初期段階に必要な空気が十分にある。その結果、一〜二年でごみ処分場は腐植の山となる。この廃棄物に含まれる生の有機物は、菌類やバクテリアによって徐々に腐植化される。腐植から処理しにくい素材を取り除き、土地に施用することが重要である。

この問題に関する価値ある調査研究が、近年マンチェスター市で企てられた。その成果は、マンチェスター市が刊行したジョーンズ（Jones）氏とオーウェン（Owen）氏による『ごみ処理の科学』（*Some Notes on the Scientific Aspects of Controlled Tipping*）に記されている。この研究のおもな目的は、ごみ処理の基礎となる事実の確認にあった。それゆえ、この処理に関しては、焼却する場合と比較して、十分に確認された知識に基づいて議論されている。ただし、この調査研究は、農業の視点からすれば価値がない。

研究は、一九三二年八月から、ウィゼンショウ（Wythenshawe）というマージー（Mersey）川近くの周期的な氾濫を受ける低湿地にあるごみ処分場で開始された。ごみ処理の副次的な目的な一つは、その埋立地を、将来レクリエーションやその他の目的のために利用することであった。研究のための六つの試験区は、それぞれ一六フィート〔約四・九m〕、一二フィート〔約三・七m〕であった。処分場内の材料は一般的なごみで、六フィート〔約一・八m〕の深さに積み込まれていた。最初の目的は、発熱、生物的・化学的変化、堆積物内の気体の変化のような、ごみ処分場内の有機物に対してバクテリアが及ぼす影響の確認であった。これらの予備的な事柄を片づけた後、おもな問題に取り組み、「ごみ処分は安全か」という問いに答えられるように考えられた。

まず、ごみを覆うフタに関心が向けられた。試験区の表面を、八分の三インチ〔一cm弱〕のふるいにかけた粉状のごみと灰とを混ぜたもので、少なくとも六インチ〔約一五cm〕の厚さで覆った。このフタは二・五%の有機物を含み、機能的なフタの役割を果たし、ハエの繁殖を防止した。試験区の周囲は粘土と土で塗り固められた。それゆえ、試験区はふるいにかけられた粉状のごみと灰でできた透過性のよいフタによって外界から隔離されているが、まるで湿った地中に直接埋められた大きな植木鉢のような働きをした。

選別されていないごみは一般的なごみのサンプルであり、約四二%が有機物で、残り五八%が無機物からなる。ごみを積み込んでフタを閉めると、季節に関係なく、一週目の終わりには最高華氏一六〇度〔摂氏七一度〕まで温度が上昇する。これは発熱性・好気性のバクテリア群の活動によるものである。これらのバクテリア群の活動は、セルロースを分解して熱を発し、大量の炭酸ガスを発生する。同時に、こうした微生物は急激に増殖し、さまざまな成分の混ざった廃棄物から大量のタンパク質を合成する。一五週間後、バクテリアの活動が停止すると、微生物の死滅によって、残った腐植の価値ある成分ができる。これは、ごみ処分場の温度が普通に戻ることからわかる。したがって、ごみ処分場はインドール式堆肥の堆積とまったく同じ働きをする。

ごみ処分場のごみは異質で不均等であるから、到達する最高温度もさまざまである。発酵期間中、バクテリア群（初期段階の好気性の菌）が処分場の酸素を消費して減少させ、その後の嫌気性微生物による有機物の完全な腐植化が容易になる。

ごみ処分場で発生した気体に関する詳細な試験によって、窒素、二酸化炭素、酸素に加えて、相当量のメタンガス（一六％）、少量の一酸化炭素（二・八％）と水素（二・五％）の発生が確認された。微量の硫化水素も検出された。一酸化炭素、メタンガス、水素の発生は当然、嫌気性の発酵によるもので、それは処分場の遊離酸素がなくなった後、腐植製造の第二段階で発生する。こうした気体は、常に酸素の供給が不足しているインドの湿田稲作における有機物の分解によってできる気体と類似している。硫化水素は少ししか発生しないことが再確認されている。この事実は、アルカリ性土壌の塩類の生成の前に起こる激しい還元作用が、この処分場では起こらないことを証明するものである。

ごみ処分場における腐植の肥料としての価値が、分析と見積価格によって測定された。窒素の平均含有量は〇・八％、リン酸は〇・五％、カリは〇・三％であった。乾燥した腐植の見積価格は、一トンあたり一〇シリングであった。しかし、この価格は二～二・五倍となるであろう。なぜなら、これまでの経験では、需要と供給によって決まる有機質肥料の市場価格が、化学分析から算定された価格より約二～二・五倍高くなっているからである。単純な価格の見積方法は、工場製の硫酸アンモニアのような化学肥料にのみ適用可能で、腐植のような天然肥料には適用できない。

報告書の最後の一節は、ごみ処理によって発生する可能性のある伝染病の危険性について言及しているが、著者は「ごみ処分場における病原菌の存在の危険性は、まずないであろう」と結論づけている。

第一試験区は、他の試験区と比較して温度が高く上昇するだけでなく、温度の下降も緩やかであった。これは、通気性がよいことと、有機物含有量が多いためであろう。この試験区が示唆するのは、良質の腐植の大量確保を目的にごみ処理を行えば、ごみ処分場においてさらに大量・良質の腐植が得られるということである。

また、大気からより多くの空気をごみ内部に送り込むことにより、堆肥化初期段階に酸素の摂取を増大させるのは、むずかしくないであろう。これはフタ（覆い）の厚さを三分の一にすることで、もっとも容易にまた安価に行える。こうしてフタが薄くなれば、堆肥化初期段階で十分な空気が堆積物内に入り、腐植の品質が向上するであろう。フタの材料も節約でき、残りのフタの材料は新しいフタとして利用できるであろう。この方法で、ごみ処分場はとても効率的な腐植製造工場となろう。

3　人糞の堆肥化

下水システムのない国で、人間の排泄物を腐植化することはむずかしくなかった。これを目的としたインドール式処理法の最初の試みが、インドール・レシデンシィ（Indore Residency）〔インド総督代理の駐在地〕、インドール市、マルワ・ビル軍区（Malwa Bhil Corps）の三地域において、ジャクソン（Jackson）氏とワッド氏によって行われた。この方法は、すぐに中央インドとラージプタナ（Rajputana）州の多くの都市、そしていくつかのインドの自治都市によって採用された。作業の概要と生産費を明らかにしたその後の進んだ研究は、一九三八年にポーツマスで開催された王立衛生研究所の保健会議の報告書にまとめられている。その内容は付録Cに再録している（二九六～三〇四ページ）。この報告書には、人間の排泄物は家畜の廃棄物より優れた活性剤であることが示されている。

必ず必要なのは、初期段階で通気を十分にし、穴や厚い積み重ねがないように、人糞を都市廃棄物の上に薄く均等に散布することである。穴や積み重ねは通気性を阻害し、悪臭を放ち、ハエを惹きつける。したがって、悪臭とハエは非常に有効な管理基準である。作業が適切に行われれば、悪臭もハエも発生しない。なぜなら、腐植化の初期段階で強力な酸化作用が始まるからである。この段階で空気の供給が停止されたときにのみ、悪臭を放ち、ハエが発生するもとになる腐敗が起こる。

人糞と都市廃棄物を腐植化する工場を建設する必要があるかどうかは、経験だけが決定できる。多くの場合、三〇二～三〇三ページで言及するように、適切な坑や溝での日常的な堆肥化が容易であろう。この方法では、坑や溝が一時的な堆肥工場となる。また、切り返しをしなくてよい。さらに、坑や溝は、あらゆる種類の飼料作物、穀物、野菜の栽培に有効であり、農業のために活用できる。同時に、土地は地力の高い状態に保たれる。世界中の多くの衛生管理者（medical officers）は、示唆された方針に則って人糞を堆肥化しようと試みている。数年のうちに、多くの経験が有効になろうし、将来の計画の基礎となろう。

イギリスのような国に関するかぎり、人糞を腐植化する可能性は、農村や、家庭菜園のある都市近郊にしかない。こうした地域では、ごみ処分場の大量の腐植が、土砂散布式便所といっしょに利用できる。つまり、人糞と腐植を混合して、菜園に浅く埋めるのである。これは故プーア（Poore）博士が成功した実践方法によるものであり、その内容は『農村の衛生』（*Rural Hygiene*, 一八九四年に再版）に記されている。

故プーア博士の研究が公表された後、移住協会（Land Settlement Association）によって着手されたように、田園都市や植民地では、新しい展開があった〔新しい取組みが試みられた〕。そこに廃棄物を腐植化するために十分な土地があるにもかかわらず、過密都市の下水処理法やごみ収集車によるごみの処理方法が盲目的に模倣されたのである。当時、チェシャー（Cheshire）〔イングランド中部の州〕のウィンスフォード（Winsford）管区の衛生管理者であったピクトン（Picton）博士は、『英国医学雑誌』（*British Medical Journal*, 一九二四年二月九日）に掲載された論文で、プーア博士の実践の田園都市への応用が容易であることを指摘した。

「町の郊外に四エーカー〔約一・六ha〕の区画を確保し、そこに二〇戸の家屋を建てる。区画はほぼ正方形で、その一辺が道路に接しているとしよう。すると、その一画だけが道路沿いの地の利を得たことになる。その道路沿いの一部を犠牲にして、そこから区画の中央にある折り返し広場まで、短い砂利道を造成する。家屋はすべて南向きにして、居間が南に面するようにする。したがって、家屋は東西に伸びた長方形でなければならない（図1）。食料貯蔵室・ロビー・洗面所・階段・その踊り場は、各家の北側に位置することになる。土砂散布式便所は、ある程度離して設置し、屋根付きの渡り廊下かベランダで結ぶのがよい。二階に設置する場合は、屋根の付いた階段からそこに行けるようにする。

二〇軒の家屋はダイヤモンド型に配置すべきである。つまり、東西南北に四つ角を合わせた四角形の配置となる。一つの家屋が区画の最北端に位置し、そこから南東と南西へ、一辺に

図1　20軒の家屋のレイアウト

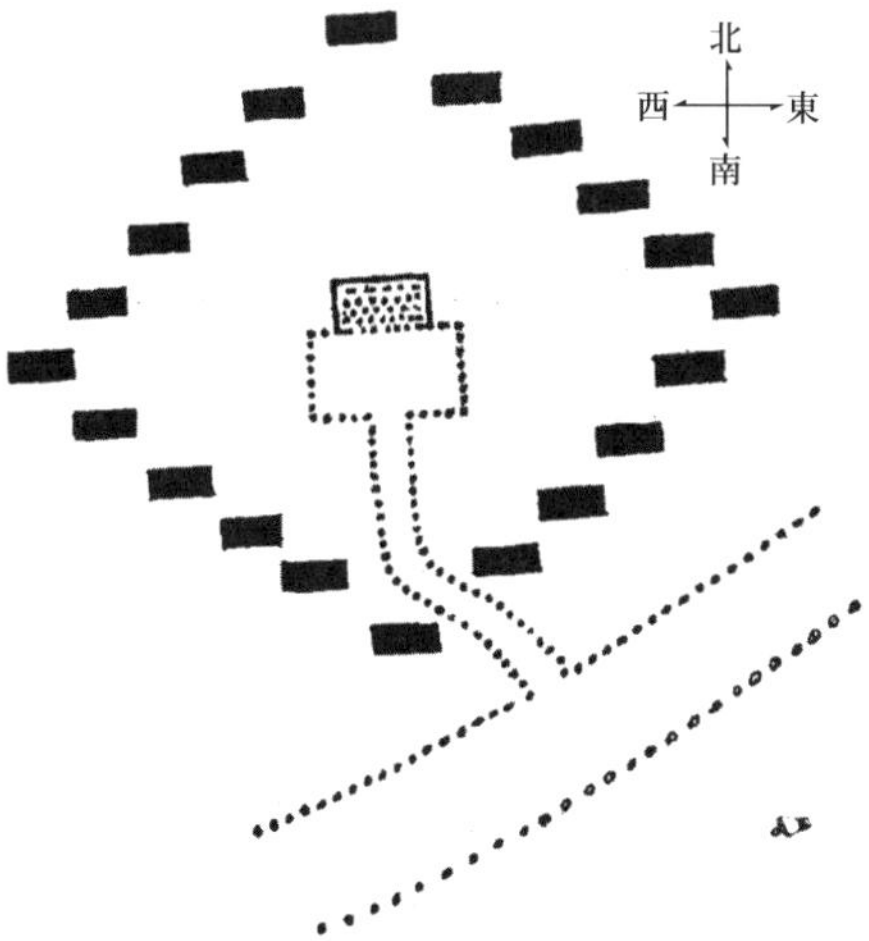

五～六軒の家を階段状に配置するのだ。一辺の家屋群同士は互いに日光を遮らず、また、階段状の家屋もお互いに日光を遮らない。そして、南を頂点にV字形、階段状に配置された家屋とで、ダイヤモンド型を形成するであろう。

区画全体は一農場として運営され、常雇用の農場長は、必要な手助けを得ながら、その運営に責任をもつ。当然、土砂散布式便所の汲取りと、その肥料としての施用が農場長の義務となる。人糞は、表層土に直接埋めたり、軽く一面に散布される。使用価値の高い肥料を使用する農場長は、ごみ掃除のための労働者ではない。各世帯は農場料を支払い、新鮮な野菜を目的に投資を行う。その支出は別な形で還元される。ごみ処理のために衛生料を支払う代わりに、生活環境が改善されることは言うまでもない。以上がこの計画の基礎である」

必要なのは、こうした住宅計画に関する二～三の実践事例と、その成果の公表である。これがうまくいけば、今後すべての農村計画に影響を及ぼし、地代と家賃の大幅な引下げをもたらすことになろう。田園都市と下水道とは、その意味する内容が相反することになる。下水道は、人口の過密と耕地がないことが理由で発達した。過密が緩和されれば、こうしたムダなシステムはなくなるであろう。田園都市では、都市における非経済的な方法でごみを処分する必要はない。土壌が、より効率的にかつ低コストでごみを処分してくれるであろう。それとともに、田園都市の地力は増進し、新鮮な野菜や果物の豊作がもたらされよう。そして、そこに住む人びとの健康も確保される。

こうした住宅地計画の改善は、町や都市近郊の問題だけではない。それは、農村や田舎まで広くあてはまる。住民の廃棄物によって地力を回復した農家の事例が、いまでもあちこちでいくつか見られる。これは、もっと必要なことである。住民の廃棄物の適切な処理は、堆肥化の方法と腐植の適切な利用にかかっていることが認識されるようになるであろう。人間の排泄物を処分する際のあらゆる苦労、無駄、困難は、「水洗」という間違った原理によるものであり、それによる莫大な一連の腐敗作用によって生じるのである。従うべき原理は、堆肥化初期段階における十分な通気である。つまり、どんな森林においても行われている、「自然」による廃棄物の腐植化にほかならない。

（1）*Manures and Manuring,* Bulletin 36, Ministry of Agriculture and Fisheries, H.M. Stationery Office, 1937.

〈参考文献〉

Greenwell, Sir Bernard, Soil Fertility : the Farm's Capital, *Journal of the Farmer's Club,* 1939, p.1.

Howard, Sir Albert, Preservation of Domestic Wastes for Use on the Land, *Journal of the Institution of Sanitary Engineers,* xliii, 1939, p.173.

———Experiments with Pulverized Refuse as a Humus–Forming Agent, *Journal of the Institute of Public Cleansing,* xxix, 1939, p. 504.

Jones, B. B., and Owen, F., *Some Notes on the Scientific Aspects of Controlled Tipping,* City of Manchester, 1934.

Picton, L. J., The Economic Disposal of Excreta : Garden Sanitation, *British Medical Journal,* February 9 th, 1924.

Poore, G. V., *Essays on Rural Hygiene,* London, 1894.

Public Cleansing Costing Returns for the year ended March 31st, 1938, H. M. Stationery Office, 1939.

第Ⅲ部　農業における健康、活力低下および病気

第9章　土壌の通気

地力とは作物の生産にかかわる土壌の能力を指す。土壌中の物質が酸化されることによって、その肥沃度や生産力を増す。また、さまざまな土壌生物――とりわけバクテリアやカビ類――は、活性根と同じように酸素の供給を常に必要とする。このことが認識されるやいなや、通気が土壌研究における重要な要素となった。しかしながら、この問題に関しては、実践が理論よりもはるかに先行した。一枚の畑にさまざまな作物を植える混作の工夫に加えて、心土排水や心土耕といった土壌の通気性をよくするための多くの工夫が長い年月にわたって行われてきたのである。

農業において土壌の通気が非常に重要であることは、二〇世紀の第二四半期〔一九二五～五〇年〕にようやく研究者に認識されるようになった。それは、最近までほとんどの農業試験場が降雨量が適度に分布している湿潤地域に設置されていたからである。雨水は酸素の飽和溶液といえるものであり、しみ込むかぎり即効的に酸素を土壌に供給する。そのため、湿潤地域で育つ作物は、北西インドのような乾燥地域で栽培される場合ほどには通気不足に悩まない。

北西インドのような乾燥地帯では、土質はシルト〔砂より細かく、粘土より粗い沈積土〕のようであり、水分のほとんどを酸素溶解量の低い灌漑水に頼るしかない。このような土壌は、洪水が起こるとたちまち多孔性を失い、すぐに微粒子を結合させ、不透性の地表を形成してしまう。土壌中の腐植含有量が多いときにかぎり、かろうじて透過性を維持できる。インドの耕作者は、近代的な灌漑水路が出現するよりもずいぶん前から、この原理に基づいて耕作してきた。井戸水に支配されているこの地域の有機物含有量は、常に高く保たれてきたのである。しかし、灌漑技師と農業関係の諸部局は、この経験をなかなか活用しようとしなかった。運河の水は供給したものの、同時に土壌の腐植含有量を増加させようとはしなかったのである。

土壌は常に新鮮な空気を必要とする。そのため、たとえ部分的にせよ一時的にせよ、土壌の通気を妨げるということは、農業を行ううえできわめて重大といえる。酸素不足から完全な酸欠に至るまでの各段階において、さまざまなことが引き起こされる。前者は土壌の肥沃度の低下を、後者は土壌の死を招くことになる。

土壌中の酸素が少なくなると、植物はどのような反応を起こすであろうか。一般的に言えば、根系の部分で直接的に反応が起こる。この反応は、森林の樹木や森林地で見られる下草でよく観察できる。根系部分は新しい土壌環境に順応しようとし、樹木部分はそれ自身をたくましく生長させるとともに、土壌の通気と肥沃度をも増加させ、副次的に他のすべての競争相手を打ち破る。それゆえに、土壌の通気は通気そのものだけを研究対象とするのではなく、以下の三つの研究とともに考察されなければならない。第一に通気不足に対する根系の反応、第二に年間を通しての根の活動と土壌条件の関係、第三にさまざまな種類の植物がもつ根系の競争に関する研究である。

こう考えると、農業と地力維持において、土壌の通気が非常に重要であるということが明らかになってくる。これが本章の論題である。ここでは、生態学的な環境に関連して植物に影響を与える土壌の通気について説明し、植物自身がいかに研究者になり得るかを示していこう。

1　草木と土壌の通気の関係

一九一四年から二四年まで、私はプゥサで草と樹木の競合に関連する諸要因について調査研究を行った。おもな研

図2　プゥサにおける降雨量・温度・湿度・排水（1922年）

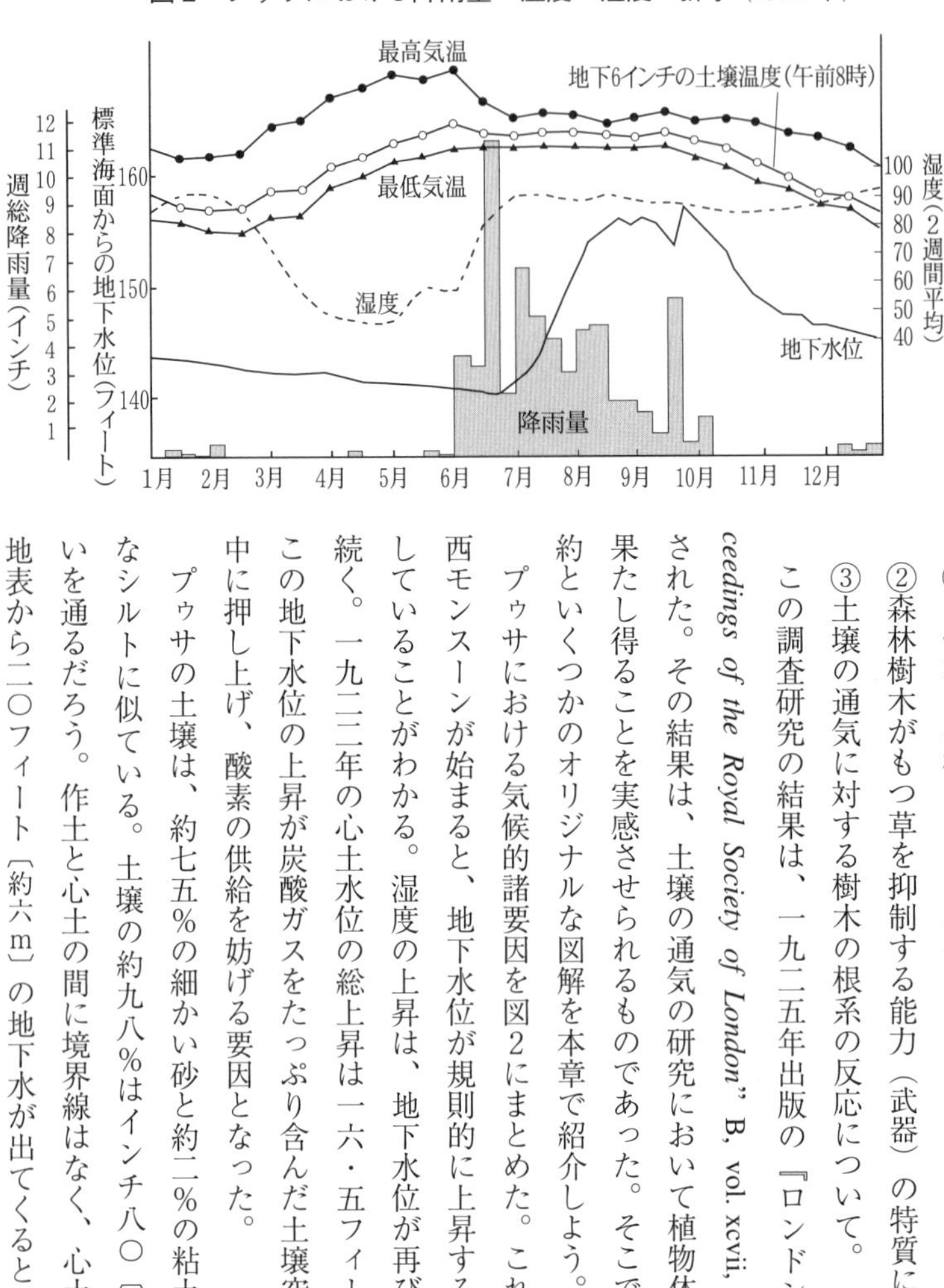

究課題は次の三つである。

①なぜ草は果樹にとって有害であるのか。

②森林樹木がもつ草を抑制する能力〔武器〕の特質について。

③土壌の通気に対する樹木の根系の反応について。

この調査研究の結果は、一九二五年出版の『ロンドン王立学会報』（*"Proceedings of the Royal Society of London"* B, vol. xcvii, pp. 284～321）で発表された。その結果は、土壌の通気の研究において植物体が常に重要な役目を果たし得ることを実感させられるものであった。そこで、主要な諸結果の要約といくつかのオリジナルな図解を本章で紹介しよう。

プゥサにおける気候的諸要因を図2にまとめた。これを見ると、六月の南西モンスーンが始まると、地下水位が規則的に上昇するにつれて湿度も上昇していることがわかる。湿度の上昇は、地下水位が再び下降する一〇月まで続く。一九二二年の心土水位の総上昇は一六・五フィート〔約五m〕であり、この地下水位の上昇が炭酸ガスをたっぷり含んだ土壌空気をゆっくりと大気中に押し上げ、酸素の供給を妨げる要因となった。

プゥサの土壌は、約七五%の細かい砂と約二%の粘土を含む石灰質の豊富なシルトに似ている。土壌の約九八%はインチ八〇〔一㎠に一二目〕のふるいを通るだろう。作土と心土の間に境界線はなく、心土は作土に似ている。地表から二〇フィート〔約六m〕の地下水が出てくるところまでは、壌土〔粘

図3　プゥサにおける果樹試験圃場見取図

	1	2	3	4	5	6	7	8	9	10	11	12	13	14	15	16	17	18	19	20	21	22	23	24
モモ	×	×	×	×	×	×	×	×	×	×	×	×	×	×	×	×	×	×	×	×	×	×	×	×
グアバ	×	×	×	×	×	×	×	×	×	×	×	×	×	×	×	×	×	×	×	×	×	×	×	×
ライチー	×	×	×	×	×	×	×	×	×	×	×	×	×	×	×	×	×	×	×	×	×	×	×	×
マンゴー	×	×	×	×	×	×	×	×	×	×	×	×	×	×	×	×	×	×	×	×	×	×	×	×
ビワ	×	×	×	×	×	×	×	×	×	×	×	×	×	×	×	×	×	×	×	×	×	×	×	×
ライム	×	×	×	×	×	×	×	×	×	×	×	×	×	×	×	×	×	×	×	×	×	×	×	×
バンレイシ	×	×	×	×	×	×	×	×	×	×	×	×	×	×	×	×	×	×	×	×	×	×	×	×
プラム	×	×	×	×	×	×	×	×	×	×	×	×	×	×	×	×	×	×	×	×	×	×	×	×

北　清耕栽培（1—6）｜草生栽培 1921（7—9）｜草生栽培 1916（10—15）｜通気溝をもつ草生栽培（16—18）｜清耕栽培（19—24）　南

土が約三〇％混じった土。作物栽培に適する土壌〕・粘土・細砂の三層でできている。炭酸カルシウムの割合は往々にして三〇％を超えるものの、有効態リン酸は〇・〇〇一％程度である。この低いリン酸含有量にもかかわらず、プゥサ地域の土壌はたいへん肥沃であり、一平方マイルにつき一二〇〇人以上〔一㎢につき四六〇人以上〕の人口を扶養し、リン酸肥料をまったく施用しなくても、大量の種子、タバコ、家畜、余剰労働力を産出している。

プゥサにおける農業生産に関するこの事実は、農学上の理論の一つ、すなわち農業生産においてリン酸肥料が不可欠であるということと明らかに矛盾する。土壌分析結果によれば、プゥサ地域の土壌はリン酸肥料成分が顕著に欠乏しているからである。しかしながら、作物生産を阻害する要因にはリン酸肥料成分の欠乏のほかに二つあげられる。一つは腐植質の欠乏、もう一つは雨季の終わりごろに土壌がコロイド状になることによる透過性の喪失である。透過性がなくなれば、地表近くの孔隙が湛水になり、土壌が窒息状態になる。土壌がそのような状態になると、植物の根系に変化が起こったり、その生長が抑制されたりする。

プゥサにおける土壌の通気について草木の関係から試験研究を行うために、八種類の果樹を三エーカー〔約一二〇a〕の均質な土地に等間隔に植え付けた。八種類のうち三種類は落葉果樹、残りの五種類は常緑果樹であり、それぞれ一本の親木から育成されたものであった。図3はその配置の詳細を表したものである。

植え付けてから二年たち、どの果樹も同じくらい十分に生長したころ、八列そ

図４　プッサにおける果樹に対する草の害（1923年）

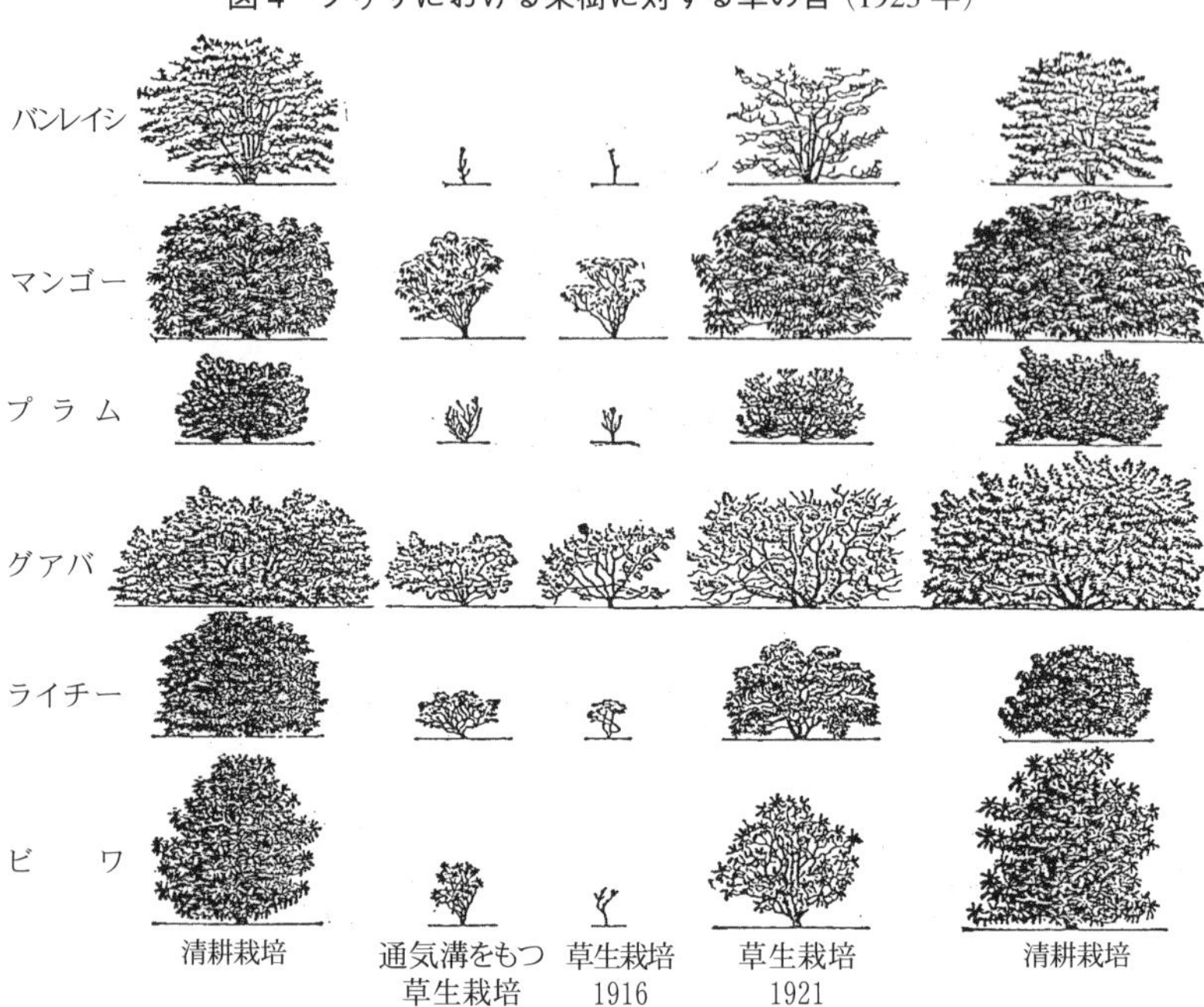

れぞれに九本の果樹が植えられた細長い区画に、草を植えつけた。両端の二つの試験区は、清耕栽培〔草取りをこまめに行う〕にし、そこを標準区とした。草が生い茂り、幼木に草の害が及んでいることがわかると、草生区の南側に植えられた三本の樹木の部分に、壊れたレンガを詰め込んだ通気溝を設けた。通気溝は幅が一八インチ〔約四五㎝〕、深さが二四インチ〔約六〇㎝〕あり、樹木の列のちょうど真中にくるようにした。

十分に生長した樹木に対する草の影響を確かめるため、一九二一年には北側の標準区の南寄りの区画に草を植えた。図4は、一九二三年に観察したこれらの試験結果である。その結果、プッサにおける樹木に及ぶ草の害は、イギリス本土のウォバーン（Woburn）のそれと同様に、粘土質土壌による弊害よりもひどいことが明らかとなった。数種の果樹は二～三年で枯死してしまった。つまり、草生栽培、通気溝を設置した草生栽培、清耕栽培〔標準区〕によって果樹の根の発達状態に顕著な差が見られたのである。

そこで、草による被害の原因を突き止めるため、まず清耕栽培下における根系を系統的に明らかにすることとした。一般的な根系の分布状態を確認し、年間を通した根の活動領域を把握するとともに、樹木の地上部の生長とを関連づけるためである。

この試験は一九二一年から始められ、二二年および二三年にも繰り返し行われた。すばやく根を掘り出し、細かな水噴出機（water–jet）で活性根についた土粒を洗い流したのである。各試験ごとに樹木が提供され、作業を行う交替要員も確保できていたため、二～三時間で地下二〇フィート〔約六m〕もの根系を掘り出すことができた。しかも、採掘後、地上での新たな諸条件に根が反応を起こす前に、すぐに根を観察できた。

2　落葉樹の根系の活動

落葉樹の根系は、プラム、モモ、バンレイシ〔西インド諸島原産。果肉はクリーム状で甘く、生食する〕を対象とした。これらの結果はどれも非常に似通っていたため、ここではプラムの試験結果についてのみ述べてみたい。

プゥサでは、プラムは一一月に落葉し、二月から三月に花をつける。果実が成熟するのは、一年でもっとも暑い五月上旬である。新しい梢（こずえ）は暑い時期と雨季の初めまでの間に伸びる。

根系は広範囲に広がり、初めはほとんど表面にあるかに見える。地表近くに自由に分布しているたくさんの太い根は、地下一八インチ〔約四五㎝〕までのところで地表にほぼ平行に伸びている。さらに掘り進めていくと、第二の根系が露になった。太い表層根の下側から、いくつかの小さな根が分かれ出て、地下一六フィート〔約五m〕まで垂直に伸びている。これらの根は地下水面のすぐ上にある湿潤な細砂でできた深層土に、たくさんの支根を出している。つまり、図5の1に見るように、インド種プラムは二系統の根系を有するのである。また、深根系は苗木を移植した後、すぐに発達し始めることも明らかとなった[1]。

一二月から一月にかけての休眠期には、通常は見られない吸収根が浅根系に形成される。開花が始まると、新しい細い根が地表から深土層へ伸びていく。三月になると地表が乾燥するため、浅根系の活性根は褐色になって枯れてしまい、この部分は休眠状態となる。三月中旬から六月の雨季が始まるまでは、根の吸収作用は完全に深い土層からのものだけになる。

たとえば、高温・乾燥期である一九二一年四月一四日の試験結果を見てみよう。当時、樹木は熟した果実を実らせ、新たに生長しており、そのために必要な水、窒素、その他のミネラルの大部分は、地下一〇フィート六インチ〔約三・二m〕～一五フィート〔約四・六m〕の間の湿潤な細かい砂の層から吸収された。この状態は急激な変化が起こる六月の雨季の始まりまで続く。しかし、雨季が始まり表層土が湿ってくると、浅根系の活性根は急に活動的になる。これまで休眠状態であったこれらの根は、文字どおり四方八方に向かって新しい活性細根を伸ばし始めるのだ。この過程は、初めて雨が降ってから約三〇時間後に開始される。それゆえにモンスーンの初期において、プラムは浅根系と深根系の両方の根系を活用することがわかる。

しかし、その後、地下水位が上昇する七月末に変化が起き始める。八月の初旬になると、活性根の分布は地下二フィート〔約六〇㎝〕までに制限される。つまり、地表部分の根系だけが吸収活動を行うようになるのだ。この時期の活性根は、地下水位の上昇による土壌の通気状態の悪化に反応して、大気に向かって生長し、ときには土壌から大気中に伸びていくことすらある。それはとくに、樹陰地や落ち葉が堆積する土壌で顕著である（図5の3）。この屈気性（aerotropism）ともいえる根の反応は、樹木が地上部の生長をやめ、落葉と冬季の休眠に入るために木質部を成熟さ

図5　プラム

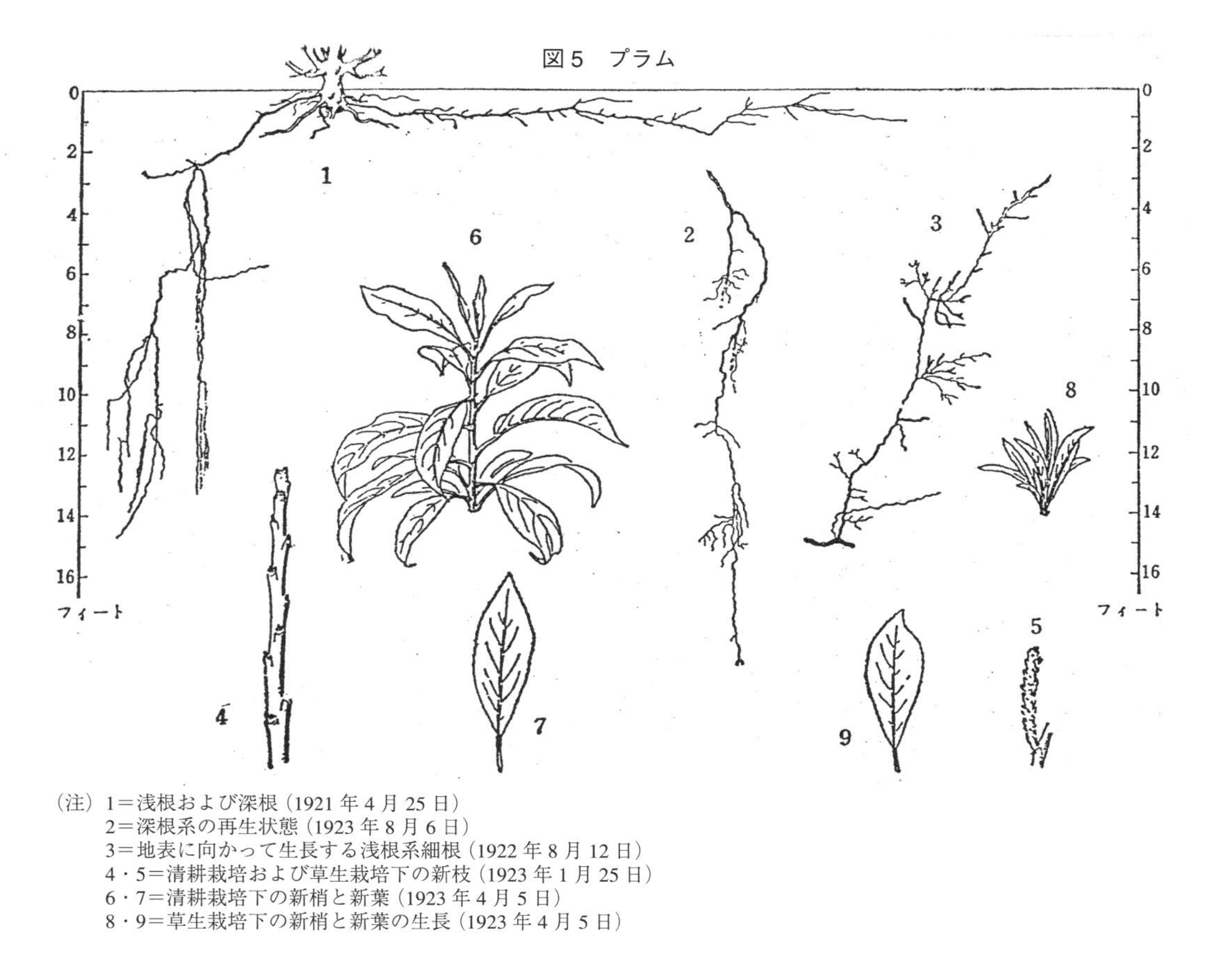

（注）1＝浅根および深根（1921年4月25日）
2＝深根系の再生状態（1923年8月6日）
3＝地表に向かって生長する浅根系細根（1922年8月12日）
4・5＝清耕栽培および草生栽培下の新枝（1923年1月25日）
6・7＝清耕栽培下の新梢と新葉（1923年4月5日）
8・9＝草生栽培下の新梢と新葉の生長（1923年4月5日）

せる一〇月の初旬まで続く。一〇月になって地下水の水位が低下し、土壌中の通気がよくなると、地表近くから地下三フィート〔約一m〕までの間で、活動を再開する根がいくらか見られるようになる。

このように、プラムの根の活動には周期性がある。しかし、暑熱期にときどき降る一インチ〔約二五㎜〕近くの雨のもとでは、例外が起こる。そこで、大雨のもとでプラムの浅根系に及ぶ影響について三通りの試験研究を行った。まず、降雨量が〇・七五インチ〔約二〇㎜〕以上であった場合、表層根はすぐに反応し、たくさんの新しい吸収根を形成した。土壌が乾燥した場合は、これらの吸収根は機能を停止し、枯死した。降雨量が〇・一二三インチ〔約六㎜〕にすぎなかった場合には、何の反応も起こらなかった。夏季における灌漑は、このような突然の降雨と同じような働きをし、この時期の表層根系の活動維持に役立つ。したがって、沖積層でたいへん良質な果実を実らせるためには、夏季灌漑が不可欠なのである。たしかに、人工的な灌漑施設がなくても、プゥサにおいて果樹は結実する。しかし、その果実は、灌漑によって得られた果実よりも大きさや品質の点ではるかに劣っている。

表層根系も深根系も、プラムの結実にかかわっているであろう。だが、表層根系が機能する場合にのみ優良品を得られ、深根系だけしか活動しない場合はいつも果実の品質が劣ってしまうということが明らかになった。

プラムのほかその他七種類におよぶ果樹を対象として、表層部分の活性根を綿密に調査するなかで、土壌中から新しい菌糸が生長しつつある根に向かって伸びていることがしばしば観察された。深層土においては、この現象は一度も観察されていない。この菌糸は、果樹で一般的に見られる菌根の共生だと考えられる。当時、この菌糸については、それ以上深く追究されなかった。しかし、プゥサの実験で提供された八種類の果樹がすべて菌根生成植物であり、活性根の周囲で観察された菌類がこの共生に関係していたことは、間違いないと思われる。表層根における菌根の関係は、高品質の果樹生産と関係があると考えられる。したがって、表層根系と深根系の二つの根系を有する植物が、土壌の腐植と菌根の共生、そして品質の向上といかなる関係を有しているかについて、今後さらに研究対象として取り上げられることは喜ばしい。

ここで、表層土の腐植の影響を受けない心土を用いて、完全な化学肥料によって育てられた植物と新鮮な腐植を調合した土で育てられた植物を比較することは、むずかしくはなかろう。完全な化学肥料で育てられた植物には菌の侵入はほとんど見られないが、新鮮な腐植で調整した土で育てられた植物では菌の侵入が相当あると思われる。十分あり得ることだが、もし菌根との共生によって果樹が窒素成分を有機態のまま吸収できるとすれば、表層根が活動するときだけ品質のよいものが結実する理由がよく説明できる。

前節で示唆された植物の栄養に関する見解は、バンレイシによって裏付けられた。その根の発達状況は、プラムとモモの根と似ている。バンレイシは、水分・窒素・栄養分を深土層のみから摂取する夏季に新しい梢を形成している。雨季が始まり、表層根の活動が再開すると、葉はより大きく〔五・八×二・六㎝～一〇・五×四・五㎝〕、より濃く、より健康的な緑色になるうえに、図6に見るように節間も伸張する。このように、バンレイシは、まるでバンレイシそのものが土壌分析者であるかのように、さまざまな要因の結果を葉の大きさや色に記録するのである。

図6　夏季・モンスーン季のバンレイシの葉

（注）a—a より下は夏季、上はモンスーン季である。

本書の印刷中、バンレイシ、マンゴー、ライムの若い活性根の標本が、中央インド、インドールのツコガンジ（Tukoganj）にあるヒララル（Hiralal）氏の果樹園でワッド氏によって収集された。一九三九年一一月一一日のことであった。それらの標本を同年一二月一九日に調査したレヴィソン博士の報告によれば、三種類とも、毛根の欠如またはその数の激減によって、とくにマンゴーの場合は毛根のビーズ状化によって、典型的な内生菌根が侵入していることが肉眼で確認できたという。三つに共通して活性菌糸は直径が大きく、薄い表皮と顆粒（かりゅう）体とを有しており、菌糸の群生と死滅した菌糸の残骸が見られ、均質な顆粒体を有する内皮層では消化分解が起こっていた。菌類の吸収作用は非常に速いスピードで行われているようであった。バンレイシについては同じような菌糸が根の外側にも見られ、根と連結していた。

3 常緑樹の根系の活動

研究対象となった五種類の常緑樹――マンゴー、グアバ、ライチー、ライムおよびビワ――のうち、もっとも興味深い根系はグアバであった。グアバは三月初旬に落葉し、それと同時に新しい葉を出す。根は赤褐色でたくましく伸び、プゥサのような灰色の沖積土壌中で調べやすい。そのため、根系の研究にはたいへん優れた植物であることがわかった。図7の1に見るように、おびただしい支根を出した多くの浅根系が永久地下水の水位まで伸びている。

グアバの浅・深根系は、全体にわたって夏季の初め（一九二一年三月二一日）に活動的であることがわかった。とくに、根が活動的な土層帯は地表から一〇フィート四インチ〔約三・一m〕から一四フィート七インチ〔約四・四m〕の湿潤な細かい砂土である。本格的な夏季になると、地表に近い吸収根は乾燥しきってしまい、深根系だけが活動するようになった。

一九二二年のモンスーンは六月三日に始まった。雨が降ってから四八時間後にグアバの表層根を掘り出したところ、一フィート五インチ〔約四三cm〕から一二フィート〔約三・七m〕にわたって無数の新しい根が見られ、もっとも

図7　グアバ

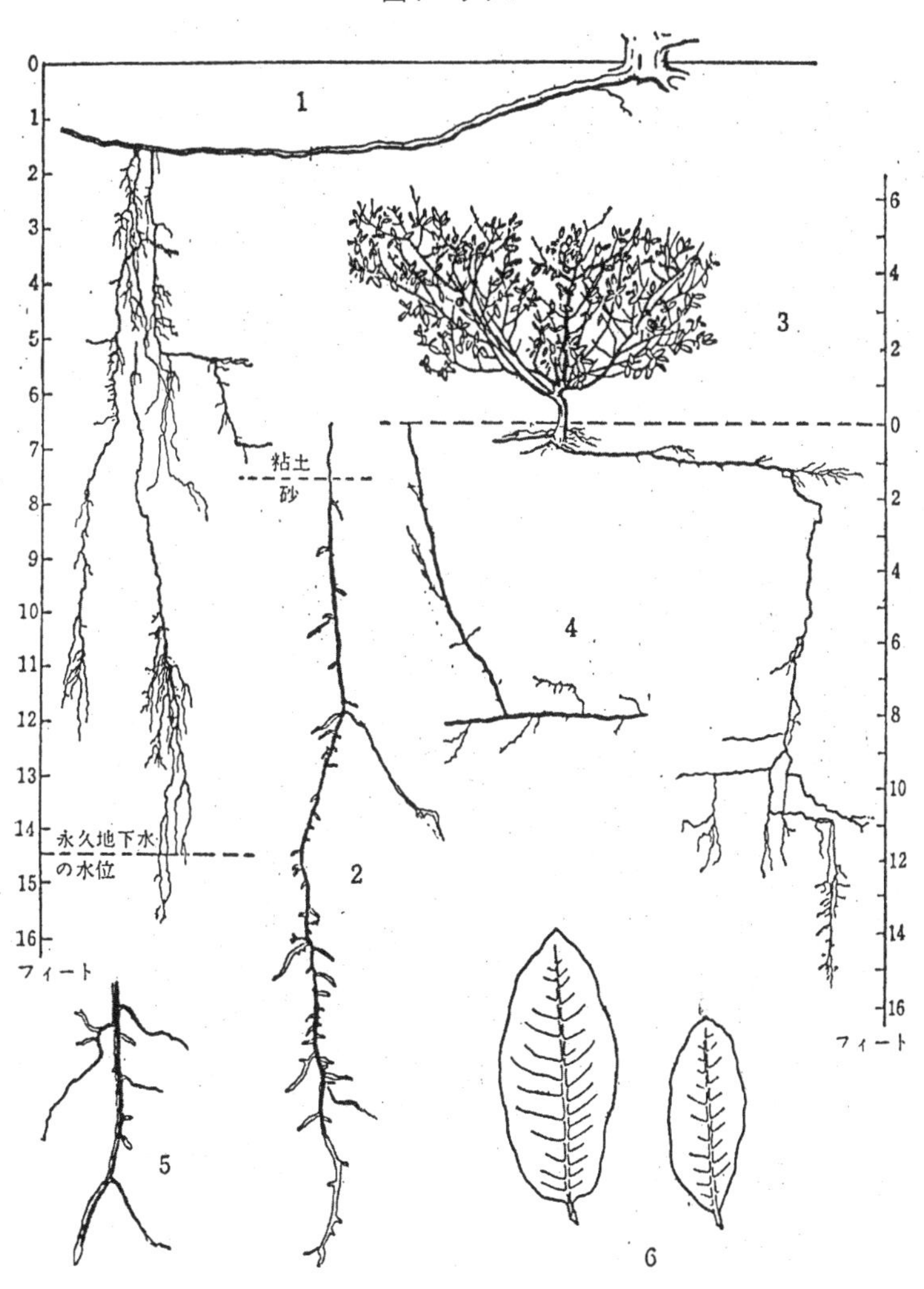

（注）1＝浅根および深根（1921年11月23日）
2＝細根の形成に見られる土壌組織の影響（1921年3月29日）
3＝草生栽培下の根系（1921年4月21日）
4＝地表に向かって生長する浅層細根（1921年8月28日）
5＝地下水の下降に伴う細砂土における新しい細根の形成（1921年11月20日）
6＝草生栽培20カ月後における葉面の大きさの減少（右）

長いものは一cmあった。モンスーン初期の雨によって土壌が湿るにつれて、休眠状態であった根系は上部から下方に向かって新しい根を形成し、やがて根系全体が活性化していく。七月を過ぎて地下水位が上昇し、深根が水に浸るようになると、再び深根は休眠状態になる。

八月二五日には、おもな活性根は地下二九インチ〔約七四cm〕までの表層根だけとなり、地下四〇インチ〔約一m〕以下になると活性根は見られなかった。雨季の後期になると、図7の4に見るように活性根は空気を求めて地上方向に伸び〔屈気性〕、窒息から免れようとする。一〇月になって心土の水位が下がり、下層土の通気が更新されると、興味深い変化が起こる。深根系は一一月になると再び活性化するが、図7の5に見るように活動の程度はモンスーンの降雨量によって変化する。降雨量が少なく、地下水位があまり上昇しなかった前年の一一月には、地下一五フィート三インチ〔約四・六m〕までの深根が活性化した。モンスーンと地下水の上昇が平年並みであった一九二二年には、活性根は地下五フィート七インチ〔約一・七m〕までしか見られなかった。

グアバは、その深根系によって暑季の間にも生長できるが、灌漑によって表層根の活動を継続させると決定的に有利な生育条件をもたらす。一九二一年の夏に地表灌漑を行ったところ、葉の大きさが増大し〔九・一×四・〇cm～一一・六×五・〇cm〕、色もたいへんよくなった。

マンゴー、ライチー、ライム、ビワにおける根系と活性根の生長は、一般的にはグアバについて述べた内容とほぼ同じである。これらの果樹類のすべては、表層根から下方に垂直の根を出す。ただし、ライチーとライムの垂直根はそれほど深層へは侵入しなかった。とくにライムの垂直根は、常に深い粘土層に侵入できなかった。これら四種類の果樹の根系は雨季の終わりごろ、空気のある方向に顕著に曲がって伸びていった。

4　草の害

果樹に対する草の害は、種類や草が生えるときの生育状態によって異なる。木質部に多くの蓄積養分をもつ成木よりも、若木のほうが被害を強く受ける。また、落葉樹は常緑樹よりも被害を受ける。これらの事実は、草の害が養分不足の結果であることを示唆している。

まず、若木に対する草の害が調査された。バンレイシはもっとも草に弱く、草が生えてから二年もたたない一九一六年に枯死した。草に弱いのは、バンレイシに続いてビワ（一九一九年末まではすべて枯れた）、プラム、ライム、モモの順で、ライチーとマンゴーはどうにか生き延びた。グアバは草の害をほとんど受けなかったが、除草せずに栽培〔草生栽培〕した果樹の背丈は清耕栽培の背丈の半分しかなかった。

草は新たな生長を抑制するだけでなく、根系とともに葉・枝・古い幹・果実にも影響を与える。調査結果は、ウォバーンの試験研究者たちが記述した内容とほとんど一致している。草の発生後にできた葉は、清耕栽培下で生長した葉よりも小さく、色は黄色味を帯びており、完全に成長するまでに落葉してしまう。節間は短い。小枝の樹皮の色は淡く、生気はなく不健康で、健康な樹皮の色とはまるで異なっている。古い樹木の皮は同じように淡色で生気がなく、不健康である。また、清耕栽培の果樹と比べると、おびただしい範囲で地衣類と藻類に覆われている。除草せずに栽培した果樹の開花は遅く、花は貧弱である。果実は小さく、硬く、非常に色が濃く、正常なものよりも早く熟する。

根系に対する草の影響は、どの樹木においても一様に目を見張るものがある。グアバを除いて、草は浅根系に対して発達を妨げ、根の上方に繁茂し、モンスーン季に活性根の数を減少させる。グアバだけは例外であり、草が生えていても根系はよく発達し、根が草によって下方に押しやられることもない。また、雨が降り出すと、すぐに上層四インチ〔約一〇㎝〕の土層中に活性細根が容易に形成される。これは、清耕栽培下の果樹の場合と変わりがない。地下水位が最高点まで上昇した一九二二年九月、グアバの吸収根は土壌の地表面や草の茎と茎の間にも現れた。つまり、絨毯のような草むらはグアバを除くすべての果樹類に対して窒息作用をもたらすといえる。

しかし、草が地面を覆っても、深根の発達や活動に対してはそれほど影響を及ぼさない。一九二一年の夏、グアバ(図7の3)、マンゴー、ライチーにおける深根系の調査をしたところ、草生栽培と清耕栽培の深根が類似しているという結果を得た。草は真下にある根だけでなく、隣地で清耕栽培されている果樹の根の生長にも影響を及ぼす。それらの根は、バンレイシで見られるように草に追い払われるか、根が草にたどりつくまでに鋭く下方に曲がってしまう。

これらの根の状態を把握することで、いくつかの結論を導くことができた。バンレイシ、ビワ、モモ、ライムは、草生栽培下においては、表層根系を維持できないが、深根系は変わりなく活動する。グアバだけは例外で、雨季の間だけ、その根を草の上に伸ばすことができる。

生育した樹木に対する草の害に関する研究からも、興味深い結果が得られた。生育した樹木の場合は、木質部に十分な栄養の蓄積があるため、予想どおり、木質部に栄養の蓄積があるかないか程度の若木に比べると害は小さい。しかしながら、草に対する弱さは、生育した樹木でも若木でも同じであった。一九二一年八月、完全に生育した樹木に初めて草を植え付けた。樹木と樹木の間に初めに生えてきた草は、小さくて貧弱であった。ところが、完全に生長していない草むらであるにもかかわらず、すぐにバンレイシ、ビワ、モモ、ライチーに被害が及んだのである。翌年の雨季までには草は一面を覆うようになり、果樹に対する影響が顕著に表れた。

プラムでは、次のような興味深い変化が起こった。一年もたたない一九二二年七月に、新しい若枝の生長が阻害され、葉が害虫に侵されたのである。しかし、この害虫は、隣接する清耕栽培の葉には見向きもしなかった。もし、これら昆虫が生長障害の真の原因であるとすれば、なぜ被害が草を植え付けた果樹以外の樹木に及ばなかったかについて説明することはむずかしい。

一九二三年一月にこれらの樹木の新しい梢の平均の長さを調べたところ、標準区の樹木が三フィート七インチ〔約一・一m〕であったのに対し、草を植え付けた樹木では一フィート五インチ〔約四三cm〕だった。図5―5（一五三ページ）のように、小枝は生気がなく紫色がかっており、節間は短い。二月には、図5―8（一五三ページ）のように開花が抑制され、四月になってから新しい若枝の代わりに、枝の端にひとかたまりの葉を形成しただけであった。私がプゥサを去り、研究を中断しなければならなかった二四年の初頭には、数多くの胴枯病が発生していた。

マンゴーを除くすべての果樹において、プラムの場合と非常によく似た結果が得られた。マンゴーだけは、他の果樹に比べると草に対する抵抗力をもっており、一九二三年の六月までは草による明らかな害は観察できなかった。六月になって、草を植え付けた区画の果樹の葉色が、清耕栽培の果樹と比べると非常に淡いという観察結果が得られた。これらすべての観察結果をまとめると、草によって果樹は栄養飢餓状態となり、ゆっくりと枯死させられてしまうということが示唆された。

草を植え付け、その影響が顕著になってから一年後に、成木の根系が調べられた。一九二二年八月、草生栽培区画のプラム、モモ、バンレイシ、マンゴー、ライチー、ビワは、標準区の果樹と比べて、土壌の表層部にごくわずかの活性細根しか形成されていない。草の害をもっとも受けたバンレイシとビワの場合は、新しい根が下方へ伸び、草から遠ざかる傾向が顕著に見られた。ただし、深根系の休眠状態あるいは活動状態を見ると、清耕栽培のものと比べて何の相違もない。つまり、深根は清耕栽培のものとまったく同じ活動を示していたのである。

これらの試験中、根の発達に対して通気量を増大させることが、いかに大きな影響を及ぼすかを示す二つの事例が観察された。一九二三年七月に、地中に穴を掘って生活するアナホリネズミが、一部のライムとビワの果樹の下に棲

図8　草生栽培下のプラムの生育に対するアナホリネズミの影響（1923年6月21日）

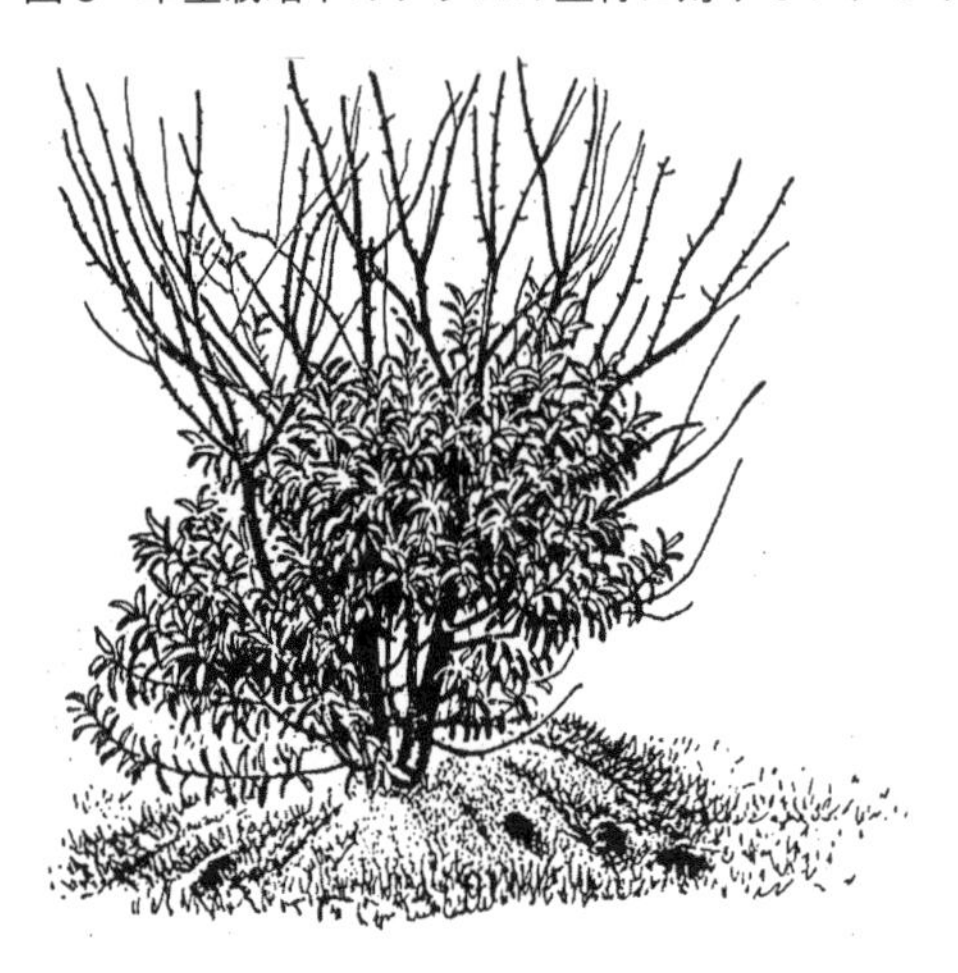

みつく。どちらの穴も、南側に掘られていた。しばらくすると、ネズミの掘った穴の真上の葉が他の葉よりも非常に濃い色になる。穴のすぐ周辺の土壌を調べたところ、新しい活性細根が標準区の表層土の活性細根よりも大幅に発達していることが観察された。

穴を掘ったことによる土壌の通気の増加は、草生区においても、活性根の発達に驚くべき刺激的影響を与えたのである。葉はまるで窒素肥料を施されたかのように見えた。同じような観察結果がプラムの場合にも見られた（図8）。このプラムの木は枯れつつあったが、アナホリネズミの掘った穴によって新たな生長が促されたのである。

5　草生栽培下の若木に対する通気溝の影響

草の害の度合いを変化させる通気溝の影響は、そこに働いている要因の一つが土壌の窒息状態であることを示唆している。バンレイシとライムの場合は、通気溝は効力をなさず、すべての樹木が枯死した。プラムの場合は、最終的には枯死したものの、通気溝が延命効果をもたらした。ビワ、ライチー、マンゴーは通気溝によってかなり効果があった。グアバにおいては、通気溝の設けられた樹木と草生区の樹木では区別がつかなかった。一九二一年三月、十分に発育した一〇〇枚の葉の大きさを測定した結果を表したのが表8である。

一九二〇年末に浅根系の発達に対する通気量の増加の関係を確かめるため、二フィート〔約六〇㎝〕の深さまで根を掘り出した。その結果は興味深いものであった。グアバを除いて、どの樹木においても浅根系は草生栽培下よりもずいぶん大きく、よく発達していた。グアバだけは例外であり、大きさの差はなかった。根は通気溝に引きつけられるように伸び、たいてい通気溝の側面に接した土壌のあたりでよく枝分かれしていた。通気溝はモンスーンの時期だけ利用されている。雨が降り始めてからは、常に新しい活性根がまず通気溝の中や周辺で、後には一定量の発達が草の下においても見られた。

通気溝を設けた果樹の深根系は、標準区の果樹の深根系と非常によく似た活動をしていた。

表8　草生栽培における葉の大きさの減少（単位：㎝）

	草生栽培	通気溝を設けた草生栽培	清耕栽培
プラム	3.2×1.1	4.6×1.7	7.1×2.9
モモ	7.1×1.8	8.4×2.3	11.4×3.1
グアバ	8.1×3.2	10.6×4.4	11.3×4.4
マンゴー	11.2×2.9	13.7×3.8	20.9×5.5
ライチー	8.9×2.4	11.5×3.4	12.2×3.5
ライム	3.8×1.6	5.2×2.1	6.4×3.4
ビワ	枯　死	16.4×4.6	22.1×5.9

6　試験から得られた結果

清耕栽培、草生栽培、通気溝を設けた草生栽培から得られた全体的な試験結果は図4（一五〇ページ）に示した。ここでは各試験区の代表的な樹木を一定の縮尺で表示している。この縮図から、以下の四つの主要な結果が導き出せる。

①若木は、草の害を非常に受けやすい。
②成木は、同様の扱いをしても若木と違って草の害をあまり受けない。

③場合によっては通気溝を設けることで、部分的に障害を回復させられる。
④例外的な試験結果ともいえるが、グアバで見られた結果では、樹勢は弱まるものの草生栽培下でも生長でき、通気溝を設けたことによる効果はほとんど見られない。

これらの結果から、草を一時的に取り除くことでさえ、樹木の生育において非常に効果があるといえる。草生栽培下の果樹の根を掘り、大気にさらすときはいつでも（そのためには、数日間草を取り除いておかねばならない）、果樹は急に生長し、それに伴って、より大きく、より濃い色の葉が形成される。その効果は二年間、穴を空けた場所の上方の葉で歴然と見られたが、穴を空けなかったその他の樹木には何の変化も見られなかった。

7　草の害が及ぶ原因

八種類の樹木の根系を調べた結果から、草の害が及ぶ原因を明らかにする第一段階は、土壌中の気体の定期的な検査であることが示唆された。そこで一九一九年に、草生栽培、通気溝を設けた草生栽培、清耕栽培それぞれにおいて、九～一二インチ〔約二三～三〇㎝〕の深さの土壌空気中に含まれる二酸化炭素の総量が測定された。各測定では、約一〇ℓの空気を土壌から取り出し、重土水〔水酸化バリウム溶液〕に通した後〔重土水は二酸化炭素を吸収して炭酸バリウムの沈殿を生じるため、二酸化炭素の検出・定量に使用される〕、通常の方法で滴定された。その諸結果が表9であり、それをグラフ化したのが図9である。

一九二〇年と二一年の摘定結果はすべての点において、これらの図表の数値を確証するものであった。表9を見ると、モンスーン気候の間、草生区の土壌孔隙に含まれる二酸化炭素の容量は清耕区の土壌空気に比べて約五倍にもな

表9　プゥサの草生栽培・清耕栽培における土壌気体中の炭酸ガスの容量(1919年)
(単位：%)

土壌気体を取り出し、分析された月日	第1区 草生栽培	第2区 通気溝を設けた草生栽培	第3区 清耕栽培	1919年1月1日以降の降雨量（インチ）
1月13、14、17日	0.444	0.312	0.269	なし
2月20、21日	0.472	0.320	0.253	1.30
3月21、22日	0.427	0.223	0.197	1.33
4月23、24日	0.454	0.262	0.203	2.69
5月16、17日	0.271	0.257	0.133	3.26
6月17、18日	0.341	0.274	0.249	4.53
7月17、18日	1.540	1.090	0.304	14.61
8月25、26日	1.590	0.836	0.401	23.29
9月19、20日	1.908	0.931	0.450	30.67
10月21、22日	1.297	0.602	0.365	32.90
11月14、15日	0.853	0.456	0.261	32.90
12月22、23日	0.398	0.327	0.219	32.92

（注）定量はプゥサ調査研究場化学課のジャティンドラ・ナス・ムカジー（Jatindra Nath Mukerjee）氏による。

図9　プゥサにおける土壌大気中の炭酸ガス（1919年）

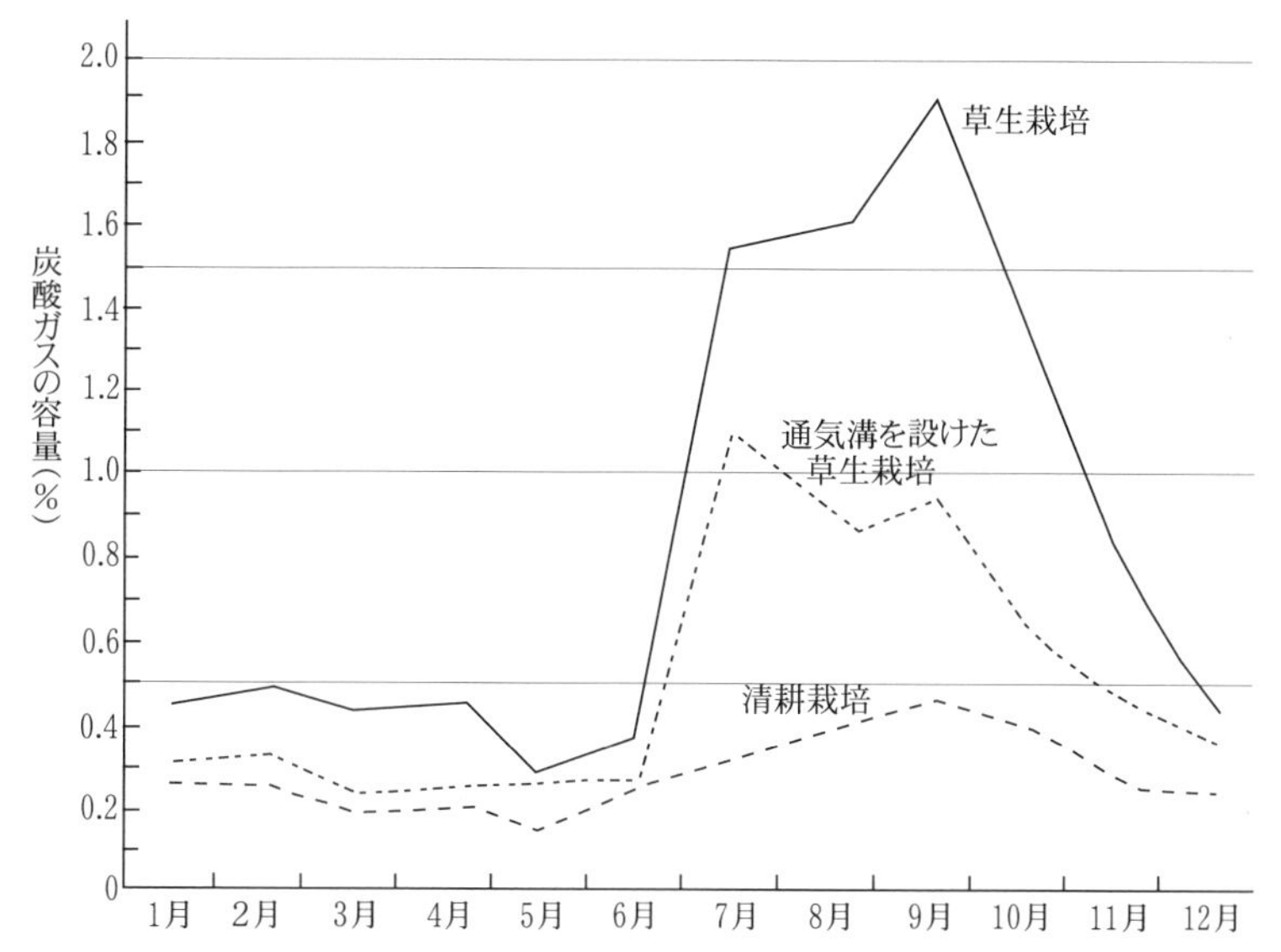

る。二酸化炭素は酸素よりも水に溶けやすいため、根毛が活動する水膜の中に実際に溶け込んだ二酸化炭素の容量は、表9の数値よりもはるかに高いと思われる。

雨季の間に、土壌空気中に二酸化炭素が大量に生産されることは、適度な通気に依存する腐植生成や硝化作用、菌根の関係に影響を及ぼすと考えられる。化合態窒素〔土壌中の有機態窒素が分解されてできるアンモニア態窒素や硝酸態窒素のこと。地温上昇効果、乾土効果、土壌微生物などの働きによって、有機態窒素はアミノ酸→アンモニア態窒素→亜硝酸→硝酸態窒素へと変化していく〕の供給に関する試験研究は、かなり進歩した。雨季の初期を除き、年間を通して草生区の土壌の上層一八インチ〔約四五㎝〕に含まれる硝酸態窒素の量は、清耕区の一〇～二〇%程度であった。

一九二三年の雨季のことである。窒素不足になったグアバに硫酸アンモニアを施用したところ、草生区のグアバはすぐに反応し、果実や葉の大きさは標準区と見分けがつかないくらいになった。一方、ライチーとビワの場合、根は雨季の間に力強く草を突き抜け、地表に出て空気を得るというようなことはできない。化合態窒素を大量に施用することで両者の生長は促進できたが、明らかに草の害が残された。つまり、化合態窒素を施用した樹木は、葉の大きさや色、開花期、新梢の発育に関して、草生区の無施肥の果樹と清耕区の無施肥の果樹との中間の性質を有していたのである。これらの結果は、コーネル（Cornell）でリンゴを試験対象として得た結果と非常によく似ている。

プゥサにおいてもコーネルにおいても、草は土壌中の硝酸塩の消失を招き、根の発達を阻害した。草の及ぼす害は、硝酸ソーダを施用しただけでは、ほんの少ししか解消されなかった。しかしながら、グアバの場合は、化合態窒素の施用で草の害を回避できる。なぜなら、グアバの根は地表に出ることで、グアバが必要とする酸素を獲得できるからである。それゆえにグアバは、一面に生えた草がもたらす諸要因のひとつ、硝酸塩の欠乏だけに影響を受けるといえる。また、ライチーとビワの場合は、それに加えて酸素不足という要因によっても影響を受けることが明らかとなった。

8　草による害が少ない森林の樹木

一面に生えた草むらは、グアバを除いて、試験されたあらゆる果樹の根を窒息させた。しかし、インドでよく見られる森林の樹木は草生下でもよく繁茂する。表10に見るように、一九二一年から二三年にかけて、一面の草むらが一五種類の森林の樹木にどのような影響を及ぼすかが研究された。その結果、すべての樹木が草生下においてもよく繁茂し、果樹で見られたような草による害は観察されなかった。

表10　プゥサにおける草生栽培下の森林の樹木

種　　類	開花期	落葉期
Polyalthia longifolia Benth.& Hook, f.	2～4月	4月
Melia Azadirachta L.	3～5	3
Ficus bengalensis L.	4～5	3
Ficus religiosa L.	4～5	12
Ficus infectoria Roxb.	2～5	12～1
Millingtonia hortensis Linn., f.	11～12	3
Butea frondosa Roxb.	3	2
Phyllanthus Emblica L.	3～5	2
Tamarindus indica L.	4～6	3～4
Tectonia grandis Linn., f.	7～8	2～3
Thespesia populnea Corr.	年中（おもに冬季）	4
Pterospermum acerifolium Willd.	3～6	1～2
Wrightia tomentosa Roem. & Schult.	4～5	1～2
Lagerstroemia Flos-Regina Retz.	5	12～1
Dalbergia Sissoo Roxb.	3	12～1

インド平原では、ほとんどの森林の樹木が夏季に開花し、新葉を出してから、新梢を伸ばし始める。雨が降り始めると、葉の大きさ、色合い、外観に目立った変化が現れてくる。葉の緑色はいっそう濃くなり、より光沢を増し、すでに述べたバンレイシの新梢と同じ現象が起きたのである（一五五ページ）。

一九二二年と二三年の雨季における一五種類の森林樹の浅根系に関する調査結果は、みごとなまでにすべて同じであった。樹木はみなよく繁り、土壌の上層二～三インチ〔約五～七・六cm〕のところや地表にまで普通に活性根が発達した。

それゆえ、これらの樹木は草が生えても酸素不足および硝酸塩不足にならないことがわかる。また、太い浅根もよく発達し、清耕区の果樹で見られる浅根系よりも発達していた。一面の草むらは、地表近くの根系に対して外見上は何の害も及ぼさなかった。

一九二一年の夏季から二四年初めの数カ月にわたって、これら一五種類の樹木の全根系が試験研究された。その結果すべての場合において、太い表層根は細い支根を出し、その支根は冬季の地下水位まで垂直に伸びていたのである。また、夏季には、根の活動は地表から一〇～二〇フィート〔約三～六m〕の深さにある湿潤な砂土層に局限され、砂土層からその下の土層までにある粘土層を容易に通る。そのため、根はいつも、シロアリをはじめとする土の中に穴を掘って生活する昆虫たちがつくったトンネルを最大限に利用していた。

土壌中の空洞は、いつも根の発達に最大限利用されていた。雨季に入ってまもなく、休眠していた表層根が急速に活動し始める。地下水が上昇するにつれて深根系は休眠状態になり、八月には活性表層根はいつも顕著な屈気性を示した。冬作の野菜が播種されるころには、土中に硝酸塩が形成され、必然的に表層根系の活動がにわかに回復し、新梢と新葉を生み出した。秋になって地下水が下降し、土壌が酸素を吸い込むと、グアバの場合と同じように、低下していく地下水面をまさに追うかのように、活性根が形成されていく。

もし自由な競合があるとすれば、森林樹で見られる根の分布と根の活動の周期性は、これらの樹木がなぜ草生下においてもよく生育し、草に打ち勝つことができるかを説明してくれる。インド平原の森林樹がその生育地から草類を追放できる主要な武器は、次のようなものである。

① 深根系は草が休眠状態にある乾季の間にも生長する余地を残しており、少なくとも二〇フィート〔約六m〕下までの土壌の水分と栄養分を利用できる。これは、同化作用（assimilation）の期間を大幅に延ばしている。

② 森林は日光の奪い合いにおいて大きな有利性をもっている。

③　表層根系の活性根は土壌通気の不足に対して対応力をもっており、地表に向かって生長し、酸素とミネラルを草に打ち勝って巧みに利用する。

森林の樹木と果樹を区分する特性は、森林の樹木の表層根が土壌の通気不良を回避するために、一面の草むらを突き抜けて空中に向かって活動的に生長し、表層土に含まれる硝酸塩を吸収するとともに酸素も獲得する力を備えていることである。一方ほとんどの果樹の表層根は、二酸化炭素に対してとても敏感で、地下への伸長によって二酸化炭素から逃れようとする。そのため、果樹は雨季には酸素と化合態窒素を奪われ、徐々に養分欠乏に陥る。グアバだけがその例外であり、雨季に活性根を地表へ伸ばし、生き続ける。

西インド諸島のグレナダとセント・ヴィンセントの放牧地にたちまちのうちに野生のグアバがはびこる理由は、これによって説明できる。イギリスでも、もし生垣と放牧地が手を加えないまま放置されたとすれば、同じような道をたどることになる。生垣はそのうちに放牧地を荒らし始める。若木が生えてきて、草地は林地になる。とはいえ、その転換過程は、イギリスでは熱帯地方よりもずっと緩慢である。

熱帯地方における森林樹の根の発達に関するこれらの研究は、土壌の通気という要因やこのような試験において植物が果たし得る役割について、多くの見解を与えてくれた。地下水の動きは、土壌の通気に直接的に影響を及ぼす。表層土が多量の空気と十分な水分を含み、気温が硝化作用を行うのに適度である雨季の初めと終わりの両時期は、二六〇ページでも述べるように硝酸塩が蓄積され、生長がもっとも旺盛となる時期と一致する。土壌の通気が雨季の間に、①地下水の上昇と②表層土におけるコロイドの生成という二つの要因によって阻害される場合には、植物の根は反応して地表へ伸びていく。それゆえ、年間を通して根の発達を調べることは、このような試験研究の重要な手段となる。

樹木の根の発達は、インド平原をはじめ他の多くの地域において地力維持に影響している。枯死した根は深層土に有機物を供給し、ほとんど完全な排水と通気の機構を形成する。活性根は、緑葉が利用するリン酸塩やカリのようなミネラルを求めて、土壌の上層二〇フィート〔約六ｍ〕をくまなく探す。やがて、これらの葉は腐植化され、表層土を肥沃にするのに役立つ。北ビハールの土壌は全リン酸含有量および有効態リン酸含有量がたいへん低いにもかかわらず、ミネラル補給のための肥料をまったく施用しなくても非常に肥沃かつ作物の生産量が高い理由は、そこにある。表層土の分析によって得られた数値は、下層土においても同様とみなされなければならないし、また上層九インチ〔約二三㎝〕の話だけではなく、二〇フィートの話としても説明されなければならない。

樹木は、土壌中のミネラルを利用するのにもっとも効果的な存在である。樹木はほぼどのようなところでも生育でき、ほとんどの他種の植生に打ち勝ち、土壌の肥沃度を高めるであろう。したがって、イギリスのような国々の生垣、公園、森林地の樹木や灌木は、地力維持のために利用され続けなければならない。サクソン時代〔ドイツ北西部に住んでいたサクソン民族の一部が五～六世紀ごろイギリスに侵入してきた時代〕には、今日でいう最優等地のほとんどは森林地であった。土壌に蓄えられた肥沃土が森林を徐々に開墾することにより、価値を生み出してきた。将来、農業が社会的広がりをもち、もはや単独の一つの産業としてみなされなくなったときには、林地や公園を耕地化し、やせ果てた耕地を林地や草と樹木の混在地に戻すという長期の輪作を開始することが望まれる。このような方法により、樹木の根系は地力回復に利用できる。

9　心土の通気

通気をよくするために、通気を阻害する要因や空気の供給の増やし方の違いによってさまざまな方法がとられてきた。広く行われている方法の一つは心土耕である。

温帯地方で心土を大気から遮断している主要要因は、永年牧草地における腐植の欠乏であり、そのうえ、犂耕や土壌の粒子そのものによって形成された不透過性の耕盤〔犂や機械で耕される作土といわれる透過性のある土層のすぐ下部に形成される、透過性が乏しい固い層〕によって、あるいは家畜の絶え間ない踏みつけによって、一層悪化する。どの場合においても、心土への空気の供給は減少するという同じ結果がもたらされる。

壌土のような土壌では、有機物の含有量が減少してミミズの数が減ると、犂耕したことでできる耕盤が急速に発達する。犂底の真下には、他の層とはっきり区別できる、硬く締まった粘質の層が形成される。この層は、水を貯め込む力があるため、その下方では心土を部分的に窒息状態にし、その上方では土壌を湛水状態にする。

微砂土あるいは砂土も、それらの微粒子の結合によって、すぐに耕盤が形成される。とくに、堆厩肥を還元していたところを人工の化学肥料に転換した場合や、草地を適切に輪作しない場合には、すぐに耕盤が形成される。私がイギリスで観察したなかでもっとも興味深い耕盤形成の事例の一つは、ウォバーン試験場の永久肥培区である。そこでは毎年、緑砂地（greensand）のもとで化学肥料を施用して穀物栽培が試みられてきたが、その結果は完全に不作であった。化学肥料を常用したことで、ミミズが完全にいなくなり、土壌の天然の通気媒介物が奪われてしまったのである。土壌が永久ストライキを起こしたといってもよい。

適切な輪作を行わず、土壌中に有機物を回復させなかったために、土壌から耕土を失わせてしまったのである。地表から九インチ〔約二三cm〕下のところに砂粒子がゆるく固まった耕盤が形成され、それが心土の通気状態を悪化させた。すると、この試験区には、心土が通気不良になったことを示す多年生雑草のトクサ（mares' tail（*Equisetum arvense* L.））が一面にはびこった。自然はいつものように独特の流儀で自らの状態をわかりやすく説明する。農法が不適切であったことを説明するための、図表にした収量やさまざまな分析・曲線・統計は、必要ではなかった。

イギリスにおいて耕作に適する耕盤を取り扱う通常の対処方法は、深耕し、通気を回復するための心土耕機具（サブソイラー）を用いる方法である。心土耕機具の使用は、いつでもできるだけ多量の堆厩肥の施用とともに行うべきである。そうすれば、耕地は改良され、ミミズたちを元どおりに増やすことができる。ルーサンや短期間の輪作草地のような深根作物が、完全な土壌治癒のために求められるべきである。草生下の重土を心土耕することは、耕地の心土耕を行うよりもはるかに有効であることが実証されつつある。一二七～一二八ページですでに見たように、このことは芝地の下の腐植形成と、土地の家畜飼養能力の増大を促す。

東洋における心土の通気は、西洋よりもはるかに重要であろう。たとえば、インドでよく見られるモンスーン季の降雨や灌漑水による地表の溢水などの現象は、土壌がコロイドを形成し、巨大な規模の表盤を形成する。つまり、表層土の全面に表盤が形成される傾向があるということである。この硬盤は破壊されなければならない。東洋の耕作者たちはとても興味深い方法で、この仕事を手がけている。彼らは心土耕作物としてマメ科作物の根を利用できるときは、いつもきまってこの機械〔マメ科作物の根〕を利用する。それはまったく費用がかからず、大切な食べ物と飼料〔まぐさ〕を産出し、小さな耕地にも適するという利点をもっている。インド・ガンジス平原において普遍的な心土耕作物は、ピジョン・ピーである。ピジョン・ピーの根は容易に土壌の耕盤を破壊するだけでなく、同時に有機物をも添加する。西部開拓地の深い黄土層の心土耕には、いつもルーサンの根が利用されている。

モンスーン季の降雨が表層土の全面を広大なコロイド状の硬盤に転換させてしまうインド半島の黒土綿花地帯の農業は、雨季の後にくる夏季（hot season）で救われる。夏季になると、コロイド状の表盤は乾燥しきって体積を減らし、心土まで達するほど深い、おびただしい数の割れ目を生じる。こうして、インドの黒土は自らの力で心土耕を行う。五月および六月初期には、南西モンスーンの前ぶれである湿気を含んだ風が吹いてくる。この風によって、乾燥しきった土は失った湿気をいくらか取り戻し、硬い土を砕く。雨季になり、雨が降り始めたときには、綿花栽培にたいへん適した耕地が整備されているのである。このような場合における心土耕は自然のなせる技であり、耕作者たちはただ整地を行うだけで、すぐに播種するのである。

（1）一九二二年三月に移植された若いバンレイシ、マンゴー、グアバ、ライム、ビワの根系を八月に調べた結果は、以下のとおりであった。垂直に伸びた若い根の長さは、バンレイシとライムでは一〇インチ〔約二五㎝〕、マンゴーは一フィート〔約三〇㎝〕、グアバは一フィート二・五インチ〔約三七㎝〕、ビワは一フィート八インチ〔約五〇㎝〕と、さまざまであった。新たに移植された樹木は、初めに浅根系を形成し、次いですぐに深根系を形成するということが明らかになった。

〈参考文献〉

Clements, F. E., *Aeration and Air Content : the Role of Oxygen in Root Activity*, Publication No.315, Carnegie Institution of Washington, 1921.

Howard, A., *Crop Production in India : A Critical Survey of its Problems*, Oxford University Press, 1924.

——The Effect of Grass on Trees, *Proc. Royal Soc.*, Series B, xcvii, 1925, p.284.

Lyon, T. L., Heinicke, A. J., and Wilson, D. D., *The Relation of Soil Moisture and Nitrates to the Effects of Sod on Apple Trees*, Memoir 63, Cornell Agricultural Expt. Station, 1923.

The Duke of Bedford, and Pickering, S. U., *Science and Fruit-Growing*, London, 1919.

Weaver, J. E., Jean, F. C., and Crist, J. W., *Development and Activities of Crop Plants*, Publication No.316, Carnegie Institution of Washington, 1922.

第10章　土壌の不健全性

1　土壌浸食

風土と浸食

今日、もっとも広く蔓延している非常に重大な土壌の不健全な状況といえば、土壌浸食である。それは土壌の不毛状態の一形態であり、このところ、たいへん強い関心が高まっている。

この世に地球が誕生して以来、非常に緩やかな表面浸食というかたちで、時とともに土壌浸食は続いてきた。それは、地球上のどこにおいても見られる自然のありふれた営みの一つである。岩石の崩壊によって生じた土壌微粒子は、遅かれ早かれ、海に運ばれていく。しかし、土壌微粒子の多くは、海にたどりつくまでに何世紀の間もさまよい、農場を肥沃にする土の成分になることが多い。この現象は、どこの河川流域でも観察できる。河川流域の周辺の多くは、岩肌が突き出てやせた土壌が広がる、未耕作な丘陵地である。この丘陵地は絶え間なく風化され、風化が進むにしたがってさまざまな分解段階の微小な破片を常に生み出す。

露出した岩肌がゆっくりと風化されていくことは、崩壊化の形態の一つにすぎない。地表を覆う表土は、その下の地層を保護しているのではなく、むしろその逆なのである。なぜなら、炭酸ガスを含む土壌水は、たえず母岩を崩壊させながら、まず心土を形成し、ついで真の土壌を形成していくからである。それと同時に、動植物の遺体が腐植化される。少量の腐植が混ざった鉱物質の土壌微粒子は、雨、風、雪、水によって低地へと徐々に運ばれていく。最終的に豊かな流域では、堆積物の厚さが何フィートにも達する。流域を緩やかに流れる河川のおもな役割の一つは、これらの土壌微粒子を海へ運び、新しい陸地を形成することである。包括的に言うと、その過程はまったく自然の輪作としか言いようがない。つまり、それは作物の輪作ではなく、土壌そのものの輪作（rotation）〔循環〕なのである。

新しい土地が囲い込まれ、耕作ができるようになったとき、農業が再開される。このような現象はイングランドのホルビーチ（Holbeach）沼地やウォッシュ（Wash）周辺の類似地域でよく見られる。現在、一エーカー〔約四〇a〕あたり一〇〇ポンドまたはそれ以上の値がついている新たな肥沃土地帯は、ローマ時代から今日までの間に、ウェルランド（Welland）川、ネーヌ（Nene）川、オーズ（Ouse）川の浸食作用によって、肥沃土地帯へと変えられた。おそらく、イギリスにおいてもっとも価値があると思われるこれらすべての肥沃地の創造は、自然界においてもっとも普遍的な二つの作用――風化と表面浸食――の結果であるといえる。

人間の働きかけによって表面浸食の速度が非常に速まると、本来はまったく害作用のない自然の営みが、土壌に不健全性をもたらすことになる。それは、人間によってもたらされた土壌浸食として知られている。しかしながら、土壌浸食はいつも土壌の不毛性〔肥沃度の喪失〕が先行する。地力を失い、過労で瀕死の状態になった土壌は、自然の作用によってすぐに剥ぎ取られ、海へと押し流される。

それは、利益ばかりを追求して土壌浸食の原因をつくった無骨な利己主義者――農業の無法者――に、新しい土地を創造し、再び農業を営むチャンスを与えている。自然は新しく、よりよい出発を切望〔よりよい状態になろうと〕しており、無駄な状態には耐え得ないのである。農業が再び行えるようになれば、人類はある偉大な教訓を得ることになる。つまり、相続財産である肥沃な土壌を損なわずに次の世代に譲渡するという神聖な義務を果たすには、いかに利益追求の動機を抑制するかという教訓である。土壌浸食は、まさに、完全に間違った方法による土壌利用の結果が表面的に現れてきたものである。土壌浸食を引き起こす原因は私たち自身にあるといえるのである。

総じて見たとき、土壌浸食によって世界中が受けた損害はとても大きく、しかも急速に増加している。しかしながら、この土壌浸食の地域的な程度は多様である。農地のほとんどに永久的もしくは一時的に被覆作物（草地や牧草地として）が植えられており、広大な森林が残されている北西ヨーロッパのような地域では、土壌浸食は農業をするうえでそれほど問題となっていない。一方、広大な面積の山林が伐採され、ほとんど土地を休閑させない栽培方法が一般的である北アメリカ、アフリカ、オーストラリア、地中海沿岸諸国のある地域では、かつては広大な肥沃地帯であったところがほとんど完全に荒廃してしまった。

各国の状況

①アメリカ合衆国

おそらく、アメリカ合衆国は土壌浸食による損害状況について正確な評価をしようとしてきた唯一の国であろう。セオドール・ルーズベルトは、土壌浸食が国家にとって非常に重大であることを初めて警告した。その後、多くの代価を伴った第一次世界大戦が起こり、これまでにない規模での土壌肥沃の利己的な掠奪が促進された。財政的不況の時代、あいつぐ干ばつと砂塵もあり、農業を緊急に救済していくことが強調された。

フランクリン・ルーズベルトの大統領任期中には、土壌保全がもっとも重要な政治的・社会的問題となり、一九三七年には農地の状況と課題が評価された。作付面積の六一％にもなる二億五三〇〇万エーカー〔約一億ha〕ほどの農地が、全面的あるいは部分的に荒廃しているか、または肥沃度をほとんど失っていた。今日の農法で農業を安全に続けられる農地は、作付面積の三九％である一億六一〇〇万エーカー〔約六五二〇万ha〕しかなかった。それゆえに、アメリカ合衆国は、この一〇〇年足らずで農業資本の五分の三近くを失ったことになる。

ここで、もしアメリカ合衆国のもつ資源を可能なかぎり活用でき、あらゆる場所においてできるだけの対策が講じられたとすれば、現在の作付面積である四億一五三三万四九三一エーカー〔約一億六八一〇万ha〕を若干上回る四億四七四六万六〇〇〇エーカー〔約一億八一〇〇万ha〕の土地が有効に利用できるようになる。それゆえに、まだ事態は絶望的ではないといえる。とはいうものの、たとえ金に糸目をつけず、大量の肥料や緑肥作物が鋤き込まれたとしても、浸食された広大な土地の地力の回復はたいへん困難であり、莫大な経費と時間を費やすであろう。

アメリカ合衆国における土壌浸食の根本原因は、誤った土地の使い方である。それを引き起こしたものとして次の四つがあげられる。第一に、開拓者たちとその子孫たちの地力に関する個人的知識の欠如。第二に、土地は利益の源泉であるとする伝統的な対応。第三に、ほとんどの抵当証文に地力維持の条項が規定されていないという経営方式や借地・財政上の欠陥。第四に、少数の大会社によって行われている工業生産と何百万人もの個人によって営まれている農業を比較したときの農業生産や価格・収入の不安定性である。

工業生産も農業生産も豊かな生産力を基礎にうまくつりあいを保って発展できるように、両者の間の正しい関係を維持することの必要性は、ごく最近になって理解されたにすぎない。国土が非常に広大で、農業資源にもたいへん恵まれていたので、地力という国家資源が驚くべき速度で消耗し始めるまで、利益追求者たちは自由奔放に行動できたのであった。今日の事態は憂慮されるべきものではあるが、収拾不可能ではない。政府資金が土地整備のために計上されつつある。国家の土壌に残されたものを保全し、これまでの荒廃を回復するための自然への援助を行うための多大なる努力、あらゆる有効な知識の動員、さまざまな実行措置に関しては、一九三八年度のアメリカ農務省年報『土と人間』（"*Soil and Men*"）のなかで図表を使って記録されている。これは、いままでに発表された土壌浸食に関する報告書のなかで、地域の実情を解説したもっとも内容のある報告書であろう。

②アフリカ

アフリカにおける農業の急速な発展は、すぐに土壌浸食をもたらした。牧歌的な国、南アフリカにおける最優良の放牧地帯のなかには、すでに半砂漠化しているところがある。一八七九年にはオレンジ・フリー州は豊かな草で覆われ、ところどころに葦の生い茂った池沼があったが、今日では何の役にも立たない浸食された深い溝があるだけになった。一九世紀末にかけて、南アフリカ全域に深刻な過放牧が行われ、砂漠化が始まったのである。

一九二八年の干ばつ調査委員会の報告によれば、土壌浸食はアフリカ連邦の至るところで急速に広がりつつあり、侵食された砕屑物（さいせつ）〔シルト〕が溜め池や河川に沈積し、地下水の供給量を顕著に減少させているという。土壌浸食の原因は、被覆植物（vegetal cover）の減少によると考えられていた。被覆植物が減少した理由は、牧柵内における家畜の過飼育・過放牧、新鮮な秋冬の牧草を生産するための無差別な焼畑といった、誤った草原の管理によるものであった。

本来、灌漑が行き届いているバストランド〔現在のレソト＝南アフリカ共和国に囲まれた約三万㎢の国。国土の大部分が二〇〇〇m級の高地にある〕では、土壌浸食はもっとも緊急を要する政治問題である。人口の重圧によって広大な面積が耕地化し、残りの牧草地では過放牧が強力に進められたからである。

ケニアにおける土壌浸食は、先住民居留地でもヨーロッパ人地帯においても、ここ三年間に深刻な問題となってきている。先住民居留地では、羊と牛（flocks and herds）をたくさん所有しているほど裕福であり、物々交換は家畜を前提として行われ、結納金は家畜で支払われるのがほぼ常識で、質よりも量が重視される。必然的な結果として、家畜の過飼育・過放牧が行われ、土壌の天然の被覆物の破壊を招く。土壌浸食は避けられない結果なのである。ヨーロッパ人地帯では、地力の低下を防ぎ、腐植含有量の維持のための適切な措置を行わず、長期間、継続して耕地を酷使したため、土壌浸食が起こっている。最近では、イナゴが土壌浸食を促進させる大きな原因である。雨季一シーズンにイナゴと山羊によって一フィート〔約三〇㎝〕もの表層土が地力を失った実例もあるほどだ。

③地中海沿岸諸国

地中海沿岸諸国においても、三〇〇〇年間にわたるゆっくりとした、かつ継続的な森林伐採による砂漠の形成がおもな原因とされる土壌浸食の顕著な実例がある。地中海地域は元来、樹木のよく生い茂っていた地域であったが、現在では森林を見ることはない。もともとあった土壌のほとんどは、冬の豪雨によって洗い流されてしまったのである。

ローマ時代には肥沃であった北アフリカの穀物畑は、砂漠になっている。フェラーリ（Ferrari）は森林と牧草地について著述した著書において、ペルシャ〔現在のイラン〕を事例にあげ、数多くの雄大な公園が破壊された後の土壌と気候の変化について言及している。すなわち、土壌は砂に変わり、気候は乾燥して息苦しくなり、泉はまず水量が減少し、最後には枯れてしまったのである。同様の変化は、森林が荒廃したエジプトにも起こっており、降雨量と地力の低下が安定的な気候を失わしめてきた。また、涼しくて温和な気候に恵まれ、かつては価値ある森林と肥沃な放牧地とに覆われていたパレスチナでは、山々は禿げ山となり、河川はほとんど干上がり、農産物の生産はどん底にまで低下している。

こうした事例は、土壌浸食が広範囲に及んでいること、深刻な荒廃がなお進行しつつあること、問題の根本原因が土地の誤った使い方であることを示している。これまでに示唆されてきた、また現在も試行されつつある救済策を講ずるについて、問題の本質の直視がきわめて重要である。それは、大自然の排水システムや、農村に常時水を供給するという大自然の給水方法、つまり河川を修復させることにほかならない。河川流域は、浸食作用を抑制する自然の装置である。この浸食抑制を工夫するにあたって私たちは、あるときは排水路として、またあるときは天然の溜池として、河川流域を復元させなければならない。いったんこれが完成すれば、土壌浸食が話題になることはほとんどなくなるであろう。

④日本

たびたびの豪雨、浸食されやすい土壌、土壌の保全をきわめて困難にする急峻な地形をもつ国として、日本はおそらく土壌浸食を抑制するもっともよい実例を提供している。日本における土壌浸食は、費用をいとわずに採られた方法によってうまく抑えられてきた。そうした方法が講じられなければ、国家的な災害が生じるからである。日本での土壌浸食による脅威は、急峻な山の斜面から岩石の砕片が下方の水田へ堆積することにある。水田に適した土壌を保つためには、保水能力があるとともに、最低限の排水が可能となるよう維持されていなければならない。

しかし、土壌浸食によって山から運ばれてきた透過性の土壌の厚い層に覆われてしまうと、もはや保水能力を失い、食糧供給の頼みの綱である水稲栽培ができなくなる。このような理由から、日本では主として下流地域の価値ある水田地帯を保全するための保険として、浸食地帯の資本価格の一〇倍以上にもなる予算を土壌保全のために費やしてきた。たとえば一九二五年に東京営林局は、下流地域にある一エーカー〔約四〇a〕あたり二四〇〜三〇〇〇円の水田を保全するため、一エーカーあたり四〇円しか価値のない森林地帯に浸食防止策として四五三円（四五ポンド）を費やしている。

日本では、何百年もの昔から土壌浸食による危険性が認識されており、模範的な浸食防止技術が発達してきた。洪水を防ぎ、河川の流域における米の生産を保証するためのもっとも経済的かつ効果的な方法、すなわち、上流の各河川流域には常に森林を維持するという施策は、今日では明確な国家政策となっている。何年にもわたり、浸食抑制施策は国家予算の重要事項の一つとなってきた。

ロウダーミルク（Lowdermilk）によれば、日本における浸食抑制策はチェス・ゲームのようなものだという。山林の土木技師は浸食された峡谷の調査後、行動を起こし、一つないしはそれ以上の防災ダム（check dam）の位置を定めて建設に着工する。技師は自然の反応がどうであるかを見守り、新たなダムをもう一つあるいは二つ建設するのか、これまでに建設したダムを拡張するのか、もしくは擁壁を建設するのか、といった次の行動を決定する。さらに、しばらく様子を見てから次の行動がなされる。こうして、浸食作用が王手詰め〔解決〕されていくのである。

堆積作用や植生の回復のような自然の摂理の利用が、土壌浸食の抑制において経費の削減と実用的成果をもたらすもっとも有効な方法として導入され、利用される。「大自然のなすべきこと以上の企ては、なすべきではない」。一九二九年までに約二〇〇万haの保護林が土壌浸食の抑制に活用された。これらの森林地帯は土壌浸食を抑制するばかりでなく、土壌に大量の雨水を吸収・保水させ、河川や泉にゆっくりと放流するのに役立っている。

⑤中国

他方、中国では大規模な排水系を処理する管理能力がなかったことによる弊害が顕著に見られる。黄河上流の傾斜面では、広範囲におよぶ土壌侵食が絶えず進行している。毎年、黄河は二〇億トン以上の土を運び、四〇〇平方マイル〔約一〇四〇㎢〕の面積の土地を優に五フィート〔約一・五m〕も上昇させる。この土壌は河川流域の上流にあり、浸食を受けやすい黄土層から運ばれてくる。その泥土は、より下流の川床に沈積するため、川筋を囲む堤防を常に高くしていかなければならない。

周期的にその大河〔黄河〕は堤防との不つりあいな競争に打ち克ち、破壊的な洪水をもたらす。そして、堤防を築いてきた労力は徒労に終わる。というのは、全体的に浸食問題が把握されず、黄河によって排水される地帯が一つの有機体として研究されたり扱われたりしてこなかったからである。今日の問題点としては、植林や牧草を植えるのを妨げている河川流域上流の過剰人口があげられる。おそらく、中国が災害の真因ともいえる上流地域を有効的に管理し続けていたならば、土壌浸食の問題は、河川の堤防を築くために費やした労賃よりも、より低コストでかつ早期に解決されたであろう。不幸にもこのような事態に陥っているのは、中国だけではない。ミシシッピ川など多くの河川流域では、上流地域での土壌浸食の進行によって、周期的に洪水を引き起こした。

⑥インド

手が施されなかった土壌浸食による損害は世界中で非常に大きく、その事態については議論する必要もないが、それでも最近の文献によれば、土壌浸食にはこれまで見落とされてきたよい一面もあるという。相当量の新しい土壌が、心土や母岩から自然の風化作用によって絶えず創り出されている。この土壌を適切に保全すれば、やがて大きく広がった価値ある土地に再創造されるだろう。この浸食がもたらす利点の研究対象としてもっとも適した地域の一つは、玄武岩の上に広がる中央インドの黒土綿花地帯である。ここでは浸食が常に進行しているが、土壌が完全になくなってしまうことはない。なぜなら、雨水によって上層土が流されても、新鮮な土壌が下方から再び形成されるからである。このように再創造された多くの土地は、中央インドのグワリオール（Gwalior）州でよく見られる。

グワリオール州では、前代の統治者〔故マハラジャ〕がインド政府に貸与された土木技官を雇って建設した堤防が数多く見られる。各堤防には水出し口が備え付けられており、多くの谷を横切っている。これらの谷は、過去に抑制できなかった雨水の浸食（rain-wash）によってひどい損害を受けたため、土壌がまったくなく、低い草木が裸岩の割れ目になんとか生き残っている状態であった。このような絶望的な環境下においては、毎年、新たな土壌が形成されることがいかに重要であるかということも、考えねばならない。

ほんの数年のうちに、堤防の建設によってグワリオール州には肥沃土が広がり、やがて豊かな小麦の実りがもたらされた。故マハラジャが行ったグワリオール州の実績の概要は、土壌浸食問題を考えるについて必要な楽観論を導入する点で、大いに評価できるものであろう。物事はしばしば外見に現れているほど絶望的ではないのである。

草を生やして土壌浸食を防ぐ

土壌浸食の防止や、泉や河川への給水において、なぜ森林がこのように効果的な作用をもたらすのであろうか。それは、森林が次の二つのことを行うからである。第一に、樹木や下草が雨水を細かいしぶきに砕き、地上に散乱している落ち葉などが浸食から土壌を保護する。第二に、どこの森林地でも見られる動植物性残滓が腐植化されて土壌に吸収され、孔隙性〔土壌中の水分率と空気率の和〕と保水力を増大させる。土壌被覆物と腐植はともに土壌浸食を阻止し、同時に大量の水を貯える。

生きた森林被覆物によって与えられたこれらの諸因子――土壌保護、土壌孔隙および保水力――は、土壌浸食問題を解決するための鍵を提供する。階段耕作〔傾斜地を階段式に利用した耕作法〕や排水のようなその他すべての純粋に機械的な救済策は、然るべき場所においてはもちろん重要ではあるが、第二次的な事柄である。土壌はできるだけ被覆されなければならない。言い換えれば、十分に腐植を蓄えておかなければならない。そうすれば、土壌は雨水を吸収し、保水できるようになる。それゆえに、樹木の生えていないところでは、カバーグラスやその他の被覆作物を植えるなど、腐植が供給され続けるための十分な準備が講じられねばならない。このような準備を整えた農場は、土壌浸食の被害にあうことはほとんどない。

それは、モスクワ・アカデミー委員であったウィリアムズ（Williams）の見解を裏付ける。彼はソビエト社会主義連邦で土壌浸食が深刻な問題となる以前に、過去の諸文明の衰退は地力の低下によるものだとする仮説を唱えた。すなわち、文明の発展に伴う需要の増大が草地の大規模な耕耘を招き、土壌の団粒構造が破壊された結果、地力が衰退したとするのである。ウィリアムズは、草がすべての農業用の土地利用の基幹作物であり、また人類の略奪本能に対抗する土壌の主要な武器であるとみなした。彼の見解は、ソビエト社会主義連邦の土壌保全政策に多大な影響力を与えており、実際に他の多くの国々にもかなりの程度適用され得る。

地表の排水溝が正しく設計され、建設されているという点では、草は価値の高いものである。できるかぎり広く、浅く、一面に生やしておくべきである。そうすれば、流れる雨水は透き通った薄い膜として排水され、土壌の粒子を洗い流すことがない。これによって草は自ずと肥培され、豊富な飼料を産み出す。このように草を生やして土壌浸食を防ぐという単純な考案が、インドのシャージャハンプール砂糖試験場で実践された。農道や小道は土地を掘って造ったため、その高さは耕地よりも数インチ低かった。そして、農道や小道が草で覆われると、雨季にはすこぶる効果的な排水溝となり、土壌をまったく流出させることなく、あふれた雨水を澄んだ水のまま流出させたのである。

もし、私たちが土壌浸食は不適切な農法の自然的な結果であり、また河川流域を土壌保全施策に利用するための自然の装置とみなせば、さまざまな救済策は、それらを必要とする場所において有効に働くようになるであろう。各水系の上流地域は植林が行われるべきである。草や牧草を含む被覆作物は、耕作可能な地表を保護するためにできるだけ利用されなければならない。各農場はそこに降った雨を吸収できるように、土壌の腐植含有量を増大させ、団粒構造を回復させなければならない。過放牧や過飼育はやめなければならない。階段耕作、等高線耕作あるいは等高線排水といった土壌保全や表流水を調節するための単純な機械的方法も、利用されなければならない。

もちろん、普遍的に採択できる唯一の土壌浸食防止策はない。土壌浸食はその性質からして、その土地固有のものであるはずだ。それでもやはり、どんな場所においてもあてはまる一定の原理が存在する。何をおいても大切なことは地力の回復と維持であり、それぞれの河川流域はそこに降った雨水を吸収する義務が果たされねばならない。

2　アルカリ土壌の形成

アルカリ土壌はなぜ形成されるのか

土壌が酸素を奪われ続けると、やがて、植物はそれを利用できなくなり、土壌は永久的に不毛な状態に陥る。熱帯・亜熱帯地方の多くの農業は、硫酸ナトリウム、塩化ナトリウム、炭酸ナトリウムなどさまざまな混和物からなる可溶性塩類の蓄積によって妨げられている。このような地帯はアルカリ土壌として知られている。土壌のアルカリ化がまだ弱いか、初期の段階にあるときでも、作物の生産が困難となってくるから、事態がそれ以上悪化しないように何らかの措置が講じられねばならない。土壌が完全にアルカリ化〔砂漠化〕してしまうと、土壌は死んでしまい、作物生産はまったく不可能となる。アルカリ土壌は中央アジア、インド、ペルシャ、イラク、エジプト、北アフリカ、アメリカ合衆国でよく見られる。

塩類とは、すべての土壌の主要な構成物である岩石の細粉が風化され続けることによって土壌中につくられるものであり、アルカリ土壌は、土地からこれらの塩類を洗い流せるほどの降雨量がないという自然の結果であると考えられた時代があった。それゆえに、降雨量が非常に少ない北西インド、イラク、北アフリカの一部に見られる乾燥地帯の自然的特徴であると考えられた。しかし、アルカリ土壌の起源と生成に関するこのような見解は、事実と合致しないし、まったくの誤解でもある。

たとえば、広い範囲にアルカリ土壌が自然的に発生しているインドのオード（Oudh）州の降雨量は、塩類除去の要因が十分な降雨量だけにあるとするならば、これらの不毛地に見られる比較的少量の塩類を溶解させるには十分な量である。広大なアルカリ地斑（patches）がよく見られる北ビハール州の山麓地域の平均降雨量は、年間に約五〇～六〇インチ〔一二七〇～一五二〇㎜〕程度と多い。したがって、乾燥状態はアルカリ土壌生成の不可欠な要素ではないし、また豪雨がアルカリ塩類を常に洗い流すとはかぎらない。

アルカリ土壌の生成に欠かせない条件とは、土壌の不透過性である。インドでは土壌が孔隙を失ったときにいつも、遅かれ早かれアルカリ塩類が現れる。土壌が孔隙を失うのは、不透過性になりやすい硬い土壌で絶え間なく灌漑を行った場合、澱んだ心土水が土中に溜まった場合、地表排水が何らかの理由で妨げられた場合である。つまり、有機物を酸化させ、団粒構造をゆっくりと破壊してしまう過度の作付けや、化学肥料を使いすぎた施肥法のような一般的な作用でも、アルカリ土壌を生成するであろう。

北ビハール州のプゥサ近郊では、竹やぶやタマリンド〔熱帯産のマメ科植物〕、ピプル（*Ficus religiosa L.*）のような樹木が叢生している古い道路や敷地が耕地化されると、いつも断片的にアルカリ地斑が現れる。このような場所の固められた土壌には、決まって青緑色の斑点がある。この斑点は、遊離酸素が供給されない通気不足の土壌に棲息する土壌生物の活動と関係がある。クゥエタ（Quetta）渓谷の硬い黄土層に生ずるアルカリ地斑の下方数インチくらいのところにも、類似した青緑色と褐色の斑点がいつも現れる。

北ビハール州のアルカリ地帯では、井戸はつねに大気にさらされたままにしておかなければならない。そうしなければ、水が硫化水素によって汚染され、深部が著しい還元段階〔酸素不足〕の状態になる。長年の灌漑によってアルカリ土壌が生成されたボンベイのニラ（Nira）渓谷の黒土層でマン（Mann）とタムハン（Tamhane）が行った心土排水実験では、次のような結果が観察された。排水口から流出した塩水は、すぐに強い硫化水素の臭いを放ち、各排水口で白色の硫黄の沈殿が形成された。この結果は、この土壌における還元作用がいかに強かったかを実証するものである。つまり、土壌が過度の灌漑によって湛水状態になり、土壌に酸素が供給されなくなるまでアルカリ塩類には縁のなかった地帯で、知らず知らずのうちにアルカリ生成における還元段階が示されるようになったのである。

アルカリ土壌の生成要因が土壌の通気不足と密接な関係があるという見解は、シベリアの塩水湖の起源に関する最近の研究によって裏書きされる。バテニ（Bateni）とキジル・カヤ（Kizill Kaya）山脈との間にあるスジラ・クル（Szira-Kul）湖で、オスセンドゥスキー（Ossendowski）は湖底から採取した黒色のヘドロの中や水面から一定距離の水中に、硫黄桿状菌（かんじょうきん）（sulphur bacili）の巨大な網の目状のコロニーを観察した。この硫黄桿状菌は大量の硫化水素を放出したため、実際にスジラ・クル湖の魚を全滅させたのである。

中央アジアにある大湖水群も、同じように硫化水素がひどく臭う塩水の無益な貯蔵庫に変わりつつある。オデッサ〔ウクライナ共和国〕近くの沼沢地や黒海の一部でも、類似の現象が起こっている。硫化水素に毒された水の層は徐々に水面に向かって上昇しているので、変化に敏感な魚類は、だんだんとそこから去りつつある。広漠としたアジア平原に散在した湖の死滅や、アルカリ塩の生成によるこの大陸の不透過性土壌の破滅は、ともに極度の酸素欠乏という同じ主要要因に起因する。この酸素欠乏はしばしば自然発生的に起こるが、長年の灌漑によって起こる場合もある。

アルカリ状態の発展段階は、おおむね次のようなものである。すでに述べたように、まず土壌が不透過性になる。たとえば、北インドのウサール（Usar）平原では、土壌粒子をもっとも小さい構成単位にまで崩壊させ、土壌組織を破壊する、といった生物学的・物理学的諸因子を促す気候条件のもとで、土壌のアルカリ化が自然的に起こる。これらのもっとも小さい構成単位は微細で、大きさは一様であり、水によっていくらかのコロイド状の特性を有した混和物を形成する。その混和物は、乾燥するとほぼ水に不透過性で、破壊できない硬くて乾いた塊になる。このような土壌は非常に古く、つねに不透過性であり、決して耕耘されることはない。

自然に生成するアルカリ地域に加え、土壌管理の失敗が原因で形成されているものが数多くある。そのおもなものは以下のとおりである。

①過度の灌漑水の利用

土壌粒子を結合させる有機態の結合物質〔腐植に由来し、カルシウムイオンやマグネシウムイオンなどの陽イオンを吸着する多量のマイナス荷電を帯びた微細な粒子〕の結合力を失わせ、土中の空気を追い出してしまう。青色や褐色の斑点として現れる嫌気性の変化は、まず下層土で発生し、最後には土壌の死をもたらす。現在の永年灌漑計画が今後も存続するのであれば、避けねばならないことは、こういった漸進的な活性土壌の破壊である。この過程は灌漑管理がずさんなインドの灌漑入植地域（Canal Colonies）において、実際に起こっている。

②腐植の補給を無視した過度の耕作

アルカリ土壌になる危険性が非常に高いインド・ガンジス平原のような大陸地帯では、通常の土壌はわずかの腐植しか土中に蓄えていない。なぜなら、土中の有機物を消耗させる生物学的作用が、ある季節に非常に活発になるからである。これは、気温が低温から超高温へ、また気候が強烈な乾季から熱帯湿潤に急変することによる。温帯地方で生じるような有機物の蓄積は不可能なのである。それゆえに、安全性の範囲は非常に小さい。土壌管理のわずかな失敗が、わずかに蓄えられた腐植を破壊してしまうだけでなく、土壌粒子の結合体と団粒構造の形成に必要な有機態の結合物質をも破壊してしまう。その結果が土壌の不透過性であり、これがアルカリ塩類生成の第一段階である。

③化学肥料、とくに硫酸アンモニアの施用

簡単に吸収できる化合態窒素の添加は、菌類やその他の生物の生長を促す。そして、これらの生物はエネルギー源として、また菌体組織を構成するのに必要な有機物を探し求めて、まず土壌中に蓄積された腐植を消耗し、次に土壌粒子を結合する抵抗力のより強い有機物までも消耗する。ふつう、このにかわ質〔結合物質〕は通常のごとくに耕作した土壌では影響を受けないが、化学肥料の施用によって促された変化の過程には抗することができない。

したがって、アルカリ土壌は酸素供給が永久に絶たれるところから始まり、その後、事態は急速に悪化する。まず、健全な土壌を維持するのに不可欠なすべての酸化因子が停止し、下層土から酸素を摂取する嫌気性の生物で構成された新しい土壌の生物相が形成される。続いて還元段階が起き、酸素のもっとも容易な供給源である硝酸塩が消滅する。そして、有機物が嫌気性発酵する。中央アジアの湖で見られたのと同じように、硫化水素が生成され、土壌が死滅する。次々と生じる化学変化の最終結果は、アルカリ土壌中の可溶性塩類――硫酸ナトリウム、塩化ナトリウム、炭酸ナトリウム――の蓄積である。これらの塩類が植物にとって有害な量にまで達すると、真っ白もしくは褐色がかった黒色の表皮の形をとって地表に現れる。

前者（白色アルカリ）は主として硫酸ナトリウムと塩化ナトリウムからできており、後者（恐るべき黒色アルカリ）はそれらに加えて炭酸ナトリウムを含んでいる。黒色になっているのは、この塩が土壌中の有機物を溶解し、排水を不可能にするような物理的状態を生じさせるからである。ヒルガード（Hilgard）によれば、炭酸ナトリウムは炭酸ガスと水の存在のもとで硫酸塩と塩化物から生成され、その反応は酸素があるときには逆転するという。ただし、その後の試験研究によってこの見解は修正され、土壌中の炭酸ナトリウムの生成は段階的に生ずることが示された。炭酸ナトリウムが現れると、きまって一巻の終わりとなる。つまり、土壌は死に至るのである。アルカリ塩類と分解された有機物による物理的条件のゆえに、土地の再生は困難となる。

アルカリ土壌の現れ方と作物への影響

アルカリ土壌の現れ方は、その起源から想像できるようにきわめて不規則である。パンジャブやシンド（Sind）のような普通の沖積土層が永年灌漑される場合には、初めにアルカリの小さな斑点が土壌の比重の高いところに現れる。そして、より硬いところでは斑点が大きく、広がっていく傾向がある。他方、開けた透過性のある広い一帯では、アルカリ土壌は現れない。灌漑が長期間にわたって行われてきた連合州の西部地域のようなところでは、すぐれた灌漑作物をもたらす通気良好な地帯が不毛のアルカリ土壌地帯の側に存在している。

イラクもまた、アルカリと通気不良土壌との関係を示す興味深い実例を提供する。灌漑による集約的栽培は、透過性の土壌で、自然の排水が良好な土地でしか見られない。排水不良で通気不足の土壌では、すぐに深刻なアルカリ状態になる。もちろん、北西インドのフンザ族やペルーで行われている階段耕作のように、アルカリ塩類をそれほど増加させることなく、遠い昔から絶えず灌水してきた多くの灌漑組織もある。イタリアやスイスにおいても、永年灌漑が、土壌を損なうことなく長期間にわたって実施されてきた。

しかしながら、これらのすべての場合において、排水、通気、腐植の維持に注意深い配慮がなされてきた。土壌の取扱いは、自然あるいは人間によって酸化段階にとどめられていた。混合粒子の結合物質は、土中に十分な有機物を維持することで保護されてきた。

アルカリ土壌にはさまざまな段階がある。ごく微量のアルカリ塩類は、作物や土壌生物に何の害も及ぼさない。土中のアルカリ塩類の割合が一定限度を超えるときにのみ、まず生長を阻害し、ついには完全に妨げてしまう。マメ科植物はアルカリに炭酸ソーダが含まれていると、とくに敏感である。

植物に対するアルカリ塩類の作用は物理的なもので、溶解物質の量とともに増大する溶液の浸透圧によるのである。水が容易に植物の根に透過していくためには、根細胞の浸透圧が外側にある土壌溶液の浸透圧よりも相当高くなければならない。もし、土壌溶液が細胞液よりも濃くなると、水は根から土壌に逆行し、作物は乾ききってしまうであろう。土壌がある限度以上にアルカリ塩類を含むようになると、自然にこの状態が発生する。そして、作物は水を吸収できず、最終的に枯死してしまう。根は、濃い砂糖溶液に丸々としたイチゴを浸したときのようになる。つまり、外側の濃い溶液に水分を奪われて、縮んでしまう。そのため、水中の塩類濃度が非常に高いと、その水は灌漑用としては使えなくなり、商業的な事業として建設された運河は台無しになる。

アルカリ生成の第一段階における作物の反応は興味深い。プゥサで二〇年、クゥエタ渓谷で八年、私は耕作を行ってきたが、数年間は、いわばアルカリ土壌になるかならないかのギリギリの線をさまよっていた。土壌がアルカリ化するときの最初の徴候は、葉が黒っぽくなり、生長が次第に遅れることである。土壌の通気に気をつけ、有機物を供給したり、心土を耕すルーサンやピジョン・ピーのような深根作物を植えたりすると、そのうちに土壌の状態がよくなってくる。しかしながら、自然の危険信号を軽視すると、アルカリ地斑の明確な形成という困難がもたらされる。

パンジャブの沖積土層で運河の灌漑によって栽培される綿は、土壌の初期のアルカリ化が始まると、結実しなくなるという反応をまず示す。理由は、花のうちでもっとも敏感な部分である葯が機能を失い、その花粉を拡散できなくなるからである。こうして綿は、自らが必要とする水分のすべてを、それほど高濃度ではないアルカリ土壌からの摂取も困難であることを自然に見出すのである。つまり、この水不足はすぐさま花のメカニズムを壊すという形となって反映される。

アルカリ土壌の改良はむずかしい

アルカリ土壌を改良する理論は非常に単純である。たっぷりの石膏（これはナトリウム粘土をカルシウム粘土に変換したものである）で土壌を処理した後、可溶性塩類を洗い落とし、有機物を補給してから、土地を適切に耕作すれば十分である。こうして改良された土壌は、たいへん肥沃になり、そのまま維持される。水がたっぷりあれば、洗い流すだけで改良できる場合もある。私は以前、このことを確認した。

クゥエタ試験場に造られた水路の縁は、アルカリ地斑由来の相当な重粘土壌で上塗りされた。用水路を絶え間なく流れる灌漑水は、たちまちにそのアルカリ塩類を取り除いた。この土壌はその後、これまでに私が熱帯地方で観察してきたなかで、最高収量の草を生産した部類に入る。しかし、農場規模で灌漑と排水によってアルカリ地帯の土壌改良を企てるときには、次のような段階をふまなければたちまち困難に直面する。まず、カルシウムによって土壌複合体〔化学的あるいは物理的相互作用によって土壌中の腐植と粘土鉱物との間で形成される有機・無機複合体〕のすべてのナトリウムを置換し、次にナトリウム粘土の形成を阻止しなければならない。

たとえ、これらの土壌改良方法が成功したとしても、その経費は相当な額になるのが常であり、やがて法外な費用となって割に合わなくなる。アルカリ塩類の除去は第一段階にすぎず、その次には大量の有機物が必要とされ、適当な土壌の通気が供給されなければならない。また、これらの改良された土壌を保護し、アルカリ状態に逆戻りしていないかを見るために、最大の関心が払われなければならない。いくばくかの地域でアルカリ塩類を生成させることは、運河灌漑のもとでは非常に容易である。反対に、アルカリ土壌を肥沃な土壌に回復させることは非常にむずかしい。

自然は、あらゆる永年灌漑組織に対して、アルカリ塩類という形で非常に有効な検閲を行ってくれている。灌漑水路による砂漠の征服は、単なる水の供給や地表の周期的灌漑によるものではない。これは問題の諸因子の一つにすぎない。水の使用と土壌の管理は、土壌の肥沃度が損なわれず、維持される方法で、行われなくてはならない。

莫大な費用をかけて灌漑入植地域をつくり、一世代あるいは二世代にわたって作物を生産し、果てはアルカリ土壌によって土地を砂漠にしてしまうことは、明らかに何の意味もない。このような業績は、単に農業が土地から収奪行為をするという別の事例を示すだけである。古代の灌漑農民は、決していかなる効率的な永年灌漑方法も開発するようなことはせず、灌漑と土壌の通気を組み合わせた装置ともいえる溜め池のシステム(1)で満足していたことを忘れてはいけない。キングは、灌漑と排水システムに関する論文のなかで、この問題に関する興味深い論考を次のような言葉で結んでいる。これは、世界中の灌漑の権威たちにとってたいへん考えさせられるものである。

「インドにおけるアルカリ土壌の極端な生成は、エジプトやカリフォルニアと同じように、その起源も様式も新しく、かつ同じ土地を何千年も前から耕していた古来の灌漑農民の伝統を欠いた人びとによって始められた灌漑の結果であるということは、注目に値する事実である。今日みられる極度のアルカリ土壌は、近代に起源があり、明らかに許しがたい慣行によるものである。私たちの近代文明が押しやってしまった人びとには、こうなることがわかっていたにちがいない」

（1）土地を堤防で囲み、一度だけ灌水し、土が十分に乾いてから耕して播種する。このようにすると、土壌の通気を阻害せずに給水できる。

〈参考文献〉

〈土壌浸食〉

Gorrie, R. M., The Problem of Soil Erosion in The British Empire, with special reference to India, *Journal of the Royal Society of Arts,* lxxxvi, 1938, p.901.

Howard, Sir Albert., A Note on the Problem of Soil Erosion, *Journal of the Royal Society of Arts,* lxxxvi, 1938, p.926.

Jacks, G. V., and Whyte, R. O., *Erosion and Soil Conservation,* Bulletin 25, Imperial Bureau of Pastures and Forage Crops, Aberystwyth, 1938.

———, *The Rape of the Earth : A World Survey of Soil Erosion,* London, 1939.

Soils and Men, Year Book of Agriculture, 1938, U. S. Dept. of Agr., Washington, D. C., 1938.

〈アルカリ土層〉

Hilgard, E. W., *Soils,* New York, 1906.

Howard, A., *Crop Production in India,* Oxford University Press, 1924.

King, F. H., *Irrigation and Drainage,* London, 1900.

Ossendowski, F., *Man and Mystery in Asia,* London, 1924.

Russell, Sir John, *Soil Conditions and Plant Growth,* London, 1937.

第11章　病害虫発生前の作物と家畜の退化

1　病害虫の防除

自然に備わった力とウィルス病の出現

第10章では、いかにして自然が土壌浸食によってやせ衰えた土地を取り除き、新たな場所に新しい土壌を再創造するかを見てきた。誤った土地管理は、どこかに見られたように、後にいわゆるニュー・ディール〔新たな方策〕を生じさせる。同じような法則が作物にもあてはまる。つまり、病気にかかった作物は腐植のために取り除かれる前に、ひそかに、かつ効果的にラベルがつけられるから、次世代の植物は利益を得ることになろう。

母なる大地は、非能率な作物を暗に示すために大がかりな仕組みを提供してきた。目で見ただけでそのことがわかる大規模な仕組みを備えている。不毛な土壌だったり、作付方法が不適切だったり、管理方法が間違っているところでは、自然は直ちに自らのチェック部門を動員して、不可であることを指摘する。不健康な生き物に増殖する寄生虫や寄生菌の群は、農業のやり方が失敗したことをわからせる役割を担っている。今日の慣用語で言えば、こういった症状を「作物が病気に侵された」と表現する。一方、専門家の用語では、病害虫防除の事態が引き起こされたのであり、作物は保護されねばならないということになる。

近年、ウィルス病と呼ばれる新しい形態の病気が現れた。ウィルス病には明確な寄生生物はないが、数ある媒介物のなかでも虫類が、病気にかかった作物から見たところ健康そうな作物へとウィルスを伝播できる。ウィルス病に感染した植物の細胞内を調べると、タンパク質が明らかに異常であった。その結果から、緑葉の働きが悪く、硬タンパク質（albuminoids）〔水に溶けず、酵素によっても分解されにくい、繊維状のタンパク質〕の合成が不完全であることが示唆された。ケンブリッジにあるような専門的な調査研究所の発展によって、さらにこうしたウィルス病が発見され、この問題に関する多くの研究論文が発表された。

ウィルス病は、その来歴がまだ明らかにされていない。また、発症原因が菌でも虫でもウィルスでもない病気がかなり発生している。それらは生理学的病気という総称で類別され、正常な代謝過程の阻害から問題が生ずるのである。

病害虫を防除する四つの方法

農学はいかにしてこれら作物の病害に対処しているか。その回答は興味深いものであり、注目されるべきことでもある。その課題についてはさまざまな方法で取り組まれてきたが、大きく分けると次の四項目に要約できる。

①病害虫の生活史の研究

作物と寄生生物の一般的関係と、両者間の勢力争いに与える環境の影響の研究が含まれる。これらの研究の主目的は、病害虫を駆除したり、植物を感染から保護したりするのに利用し得る病害虫の何らかの弱点を、それらの生活史から発見することであった。その結果、非常に膨大な量の専門家の論文が発表された。試験研究者の数が増え、彼らの調査がさらに徹底し、地球の表面を覆わんばかりに隅々までいきわたるにつれて、論文数もますます増えていく。

今日では、農業の調査研究に関する定期刊行物に少なくとも一本は、何らかの新しい病害虫に関する図解付きの詳しい長い論文が掲載されている。論文数が膨大になったため、専門家たちはすべてにうまく対応しきれなくなっている。ほとんどの論文は要約的に読まれるにすぎず、そのため、イギリス帝国では新たに帝国昆虫学・菌類学局という機関が創設された。その機関は、小切手を扱う銀行手形交換所を思わせるやり方で、情報の交換所としての役割を果たし、多くの論文をうまく取り扱っている。

②害虫の天敵に関する研究

天敵を育成し、天敵の有効性が期待できる場合、実際に農業現場に導入する。この目的のために、独立研究所がバッキンガムシャー（Buckinghamshire）のファーンハム王領（Farnham Royal）に設立された。

③病害虫の侵害に対する作物の保護

一般的には二つの形態がある。ⓐ殺虫剤や殺菌剤を発見し、病害虫が活動を停止している期間もしくは作物に害を与える前に、作物を毒剤の薄い膜で覆って病害虫を駆除するのに必要な機械の設計。ⓑ感染体の数が無視できる程度になるまで、焼却、濃硫酸のような腐食剤の利用、あるいは土壌への殺菌剤の施用。以上の二つである。

④明らかにされていない外来の病害虫から、一定地帯を保護するための法律の制定と施行

通常、隔離という方法をとる。すなわち、植物と種子の両方の輸入を禁止するか、免許のもとに輸入を許可するか、あるいは植物体を輸入港で検疫し、くん蒸するかである。すべての場合においてその原理は共通しており、どのような被害をもたらすかわからない外来の病害虫に感染する機会から作物を保護することである。陸路・水路・空路による交通網が非常に発達し、高速化するにつれて、このような取締りの強化はますます困難になるであろう。すべての手荷物や商品を検閲したり、種子や植物の切り枝をこっそり持ち込むことを防ぐのは、今日では不可能である。

実際、インド―ビルマ間、インド―マレー連邦―セイロン間を行き来するクーリー〔苦力、低賃金で酷使される下級

労働者」の身の回り品を調べてみれば、彼らがどれほどたくさんの品物を持ち歩いているか、その中に植物や種子がいかにしばしば含まれているかを知ることになろう。また、園芸マニアは旅行中に興味をひいた植物をたびたび収集する。イギリス本国の住民や家畜、そして工場も、ある程度、世界中から種子を供給される。これらの媒介物によって、いくつかの新しい病害虫が折にふれ国内に侵入していることは確実である。したがって、これらの隔離方法は決して成功しないといえる。

インドの農業者に学び、調査研究を進める

植物の病気に関する近代的研究が開始されてから、五〇年以上がたった。この植物病理学のあらゆる研究の一般的成果とは、何であったのであろうか。それは、農業に何らかの永続的な価値をもたらしたのであろうか。それは、骨折り甲斐があったのであろうか。農学はさらに新しい病害虫を発見し、それらを駆除するためにさらにたくさんの農薬散布を工夫し続けなければならないのか、それとも、このような事態に対応するための代替法があるのか。なぜ、こんなに病気が多いのか。欧米農業における病害虫の増大は、何らかの微妙な農法上の変化によるものだと考えられるのか。東洋の耕作者たちは、たとえば病害虫やその対処の仕方について何か私たちに教示できるのであろうか。

本章では、これらの興味深い諸問題に答えるための試みがなされる。

ところで、農業の調査研究を行うような組織は、試験研究計画をいかにうまく立てるかよりも、むしろ試験研究の積み重ねによって発展し得る。そのため、試験研究によって得られた結果がコストに見合うのかどうか、新たな知識と経験に照らして何らかの修正を必要とするのかどうかを確認するための定期的な評価試験が必要であることは、よく知られている原理である。そこで、私は一八九九年に農学の動植物の病気部門に関する試験研究に着手し、以後、着実にそれを追求してきた。四〇年の研究を経て、私の一般的な研究結果を記録にとどめ、かつ研究の価値を吟味す

ることに対して、十分な自信を感じている。

私は一八九九年に西インド諸島で、菌類学者として農業の調査研究に従事し、サトウキビとカカオの病気を専門に研究して、熱帯農業に関心をもつようになった。そのときすぐに、私は調査研究組織の根本的な欠陥を認識することになる。それは、病害虫対策を耕作者たちが農場で実践しようとする前に、治療方法に関する菌類学者自身の持論を試す土地をもっていないということであった。

私の次の仕事は、ケント（Kent）のワイ（Wye）単科大学の植物学者としてホップの研究を担当することであり、興味深いホップの病害虫による病気を研究する機会をたっぷりと得た。しかし、またもや私には、ホップの病害虫防除に関して胸中に湧き出た考えを試験し得る土地がなかったのである。私は、若いホップの花が受粉によって病害虫の侵害作用に対する抵抗力を増加させるという一つの興味深い事実を見出した。この観察結果は以降、その地方の栽培方法に変化をもたらし、今日では雄性ホップが植え付けられ、商品となる雌花に十分な受粉が行われるようになっている。

一九〇五年には、インド政府の帝国応用植物学者（Imperial Econonic Botanist）に任命された。プゥサ農業調査研究所では、所長であった故バーナード・コヴェントリィ（Bernard Coventry）氏のほとんど最初から最後に至るまでの多大なる支援によって初めて、研究するうえで欠かせないすべてのものが得られた。つまり、興味をそそられる課題、研究費、自由、そして最後になったが決して軽視してはいけない七五エーカー〔約三〇ha〕の実験農場である。この実験農場では、自分のやり方で作物を栽培し、病害虫やその他の要因に対する作物の反応を研究できた。そのとき以来、私にとって真の意味での農業調査研究の訓練が始まった。それは、大学を卒業し、試験研究者として必要なあらゆる資格証明書と学究的な経験を得てから六年後であった。

この第二の集中的な訓練期の開始に際して、私は新たな分野を開拓し、西インド諸島で初めて頭に浮かんだある考えを試みようと決意した。すなわち、病害虫が発生したときに、そのまま蔓延させて放置しておくとどうなるのか、また改良された栽培法や、より優れた品種を用いるといった間接的な防除方法だけを行った場合はどうなるのか、の観察であった。この見地はインド農業についての予備的研究からかなりの刺激を受けたものである。プゥサ近郊の耕作者たちによって栽培された作物は、いかなる病害虫の被害も受けなかった。つまり、プゥサにおける伝統的な農業形態にあたっては、殺虫剤や殺菌剤はどこにも見出されなかった〔必要なかった〕のである。

私は、このプゥサ近郊の農業者たちの農作業を観察する以上によい方法はないと考え、彼らの伝統的知識をできるだけ早く習得しようと決心した。したがって、しばらくの間は彼らを私の農業の先生とみなすことにした。別の研究グループもあったが、そこでは研究者自身が病害虫であった。もし、今後も続けられるとすれば、周辺の耕作者たちの方法は実際、病害とは無縁な作物栽培を結果するだろう。逆に言えば、病害虫〔の発生〕は、その地方には不向きな品種の利用や不適切な栽培方法を行っていることを指摘するのに役立つであろう。

こうした異端的ともいえる方法で、植物の病気に関する課題に私がアプローチできたのには、二つの理由があった。一つは、私が一九〇五年にインドに来たときのプゥサ農業調査研究所は、ほとんど名ばかりでしかなかったことである。何事も流動的であり、組織的な調査研究の体制は何一つ実在していなかった。もう一つは、幸い私の職務が明確に定まっていなかったことである。おかげで私は新たな分野を開拓し、応用植物学の視野を作物生産に至るまで拡大できた。また、インド農業からの直接的な見聞によって得た知識を自分の試験研究の基礎とし、それを他の人びとに提供する前に自分で確かめられた。こうして私は、大多数の農業試験研究者たちのたどる宿命——時代遅れの調査研究機関の勤務に専念する研究所の隠者のような生活——から逃れたのである。その代わり、インドに来てから最初の五年間を、作物の健康の基本的な諸原理を実地経験によって確認するために費やしたのであった。

私は、実験農場に植えた作物が病害虫に侵されるあらゆる機会をつくるため、何らの防除対策も講じなかった。つまり、殺虫剤や殺菌剤は使用せず、病気にかかった部分も廃棄することはなかった。インド農業に対する私の理解が深まり、栽培技術も上達するにつれて、作物の病害は著しく減少していく。インドの農業者と病害虫という新しい先生のもとで学んだ五年間の末期には、どんな作物においてもその根系がその地方の土壌条件に適していれば、病害虫による侵害は取るに足らないものとなった。一九一〇年までに私は、菌類学者、昆虫学者、細菌学者、農芸化学者、統計学者、情報交換機関、化学肥料、噴霧器、殺虫剤、殺菌剤、その他の近代的試験場のあらゆる高価な設備に少しも支援されることなしに、病害虫に侵されない健康な作物の栽培方法を習得した。

植物の病気の根源をなす三つの原理

そこで私は、植物の病気の根源をなすと思われる諸原理を次のように提示した。

第一は、虫類や菌類は植物の病気の真の原因ではなく、不適切な品種や不完全に栽培された作物を侵害するだけだということである。虫類や菌類の本当の役割は、不適切に育てられている作物を指摘し、私たちの農業に検印を押す検閲者としての役割である。言い換えれば、病害虫は農業を営むうえでの「自然」の先生とみなすべきであり、合理的な農業生産のシステムにとって不可欠な部分と考えねばならない。

第二は、薬剤の噴霧や撒布などによって病害虫から作物を保護しようとする方策は、たとえ成功したように見えても、非科学的であり、不健全であるということだ。このような方策は、不適当なことがらを温存するだけで、いかにして健康な作物を育てるかという真の問題をあいまいにするにすぎない。

第三は、病害虫に侵された植物の焼却は、有機物の無用な破壊と考えられるということであり、このような対策は自然の備えにはないことである。結果として、虫類や菌類は生き長らえて活動するのである。

この原理を基礎とした予備的研究は、作物が生来的に健康であり、したがって試験場で病気を扱う正しい方法は、その寄生生物の駆除ではなく、農業のやり方をうまく調整するために、それを利用することだ、ということを示唆するものであった。

次に、このような諸原理をインドで農業を営むうえで欠かせない牡牛に適用する方策が講じられた。その目的のために、私の管理下において役牛を飼い、牛舎を設計し、給餌・衛生および管理の手はずを整える必要が出てきた。初めは却下されたが、粘り強く懇願して、農業担当の総督会議委員（Member of the Viceroy's Council）であった故ロバート・カーライル（Robert Carlyle）卿の強力な後ろ楯のもとに、六対の牛の飼育が許された。

私は古い農家の出身であり、家畜管理においては地元で評判のよい農場で育てられたので、この点では学ぶことはそれほど多くなかった。私の役牛はたいへん注意深く選ばれ、心地よい牛舎と、すべてが肥沃な土地で生産された新鮮な青々とした飼料、サイレージ、穀類など必要なものすべてがあてがわれた。このようによく吟味して選ばれ、大切に育てられた牛が、しばしば農村に惨状をもたらした牛疫〔ウィルスによる伝染病〕、敗血症、口蹄疫のような病気に対してどのような反応があるかを、私はおのずと熱心に観察した[1]。

私の牛は隔離したり予防接種をしたりせず、病気に感染した家畜ともしばしば接触していた。というのは、プゥサの私の小さい農場は、しばしば口蹄疫が発生していたプゥサ農園の大きな家畜舎の一つと低い垣根で仕切られているだけだったのである。私の牛が口蹄疫にかかっている牛と鼻をこすり合わせているのを何度か目にしたが、何も起こらなかった。適正品種の作物が適切に栽培される場合、病害虫に侵害されないのと同様、健康的で適正に飼育されている家畜は、病気にかかった牛と接触しても感染しなかったのである。

三カ所での実証試験

いかなる農業の新技術の試験をするときにも、時と場所という要素が重要である。かなりの長期間にわたり新しい場所で、前述した三つの原理を徹底的に試験する必要が生じた。これは、その後の二一年間に、プゥサ（一九一〇～二四年）、クゥエタ（一九一〇年夏～一九一八年夏）、インドール（一九二四～三一年）という主要な三つの地域で行われた。

一九一〇～二四年の間、プゥサではほとんどの植物が病気にならなかった。ただし、作物育種によって得られた新品種の耐病性を試験するために、主として感染物質を与えられて育てられた深根系をもつ作物だけは、例外である。プゥサでは、いつも土壌の通気不足が病気を促した。

グラスピー（*Lathyrus sativus*）の純系種は、土壌の通気と虫害の関係について、おそらくもっとも興味深い実例を提供した。これらの純系種は三つのグループに分類された。アブラムシ（green-fly）に免疫性をもつ浅根系、いつもひどく感染する深根系、いつもある程度感染する中間根系である。これらを組み合わせて、約一〇フィート〔約三m〕幅の小さな長方形区で毎年並べて栽培を行った。その結果、毎年繰り返されたアブラムシによる感染は、アブラムシの存在いかんではなく、グラスピーの根の発達程度によって決まっていた。アブラムシの感染が起きる前に、グラスピーがある条件下におかれていることが明らかとなったのである。それゆえ、虫が原因ではなく、何かほかの要素の結果であるといえた。

プゥサではタバコについても研究した。タバコを栽培し始めたとき、おびただしい数が奇形になった。後にそれは、ウィルスが原因であることが判明した。しかし、種子の育成、苗床における育苗、移植や全般的な土壌管理に細心の注意を払うと、このウィルス病はまったく見られなくなった。初めの三年間にはしばしば発症したが、そのうちあまり発症しなくなり、一九一〇～二四年にかけては、発症したタバコは一つも見られなかったのである。適切な栽培方法と肥沃な土作りのほかには、何のウィルスの防除策も講じなかった。当時、私はそれを農学上でよく起こる見かけ倒しの現象だとし、実際にはあり得ないことだと捉えて重要視しなかった。

クゥエタ渓谷では、果樹栽培と灌漑の基本問題を研究するため、八年間にわたって黄土層に補助的な試験場を提供してもらった。乾燥気候下のクゥエタ渓谷において私が八回の夏を過ごす間に、何らかの重要な真菌性の病害は一つも観察しなかった。現地の人たちが渓谷の排水が良好な傾斜面で栽培しているブドウ畑では、ブドウは深く溝を掘った畑に植え付けられ、自由に土手に沿ってつるを伸ばし、しばしば灌水も行われている。そのブドウの実やつるには、病気がまったく観察されなかった。一見すると、ベト病（mildew）が発症するあらゆる条件がそろっているように思われたが、一片の斑点も見られない。

おそらく、次の三つの好都合な要因がこの結果をもたらしたと思われる。まず、風通しがよく、雲ひとつない空のもとで非常に乾燥していたこと。次に、ブドウの根が張る土壌には隙間が多く、排水状態もよく、通気も非常によかったこと。そして、農場内の堆厩肥だけを土壌に施したことである。生長・収量・品質・耐病性は、これ以上望むところがないくらいよかった。

クゥエタでよく起こる果樹の害は、若葉が出た直後につくアブラムシであった。これは、栽培方法と灌水方法に対して細心の注意を払うかどうかで、発生もするし意のままに回避することもできた。土壌の通気が妨げられると発生したし、通気を促進すると発生は抑制された。私は冬季と春季の間に過剰灌漑を行い、モモやアーモンドにアブラムシをしばしば発生させてしまったが、後に深耕することによって、その発生を完全に止めることができた。若枝は下部が病害虫に覆われて侵されても、上部はまったく元気であった。アブラムシは同じ細い若枝の下方の葉から上方の葉へと広がっていくことはなかった。現地の人たちはとても簡単な方法で、灌漑で黄土層が固まりやすい傾向を克服していた。その方法とは、果樹園ではいつもアルファルファを栽培し、定期的に農場の堆厩肥を表層施肥していたのである。このような方法で土壌の孔隙が維持され、発生を防いでいた。

インドール農業研究所では、私がいた八年間に病気が発生したのは二度だけであった。

最初はヒヨコ豆（*Cicer arietinum*）が植わる小さな農場に発生した。原因は、ある年の七月の数日間、近隣地帯から農場に通ずる氾濫水を流す排水溝の一つが一時的に閉塞してしまい、農場の約三分の二が洪水に見舞われたことにある。このとき洪水地帯の地図が作成された。播種後一カ月くらいたった一〇月に、この小さな農場はヒヨコ豆につく毛虫によってひどい被害を受けたが、このとき害にあった地帯は洪水地帯とまったく同じであった。洪水にあわなかった農場の残りの地帯は、毛虫の害を受けず、正常に生育した。同じ年、その農場の傍らにある別の五〇エーカー〔約二〇ha〕の農場に作付けられたヒヨコ豆には、毛虫は広がらなかった。毛虫の食べ物におけるある変化が、一時の洪水による土壌の変化によってもたらされたことは明らかである。

二度目に病気が発生したのは、緑肥作物として栽培されたクロタラリアの農場であった。このタヌキ豆は種子採り用として、土壌中には鋤き込まれなかった。しかし、開花後にベト病が蔓延し、種子は採れなかった。黒土でタヌキ豆の種子採りをするには、腐植や堆厩肥を土地に施肥することが必要である。そうすれば、病気が起こらず、良質の種子が得られる。

綿を対象とした実験は、私の必死の努力にもかかわらず、不幸にしてとりまとめられなかった。インドールでは、目につく綿の病害虫はなかった。腐植の施用を伴う適正な土壌管理を行ったため、綿のほとんどの病害虫に抵抗力をもつ作物が生産されたからである。

アメリカから来たいろいろな種類のオオタバコガ（boll-worms）やワタミハナゾウムシ（boll-weevils）からインドの綿をいかに保護するかが討議されたとき、私は次の二つの理由からインドールの自分の実験農場にそれらの害虫を放すことを提案した。一つは、アメリカにおける被害が、害虫そのものによるものなのか栽培方法によるものかという問題を明らかにするためであり、もう一つは、私の栽培方法が適当か否かの決定的な実験をしたかったからである。私の綿農場の栄養状態はきわめてバランスがとれていることを虫たちが気づくであろうと私は確信している。しかし、私の提案はインド綿委員会の昆虫学アドバイザーたちに賛同されず、却下された。

クゥエタとインドールでは、牡牛の伝染病の発症事例は見られなかった。プゥサで観察された病害防除は、西部開拓地や中央インドに新たに場所を移して再び試験された。

作物生産においてもっとも重要なことは、適正に製造された堆厩肥の定期的な供給であり、地力の維持が作物の健康の基礎であることが、この研究の過程でまもなく明らかになったのである。

2　腐植と耐病性

試験場においてでさえ、堆厩肥はいつも十分には供給されていなかった。家畜糞を燃料として使用しなければならない国では、どうやって堆厩肥を増加させるかが問題である。これについては、中国における古くからの実践が問題解決の糸口となった。同時に、インドのすべての農家が肥料を自給できるようにするために、動物および植物性の廃棄物をいかにして、もっともうまく腐植に変えるかの方法の研究が必要となる。こうした問題は、作物改良を研究分野とする私の範囲外であった。それは、いうまでもなく、私の研究において数多くの化学的研究を必要とするものであった。

しかし、プゥサの研究組織はだんだんと硬直化しつつあり、発足当初の自由な態勢は遠い思い出となった。それなくして進歩はあり得ない自由な態勢は、試験研究を必要とする実際問題よりも、むしろ断片的な科学に基礎をおく研究組織の拡大によって、次第に崩されてきたのである。手段が目的よりも重要となってきた。このような研究組織は自滅するだけである。このことが、私がプゥサを離れる決心をした理由であり、誰にも妨害されたり邪魔されたりすることなく、自由なひらめきを追求することが許される新しい研究所を設立したのである。

一九一八~二四年までの手間取ること六年をかけて、インドール研究所が設立された。やがて、インドール式処理法として知られる動物および植物性の廃棄物を堆肥化する簡単な方法が、インドール農業研究所から譲渡された自由に使える三〇〇エーカー〔約一二〇ha〕の土地で工夫され、試験・実施された。一一~三年のうちに生産は二倍以上になり、作物はどの点から見ても病害に対する免疫力を有していた。

一九三一年以降、多くの国々がインドール式処理法を導入するようになった。とくに、コーヒー、紅茶、砂糖、サイザル麻、トウモロコシ、綿花、タバコ、ゴムのようなプランテーション農場で導入された。その結果、動物および植物性の廃棄物の腐植化は、明らかに作物や家畜を健康にしたのである。インドで個人的に行っていた私の実験が世界中で繰り返され、同時に多くの興味深い課題が発掘されることになった。

実例は一つで十分であろう。ローデシアでは腐植がトウモロコシをウィッチウィード(Striga lutea)〔モロコシ・トウモロコシなどの根に寄生するゴマノハグサ科の有害植物〕の侵害から保護する。ウィッチウィードによる侵害は栄養不良が原因であったのだろうか。トウモロコシのウィッチウィードに対する免疫性は、菌根との共生に関係しているのであろうか。これらの問題の解決は、私たちの知識をさらに向上させ、研究における多くの魅力的な課題を提示するだろう。

3　菌根の共生と病気

作物の健康という点において、なぜ腐植がこのように重要な要因となるのであろうか。それについては、菌根の共生が手がかりを与えてくれる。この結論に達した経緯については、すでに茶を事例として述べてきたとおりである（七四～七九ページ参照）。

菌根との共生は、特別な森林植物だけに限られるわけではない。栽培植物のすべてというわけではないが、たいていの植物には菌根との共生関係が見られるのである。一九三八年にレイナー博士とレヴィソン博士によって、私のたくさんの標本に対する研究およびその報告が行われた。標本として取り上げられたのは、ゴム、コーヒー、カカオ、マメ科の日陰樹、緑肥作物、ココヤシ、シナアブラギリ、カルダモン、ブドウ、バナナ、綿、サトウキビ、ホップ、イチゴ、球根植物、イネ科植物、クローバー類などであった。これらの植物にはすべて菌根との共生が見られる。それは、おそらく普遍的なものであるだろう。

私たちは、ある土壌菌が作物の根と土中の腐植を直接に結びつけるという共生の顕著な実例を扱うことになりそうだ。この土壌菌の組織はタンパク質の形で一〇％ほどの窒素を含むようだが、それらは活性根の中で消化分解され、蒸散流によって緑葉内の炭酸同化作用が起こる場所に運ばれる。この土壌菌が植物の根に効果的に実在すると植物は健康であり、これが植物の根に共生しないと病気に対する抵抗力が消失してしまう。今後、植物の病気に関する研究をする場合には、まず初めに土壌が肥沃であるかどうか、菌根との共生が十分に機能しているかどうかを観察すべきである。この見解が重要であるとすれば、土壌の肥沃度の回復が植物の活動に顕著な改善をもたらすだろう。もし、この見解が重要性をもたなければ、肥沃な土壌は何の差異ももたらさないであろう。

ようやく私は、リンゴを事例として、病害の防除のための菌根の形成を助長するのにいかに腐植が重要であるかを実証する、確証的結果を得た。私は一九三五年に、腐植によって自分の果樹園の地力回復にとりかかったが、そこは三四年に手に入れたとき、完全に地力を失っていた。リンゴの樹はアメリカ由来の胴枯れ病（American blight）、アブラムシ、コドリンガのような果樹を食い荒らす毛虫の害にあって、まさしく息の根を止められていた。リンゴの実の品質は劣悪であった。

土壌の腐植含有量を徐々に増やしていくほかには、これらの病害虫を防除する方法はなかった。だが、三年のうちに病害虫はいなくなり、果樹の状態はすっかり変わった。樹全体の葉や新しい樹枝は申し分なく、リンゴの実の品質は一級品になったのだ。これらの果樹は、いまや土壌の肥沃度が完全に回復したかどうかを確認するための分析装置として利用できるであろう。リンゴにつくさまざまな病害虫に対してリンゴがどのような反応を示すかが、土壌の肥沃度の回復がどの程度かという問題の回答となるであろう。どのような土壌分析を行ったとしても、果樹の働きには及ばない。

すべてがここで明らかになった。自然は作物に耐病性を授けるためのすばらしい装置を提供してくれている。この装置は腐植をたっぷり含んだ土壌中でだけ活動し、不毛な土地や化学肥料によって肥培されたやせた土地では活動しないか、もしくは存在しない。この装置を活動させ続けるために必要な燃料は、適切に作られた新鮮な腐植の不断の供給である。そうすれば、肥沃な土壌は病害虫に抵抗性のある作物を生産する。やせた土壌においては、たとえ化学肥料による刺激を与えても、作物を生産するのにいずれ殺虫剤と殺菌剤の手助けを必要としなければならない結果になる。以上の概要は真実である。

菌根の共生による顕著な働きに関する研究は、まだ完全に科学的解明がなされていない。菌根の共生に関していうと、自然はマメ科の根粒よりもはるかに重要で普遍的な仕組みを私たちに与えてくれていることがわかる。土壌にとって腐植が何をおいても重要であるということに関しては、科学と耕作者たちの長年の経験とを一足飛びに一致させるものである。優秀な農業者たちのなかには、化学肥料を昔ながらの製法による良質の堆肥と比べたとき、常にとまどいを感じる人がいた。しかし、化学肥料と堆肥が土壌と作物に与える効果は決して同じではない。そのうえ、動植物の病気の増加が、どうやら化学肥料の施用に関連しているという確信が強まりつつある。

複合農業が行われていた昔には、噴霧器もないし、口蹄疫の発生のような被害も今日と比較するとたいしたことがなかった。菌根の共生に関してそれらの違いに気づく手がかりは、あらゆる時代にあった。しかし、その手がかりを見つけられなかったのは、当時の試験場が、リービッヒやローザムステッド農業試験場のやり方を盲目的に真似て、土壌の栄養分のみを研究対象とし、植物と土壌とが強い連動性を有しているという視点を見失っていたからだという理由がある。生物学的な問題に対する科学の応用が、断片的な知識のみによってなされてきたのである。

4　明日のための試験研究

この試験研究の次の段階は、提起された見解の正当性を検討することにある。そこで、まず、病気にかかった作物を堆肥化し、病気になった場所と同じ土地で次の作物を栽培し、その腐植を施用することから始めた。具体的には、イングランド南部の大規模な農場において、病気にかかったトマトを堆肥化し、それを同じ温室で次の作物に施用したのである。その結果、感染は起こらなかった。

虫類、菌類、ウィルスなどが作物の病気の原因ではないことを示す最終的な証明は、明日のための感染実験によって明らかにされるであろう。これらの実験材料には、いい加減に栽培されたり飼育されたりした動植物ではなく、適切な選択によって効果的に管理され、肥沃な土壌で栽培されたり、その作物で飼育されたりした、動植物が選ばれるであろう。このような植物は、活性菌や有害昆虫を撒布されても害を受けずにいられる。このような家畜の群れでは、重大な感染の危険もなく、口蹄疫にかかった家畜を導入できる。また、病気に苦しんでいた動物自体も健康を回復するであろう。

現在の研究組織の維持に無関心なホジィア氏タイプ〔第7章参照〕の大胆な革新者がこのような試験を行う場合、イギリス本国のような地域に設立された病害虫防除のための巨大組織は、最終的には失敗するであろう。だが、農業者たちは病害虫の脅威の呪縛から解放されるであろうし、農業を持続させるための別の前進的な施策が講じられるであろう。

私が自らに課した仕事は完成に近づいてきた。私は四〇年にわたって動植物の病気を治すための基礎となる諸原理を綿密に調査し、これらの諸原理に基づいて実践してきた。そこで、この経験をまとめ、明日のための示唆を提起したい。

現在、試験場において続けられている病気の研究は、とてつもなく不経済な失敗であることは疑いない。現在の方針を継続していても私たちをどこにも導くものではないし、より堅実な方針に則った方策がすばやく講じられなければならない。この失敗の原因は身近にある。試験研究は専門家たちによって実行されたが、病気の諸問題は包括的に研究されずに、実践から切り離され、分裂、分科された。また、病気に関連する生物を取り扱う特定の科学分野に詳しい専門家たちだけが研究に従事していた。

この専門家たちのやり方が失敗につながっている。このことは、私たちが次の二点を考えるとき、明らかとなる。①どのようにして健康な作物の栽培と健康な動物の飼育をすればよいのかという現実の問題と、②動物と植物の関係にあっては土壌も深く関与しており、その複雑な生態系の破壊こそが病気の本質であるという点である。問題は、農芸（art）としての農業を考えねばならないということである。それゆえに、研究者は科学者であると同時に農業者でなければならず、すべての複雑な要因を常に心にとめておかなければならない。とくに、研究者は見かけ倒しの研究に自分の人生を浪費しないように気をつけるべきである。というのは、研究者の取り上げる課題は、不適正な農業の方法を原因としているのであって、適正な農業の方法を行えば、その課題はすぐに解決するからである。

作物や家畜に病害虫が発生することから提起された問題と、これらの問題に対する従来の研究方法が無関係であることは、明らかである。それゆえに、方向性を見失い、このような事態を引き起こし、拡大させることを許してきた研究組織そのものを徹底的に再検討し直すべきであるといえる。その企画は実行され、現在の農業研究組織が批判的に審査された。その結果については13章で詳しく述べることとする。

（1）こうした流行病は、頭数の大幅な増加により飼料供給が限られて、牛が飢餓状態になることによって、引き起こされる。

〈参考文献〉

Howard, A., *Crop Production in India*, Oxford University Press, 1924, p.176.
——The Role of Insects and Fungi in Agriculture, *Empire Cotton Growing Review*, xiii, 1936, p.186.
——Insects and Fungi in Agriculture, *Empire Cotton Growing Review*, xv, 1938, p. 215.
Timson, S. D., Humus and Witchweed, *Rhodesia Agricultural Journal*, xxxv, 1938, p. 805.

第12章　地力と国民の健康

前章では病害虫発生前の作物と家畜の退化について論じ、病気というものは土壌が肥培権を奪われているような農業形態に対する自然の裁きとみなした。蓄積していた腐植を使い果たし、補給しなければ、作物も家畜もまず生長が止まり、しばしば病気の餌食になりやすくなる。言い換えると、農業において病気を引き起こすおもな原因のひとつは不適正な土壌の管理である。

不毛な土壌で生産された生産物は、それを消費せざるを得ない男女にどのような影響を与えるであろうか。これが本章の論題である。それは、完全な結果に基づくものではないが、今後の研究に対する前途有望な仮説という見地から論ずる。さしあたり、直接的な証拠が不足していることと、課題本来のむずかしさから、その他の説明が不可能だからである。

作物と家畜の場合は、実験はむずかしくない。研究者は何にも束縛されることなく、実験するにあたり、材料や方法などを自分の思いどおりに行える。しかし、人間を研究対象にした場合は、同じやり方をするのは不可能である。伝統的な方法で栄養実験に使えると考えられる「実験材料」は、強制収容所、刑務所、保護施設〔精神病院や老人ホームなど〕などに見出されるにすぎない。とはいえ、そのような目的のために、これらを利用することについては、異論が出るにちがいない。たとえ異論が出なくても、研究者は監禁状態や異常な状態の生活を実験材料に取り上げることになってしまう。したがって、どのような結果も、一般の人びとに必ずしも適用されるものではないだろう。

肥沃な土壌で生産された生産物と、それを食べる人びとの健康との間にあり得る相関関係を研究するにあたり、さしあたってむずかしいことは、適切に耕作された土地から完全に新鮮な生産物を定期的に手に入れることである。いくつかの事例を除いて、食べ物は栽培方法の違いによって売買されるものではない。買い手は、その食べ物がどのように肥培されたものかわからない。適切な材料を手に入れる唯一の方法は、研究者が土地の一角を取得し、そこで食べ物そのものを栽培することであろう。しかし、私の知っているかぎりでは、研究者自身が実験材料である食べ物を自ら栽培するようなことはなかった。

こうした研究者の怠慢が、直接的な諸結果の不足と、人間の栄養に関する研究が真に進歩しなかったことの理由である。過去における数多くの研究は、無頓着に栽培された食べ物の利用に基づくものであった。そのうえ、収穫したばかりの新鮮な食べ物が食べられたかどうかも、とくに関心が払われていなかった。それゆえに、このような研究は確固とした基盤を持ち得ないということになる。

1　インド諸民族の食べ物と体格・健康の関係

栄養実験から収集できる証拠は別として、健康について農業自体から学ぶことはあるだろうか。ローマ帝国の始まりやアメリカ大陸発見よりもはるか以前に、今日盛んになっている適切な農業形態をすでに発達させた東洋が、肥沃な土壌と健康な住民との関係に何らかの光を投げかけるだろうか。

中国とインドの両国で適切に耕作された広大な農地が何世紀にもわたって多数の人びとを養ってきたのは、よく知られている。しかし、不幸なことに、人口過剰と、異常な降雨による周期的な不作という二つの要因によって、これらの国々から一般的な教訓を引き出すことはほとんど不可能である。概して、大災害が次々に起こっても人口は常に回復する。人口過剰は永続的な半飢餓状態という不安要因をもたらし、その非常に強い影響を民族や個々人に及ぼすため、肥沃な土壌からもたらされるいかなる恩恵も、きわめてあいまいなものになる。

しかしながら、インドのさまざまな地方の住民について調査すると、三億五〇〇〇万人の住民で構成されている民族間に、たいへん示唆に富む差異が明らかにされた。たとえば、北部地方の住民の体格は、南部・東部・西部地方で観察されたものよりも際立って優れている。こうした体格の差異の研究は、その差異が消費された食べ物に対応していることを発見したマックキャリソン（McCarrison）に負うところが多い。全体的に見て、食べ物のバランスはもちろん、タンパク質の質と量、主食である穀物の質、脂肪、ミネラル、ビタミンの質と量の観点で、北部から東部・南部・西部に向かうにつれて次第に食べ物の価値が低下している。

一般的にいって、人類でもっとも体格のよい民族も含まれる北部インドの住民は、小麦を主食としている。粒は粗いが、ひき臼でひきたての小麦粉を、平たく薄いケーキにして食べている。それゆえ、小麦の粒に含まれるすべてのタンパク質、ビタミン、ミネラル類が吸収される。二番目に重要な食べ物は、新鮮なミルクと、精製されたバター、カード〔チーズの原料〕、バターミルクなどの乳製品である。三番目は豆類の種子で、四番目は野菜と果物である。概して、パターン族（Pathans）を除くと、肉類はきわめて控えめにしか食べない。

次に、米を主食とするインドの東部・西部・南部はどうであろうか。できがよくても、栄養分が比較的少ないこの穀物は、高温でゆでたり、製粉や精白されたり、何度も水で溶いたあげくに煮沸される。それゆえに、多くのタンパク質、ミネラル類、ビタミンのほとんどが奪われてしまう。そのうえ、ミルクや乳製品はほとんど消費されず、食べ物のタンパク質含有量は質・量ともに低い。野菜と果物は、ほんの少ししか食べない。食べ物におけるこれらの栄養の欠陥が、米作地域の人たちの体格を貧弱にさせている理由である。

以上の肉体的差異が食べ物によるものであることを証明するため、マックキャリソンは若い育ち盛りのネズミを用いて実験を行った。健康な若い育ち盛りのネズミをインド北部の民族と同じ食事で飼育すると、健康状態と体格はとてもよかった。一方、米作地域で一般的な食事で飼育した場合は、ネズミの健康状態と体格はよくなかった。普通の体格をもつ民族の食事で飼育すると、ネズミの健康状態と体格も普通であった。食事以外には違いがなかったから、食事の良し悪しが健康と体格の優劣をもたらしたといえる。

北部インドに住む諸民族の健康と体格について詳しく調べたところ、もっとも健康で体格のよい民族は、頑強で機敏で精力的なフンザ族であった。彼らは、ギルギット管轄区域（Gilgit Agency）にある高山の谷間の一つに住んでいる。そこは、古代からの肥沃な土壌のもとで、灌漑階段畑のシステムが何千年も維持されてきたところであった。

フンザ族の食べ物とその他のインド北部の民族の食べ物には、ほとんど違いがなかったが、栽培方法に大きな違いがあった。まず、フンザ族の灌漑階段畑の面積は小さい。次に、階段畑という構造によって土壌の通気が十分にある。そして、灌漑水が近隣の氷河によって生成される細かな沈泥を毎年運んでくる。さらに、人間や動植物のあらゆる廃棄物を最初にともに堆肥化してから土壌に還元するという、非常に念入りなやり方が行われている。土地に限りがあるため、その管理の仕方に生命がかかっているのである。高品質の食べ物の生産につながる、あらゆる要素を包含した完全な農業が成立するのは当然である。

こうした農産物を食べて生きているのは、どのような人びとであろうか。レンチ（Wrench）は、彼の著書『健康の車輪』（*The Wheel of Health*）で、すべての有効な情報を収集し、フンザ族の驚くべき機敏さと耐久力、おだやかな気質と快活さを強調した。彼らはギルギットまでの六〇マイル〔約九五㎞〕の道のりを一気に歩き、用事をすませて帰ってくることを、何とも思っていない。

フンザ族の農業については、もっと研究を要する点がある。それは、山間地に住むフンザ族の階段畑では、氷河が岩石とこすれ合うことによって形成される岩石粉が、灌漑水に混じって毎年運ばれ、施されることについてである。これらの毎年添加される細かく分割された岩石の粉によって、土壌や作物に何らかの恩恵があるのだろうか。私たちは、この沈泥の構成成分を知らない。もし、そこに細かく分割された石灰岩の成分が含まれているのであれば、その価値は明らかである。もし、それがほとんど珪酸塩の砕粉であれば、その意義に関する研究が待たれる。

土中のミネラルの残存成分は、腐植と同様に補充しなければならないのであろうか。もし、そうであれば、自然は、すでにできあがった試験場と無視できない結果を私たちに提供したことになる。おそらく来るべき将来、チャールス・ダーウィン型の天与の才能をもった何人かの研究者が、このフンザ族に関する問題に即座に取り組み、彼らの農業と驚くほどの健康を左右するあらゆる要因を解明するであろう。

インド民族と彼らの食べ物に関する研究は、マックキャリソンによるネズミの研究と考え合わせると、健康をもたらす最大かつ唯一の要因は適正な食べ物であり、不健康をもたらす最大かつ唯一の要因が不適正な食べ物であることは、疑いがない。加えて、フンザ族が享受しているすばらしい健康と体格は、彼らの古代からの農法によるところが大きいと思われる。

2　イギリス人の食べ物と健康の関係

これまで見てきた結果を考えると、イギリスの国民を対象にして、食料供給の有効性が研究されるべきである。国民の〔優れた〕体格と健康が、最終的に適切に耕作された土地の新鮮な農産物を食べることによってもたらされ、不適切な農法が貧弱な体格と不健康をもたらすとすれば、私たちはすぐに農法を改良し始めなければならない。

最近、イギリスの食料供給の有効性を明らかにするために、二つの大きく異なる方法で調査が行われた。一つはチェシャー（Cheshire）で行った調査で、農村も都市も含めたすべての州の人口が二五年間にわたって全体として調べられ、記録された。もう一つはペックハム（Peckham）で行った調査で、ロンドンのような都市における比較的暮らし向きのよい労働者の一群の全般的な健康状態と能力を明らかにするため、多くの世帯が定期的に調査された。

チェシャーの人口調査ならびにその結果の公表の方法は、たいへん独創的であった。約二五年前、病気予防と治療のための国民健康保険法が実施された。この法律によって住民は二五年間、医師の注意深い観察下におかれることになった。もし、州の健康保険医と家庭医の経験が統合できれば、地域社会の一般的な健康状態に関する有益な情報を手に入れられるであろう。そして、それは達成されることになった。

チェシャーの開業医と健康保険医委員会は州の六〇〇人の家庭医たちとともに、「医学聖典」（Medical Testament）という形で、その経験を記録した。その結果、国民健康保険法の目的の第二項目である、「病気の治療」が明らかに進歩していると報告できる、としている。私たちは「寿命を延ばすこと」を学んできた。そのことは、国民健康保険法の目的の第一項目の失敗、つまり病気の増加という観点から見て明らかである。この第一項目を評価するにあたって、自己満足する余地はまったくない。

「私たちの日々の研究は、繰り返し同じ点に帰結する。つまり、こうした病気は不適正な食生活がもたらした結果なのである」。そこで、彼らは、不適正な食生活の結果について、虫歯、くる病、貧血症、便秘の四項目を基に調査し、これらの病気に加えて、他の多くの病気も適切な食生活によっていかに防止できるかを示した。

たとえば、イギリスの子どもたちの虫歯について取り上げてみると、いくつかの重要な事実がある。一九三六年に検査した三四六万三九四八人の学童のうち、二四二万五二九九人もの学童が虫歯の治療を必要としていた。この不名誉な実態から抜け出せることが、トリスタン・ダ・キューナ〔南大西洋に浮かぶイギリス領の三つの火山島〕の実例によって示される。その島に住む人びとは、化学肥料や農薬散布などを行うこともなく、すべて天然のままに育成された、海や土壌の新鮮な産物である魚、ジャガイモ、海鳥の卵を主食とし、たっぷりの牛乳とバターに、ときどき肉と野菜を食べる。一九三二年に一五六人を検査したところ、合計三一八一本の永久歯のうち、虫歯にかかっていたのは七四本だけであった。一方、一九三七年の観察結果によれば、近年、大量に輸入されるようになった小麦粉や砂糖が、歯を悪化させるようになったと考えられる。

「医学聖典」ではさらに、前述のマックキャリソンの研究にふれ、「彼の実験は、習得した知識を応用するに際して、食べ物とその指導の効果を明確に証明できるものである」とする。これがチェシャーのある地方で医療に応用され、驚くべき成果が得られた。それには、次の二つの実例を見れば十分であろう。

①チェシャーのある村で、地方の医師により一カ月に一回、妊婦の栄養指導が行われた。母親の食べ物は、全粒粉のパン、生牛乳、バター、地元産チーズ、エン麦のポリッジ〔オートミールを水やミルクで煮たかゆ〕、卵、ブロス〔肉汁に野菜などを加えたスープ〕、たっぷりのサラダ、青野菜、週に一度はレバーと魚、たっぷりの果物と少しの肉である。全粒粉で作るパンは、一分間に二五〇〇回転する鉄製のファンによって粉にされた地元産小麦とリバプール製粉場のローラーでできたばかりの生の小麦胚芽を二対一の割合で混ぜて作られる。ここが強調したいところだが、その小麦粉は遅くとも三六時間以内に焼かれる。こうすると、どちらかといえば締まりすぎてはいるが、しかし、とてもおいしいパンが得られる。

ごくまれな例外を除いて、母親たちは母乳で九カ月ほど乳児を育て、徐々に乳離れをさせて、約一年で完全に離乳させる。授乳する母親の食べ物は、妊婦のときと同様のものであり、乳児には午前六時から四時間おきに五回、授乳を行う。子どもたちはすばらしく健やかに育ち、生えそろった歯は普通の人よりもよく、よく眠り、肺炎にかかったという事例を聞いたことがない。また、もっとも印象的な子どもたちの特徴の一つは、上機嫌で幸せそうだということである。彼らは丈夫な手足をもち、きれいな肌をした、正常な子どもたちであった。

これは科学的実験ではなく、家庭医の仕事の一部であった。選ばれた人間を調査対象にしたわけではなく、食べ物も特別に栽培されたものではない。このような不完全な部分があったにもかかわらず、マックキャリソンの研究実践が納得し得る形で成果をあげ、たった一世代でも民族の体質改善ができるということが示された。

②もうひとつは、二三歳のアイルランド人の事例である。彼は見るからに心身とも立派な体格と敏捷性を備えていたが、イギリスに移り住んでから二カ月後にカタル性黄疸を患っていることがわかった。イギリスでの彼の食事は、ほとんどがベーコン、白パン、肉サンドウィッチ、紅茶、少量の肉、そしてときに卵であった。アイルランドにいたころの彼は、その土地でできた新鮮な天然の農産物であるジャガイモ、ポリッジ、牛乳と乳製品、ブロス、そしてときに肉、魚および卵を食べていた。それが白パンや不自然な食事に変わったとたんに、病気を招いたのである。この事例により、不適切な食事によって健康がいかに早く阻害されるかがわかる。

3　食べ物と健康の関係を明らかにする多くの事実

「医学聖典」は純粋な医学の分野を離れ、健康もしくは病気と無縁な身体という、同じ結果をもたらすさまざまな食べ物の原理と品質についても言及している。それらの食べ物とは、エスキモー〔イヌイット〕が食べている獣肉、レバー、クジラの脂肪、フンザ族とシーク族が食べている小麦のチャパティ〔丸く薄く伸ばして焼いた無発酵のパン〕、果物、ミルク、豆モヤシ、少量の肉、トリスタン島の人びとが食べているジャガイモ、海鳥の卵、魚、キャベツなどである。これらすべての食べ物には、ある共通点が見出される。それは、食べ物が新鮮であり、調理によってほとんど変えられていないことである。海産物は天然の産物だ。また、食べ物が農業を基盤にする場合、土壌から植物、動物、人間に至る自然循環は、化学的もしくはそれに代わる局面の介在なしに全うする。つまり、海と土壌からの自然の産物が、農業科学やさまざまな食物保存に関する研究の対象からはずれたときに、健康がもたらされ、著しく病気と無縁になるものと思われる。

『医学聖典』の最後の章では、肥沃な土と健康な動植物との関連について研究した私自身の研究にふれている。つまり、地力を回復したり維持したりする方法や、その具体的な多くの実例に関するものである。これらについてはすでに述べてきたので、ここでは繰り返さない。

こうした注目すべき記録は、次のような言葉で結ばれている。

「私たち国民の食卓に毎日たくさんの新鮮な食べ物が並べられるように、本国の土壌の肥培をよりよく改善すること、現在の土壌の枯渇を食い止めること、土壌の地力回復とその地力の永久的な維持は、私たちと密接にかかわっている。栄養と食べ物の質は、健康にとってもっとも重要な要因である。身体をつくる材料が健全でなければ、健康増進運動は成功し得ない。だが、今日では、身体をつくる材料は健全ではない。

おそらく私たちの研究の半分は無駄であろう。なぜなら、私たちの病人は幼少時代から、正確には母親のお腹にいるときから、C３国民〔体格の劣った不健康な国民〕に確実にならしめるような食事で養われているからである。田舎に住んでいる人でさえ、白パン、サケの缶詰、粉乳を同じように食べている。このような状況に対して、医者が努力しても、それはシジフォスのように無駄骨に似ているといえる〔シジフォスとはギリシャ神話に登場するコリント王のこと。ゼウスに憎まれて、死後、地獄に落とされ、刑罰として大石を山頂へ押し上げる刑に処されたが、石は頂上に近づくと必ずまた下に転がり落ちたという。したがって、骨折り損の意〕。これぞ、関係があるすべての人びとに捧げる、私たちの『医学聖典』である。むろん、関係のない人はいないのではなかろうか？」

「医学聖典」は、チェシャーの州知事であったウィリアム・ブロムリー・ダヴェンポート（William Bromley-Davenport）卿によって一九三九年三月二二日にクリーウェ（Crewe）で行われた公開の会議に提出され、満場一致で支持を受ける。そこには、チェシャー州の諸事業を代表する五〇〇名以上が出席していた。そして、三九年四月一五日発行の『英国医学雑誌（*British Medical Journal*）』に全文が掲載され、イギリス帝国中の新聞で報道された。

チェシャーの医師たちによる調査は、南ロンドンのペックハム（Peckham）保健センターのウィリアムソン（Williamson）博士とピアース（Pearse）博士の研究によって支持されている。週給平均が三ポンド一五シリングから四ポンド一〇シリングの世帯の研究と関連して、約二万件の医学試験結果が記録された。その結果は、『生物学者の物質探求（*Biologists in Search of Material*）』（Faber&Faber 出版）という題名の著書として、出版された。健康に見える少なくとも八三％の人びとが、何らかの体調不良と病気の初期症状をもちあわせていることが明らかにされた。

これらのペックハム保健センターの先駆者たちがもっとも貢献した一つは、C３国民の端緒を明らかにしたことであった。次の段階は、これらの初期症状を肥沃な土壌で栽培した新鮮な食べ物によってどれくらい改善できるかを観察することであろう。このために、ペックハム保健センターは次の二つを実施しなければならない。一つは、野菜類、牛乳、肉を生産する広い土地をもつこと、もう一つは、肥沃な土地で栽培されたイギリス小麦を原料として、チェシャー風の全粒粉パンを製造できる製粉場や製パン所をもつことである。こうすれば、山間に住むフンザ族の食べ物と同じような食べ物がたくさん得られる。店に並ぶ缶詰食料品や冷蔵庫にある腐りかけの食べ物がすっかり取って代わられ、これらの食べ物を消費するようになった世帯の医学的な調査記録は、興味深い読み物になるだろう。

私たち国民の健康状態が、これら二つのまったく異なる方法によって調査・研究されたのである。両者とも結果は同じであった。すなわち、少しの不快感、無気力、実際の病気を患っており、いずれも不健康であった。「医学聖典」は大胆にも食べ物の新鮮度が足りないことと、不適正な農法とが諸病の根源であることを示唆している。これは今後の研究に対する刺激的な仮説を提起している。つまり、今後やるべきことが確立され、将来の公共保健システムの基礎が事前に示されたのである。

ある程度の裏付け証拠はすでに活用されている。最近の二つの事例を引用しよう。一つは家畜の事例、もう一つは生徒を扱った事例である。

サレイ州のマーデン・パークにおいて、バーナード・グリーンウェル卿は、腐植を与えた肥沃な土壌で栽培した新鮮な自家製飼料で家禽や豚を飼育する際に、この飼料の量を変えることによって、次の三つの重要な結果を得ることを知った。第一に、ヒヨコや子豚の死亡率が事実上ゼロになった。第二に、家畜の全般的な健康と活力が大幅に改善された。第三に、自家製農産物が家畜を特別に満足させる力を有していた〔栄養価が高い〕ため、飼料の給与量が一〇%ほど減った。

次に示すのは、寄宿生も自宅通学の生徒もいるロンドン近郊のある大きな私立上級小学校（Preparatory school）での事例だ。化学肥料で栽培されていた野菜類を、同じ土地でインドール式処理法の堆肥を用いて栽培した農産物に変えたところ、両親や医者に大きな関心を呼ぶ結果をもたらしたのである。化学肥料が使用されていたころには、カゼ、はしか、しょうこう熱といった病気が学校内でよく蔓延していた。それが今日では、それらの病気は外部から持ち込まれる個々の事例に限られるようになった。そのうえ、野菜類が腐植によって栽培されるようになってから、味と品質が確実によくなったのである。

4　今後の研究の方向

こうした方面に関するさらに多くの研究が必要とされる。全寮制の学校、訓練センター、病院の住み込みスタッフ、回復期患者の療養所のような居住者社会に関する調査が、イギリス本国と北アイルランド全域にわたって行われなければならない。しかも、この調査は次の四つの条件を満たさなければならない。

① 居住者たちが必要とする野菜類、果物、ミルク、乳製品、肉を生産するために、肥沃で適切に耕作された土地が維持されていること。

② 化学肥料に依存せず、肥沃な土壌で栽培された新しいケンブリッジ小麦を原材料として、全粒粉パンを製造する製粉場と製パン所があること。

③ 周到に選ばれた予防医学の門下生による居住者社会の医療管理が確立されていること。

④ 居住者たちが「医学聖典」の所見の試験に強い関心をもち、起こり得るあらゆる困難を乗り越える覚悟ができていること。

わずか二～三年のうちに、健康な地域が、不健康な大海原の中に出現するであろうことが十分に期待できる。〔そこでは〕どのような管理も必要とされないであろう。管理されるとすれば、それは周辺の農村から与えられるであろう。これら居住者社会が健康を増進したことは、社会自身が物語るであろうし、数値や図表、曲線および高等数学の助けも不要であり、複雑な統計はまったく余計なことである。母なる大地はその子どもの誕生に際して、必要とするすべてを与えるであろう。そこに、「医学聖典」第二号のデータが役立つであろう。疑いもなくチェシャーは再び先導をとり、この地球が子どもたちを受け入れる態勢を整える前に踏破すべき長い道のりの第二の一里塚となるだろう。

この仕事にあたっては、調査研究の手助けが欠かせない。医学的研究は、病気に関する不毛な研究から、人間とそれをとりまく環境との関係に立った健康に関する研究へと、方向転換すべきである。農業研究もまた、次章で示唆する方向に再編された後に、新たな基礎となる地力の研究から再スタートすべきであり、また、今後の栄養研究に対しても、肥沃な土壌で栽培された新鮮な農産物というよき素材を提供していくべきである。農場を有する農科大学（Agricultural College）は、生産したもののいくらかを自分たちで食べ、適切に栽培された農産物の成果を実証すべきである。こうした農科大学は、インド北部の民族がすでになしとげてきたことと同等か、さらにはそれを上回ることに力を注ぐよう努力すべきである。

〈参考文献〉

Scott Williamson, G., and Innes Pearse, H., *Biologists in Search of Material*, Faber & Faber, London, 1938.

Howard, Sir Albert., Medical Testament on Nutrition, *British Medical Journal*, May 27 th, 1939, p.1106.

McCarrison, Sir Robert, Nutrition and National Health（Cantor Lectures）, *Journal of the Royal Society of Arts*, lxxxiv, 1936, pp. 1047, 1067, and 1087.

Medical Testament on Nutrition, Supplement to the *British Medical Journal*, April 15 th, 1939, p.157 ; Supplement to the *New English Weekly*, April 6 th, 1939.

Wrench, G. T., *The Wheel of Health*, London, 1938.

第Ⅳ部　農業研究

第13章　今日の農業研究に対する批判

1　農業研究の変化

植物や動物の病気の本質と、これまでの研究方法との間には、欠落した関係が存在することを示してきた。すなわち、大規模な農業研究の組織が農業問題と効果的な接点を持ち続けてきたかどうかについて、あらためて検証されなければならない。これがこの章のテーマである。

リービッヒとその後の科学研究

農業への科学の応用は比較的近代に発展してきたものであり、ブッサンゴー（Boussingault）が農芸化学の基礎を築いた一八三四年に始まる。それ以前の農法の改良は少数の先進的な人たちの工夫によっており、後に隣人が新しい技術を真似することによって拡がっていくものであった。農業の発展は模倣によって行われていたのである。しかし、一八三四年以降になると、科学的な研究者が新たな発見の一つの要素を担うようになってきた。そして、この研究者による最初の注目すべき進展は、リービッヒの農芸化学の古典的論文が世に出た一八四〇年に起こり、直ちに農学者の注意を惹きつけることになったのである。彼は想像力、進取の気性、そして指導力を授かった天性の研究者として偉大な人物であり、農業への化学の応用という科学的な仕事の面でもまことに適任者であった。

リービッヒはまもなく二つの重要な事実を発見した。一つは植物の灰が作物の要求する養分に関して有益な情報を与えていることであり、もう一つは腐植の水の溶解物が、蒸発後にわずかであるか、あるいはまったく残留物を残さないということであった。植物の炭素は緑葉の同化作用によって大気から獲得されるから、植物の成長には土壌と土壌の溶解物がもっとも重要であることをすべての事実が指し示していると考えられた。そうなると、植物の灰、次いで土壌の分析を行い、完全な作物を得るために必要な塩類を土壌へ施用することだけが必要となるのであった。

新しい見解を確立するためには、当時、有力な理論とされていた腐植説はくつがえされなければならなかった。腐植説に従うと、植物は腐植から栄養を得ていることになる。リービッヒはこの見地が支持できないことを証明したと信じていた。というのは、腐植は水に溶けず、それゆえに土壌溶解物に影響を与えられないと考えたからである。

リービッヒは、この点では、まったく当時の科学に忠実であったといえる。腐植説への猛攻に際して、彼は自分の立場を間違いないものと確信していた。そして、自身の結論を確証するうえで大自然の助言を求めようとはしなかったのである。当時、言われていたように、腐植説は間違っていたかもしれないが、腐植自体は正しいということを、彼は思いもしなかった。

リービッヒは、輩出した多くの弟子たちと同様に、表土がいつも非常に多くの活性腐植を含んでいるという事実を重要視していなかった。また、化学肥料が作物のすべての要求を十分に供給しているかどうかを確かめるために、厳密な圃場実験を計画するのであれば、つねに表層の九インチ〔約二三㎝〕またはそれ以上の土を取り除いた、下層土で行うべきであることに、気づいていなかったのである。もし、こうしたことがなされないのであれば、作物の収量はすでに土壌中に存在する腐植の影響を受けることになろう。この明白な事実を理解しそこなったことが、リービッヒと彼の弟子たちが道を誤った大きな理由である。

リービッヒはまた、実際の農業から得た直接の知識が研究者にとってもっとも重要であること、土地の耕作者の過去の経験が非常に重要であることを、はっきり理解できていなかった。彼は科学という分野の仕事では適任者であったが、農業者ではあり得ず、昔からの農業技術（農芸）の研究者としては半人前だったといえる。それはまた、彼自身が科学的ならびに実践的という非常に異なる二つの視点が同時に存在していることをふまえて、問題を把握できなかったことを意味している。

リービッヒの失敗は次の一〇〇年間、多くの科学的研究にその影を落とすことになった。一八四三年に発足したローザムステッド農業試験場は彼の伝統の影響を深く受け、ブロードバーク圃場での有名な試験の数々は農業界のお気に入りとなった。それらは非常に有効で、体系的で、まためざましいものであった。そのため、農芸化学の全盛時代が、衰退を見せ始める世紀末までの間、長く流行を続けたのであった。この一八四〇〜一九〇〇年までの間、農学は化学の一部門となった。化学肥料の使用は農業試験場の仕事と見解に着実に結びついていき、土壌溶解物中の窒素、リン酸、カリの重要性が定着した。簡単にいえば、ＮＰＫ主義とでもいうべき考え方が生まれたのである。

植物学研究の発展

しかし、化学肥料の試験が研究者を実験室の中から圃場へと連れ出すことにもなった。彼らはしばしば実践にふれるようになり、彼らの見解と経験は徐々に拡がっていった。その一つの成果が化学の限界の発見である。つまり、化学分析によって示された土壌の欠陥が適当な化学肥料の追加によって常に修復されるわけではなく、作物生産の問題が化学だけによっては対応できないという事実であった。

こうして、土壌の物理的構造が考慮され始めた。アメリカのヒルガードとキングの先駆的業績が、土壌物理学という新しい分野の発展を促し、いまなお探求されつつある。また、パスツールの発酵と関連する分野での業績は、バクテリアおよびその他の形態の生物が土壌に棲息しているという事実に注意を向けさせ、新しい世界を開くことになった。ダーウィンのミミズについての興味深い報告は、土壌に棲む複雑な生物相の解明に大きく貢献することになった。有機物の硝化作用に関係する生物はウィノグラドスキー（Winogradsky）に発見され、純粋培養におけるそれら微生物の活動に必要な諸条件が決定された。農学にもう一つの研究分野である土壌細菌学が誕生することになったのである。

このように土壌生物学と土壌物理学の研究が続けられていくなかで、ロシアでも土壌学の新しい学派が台頭してきた。土壌は気候、植生、地質上の起源による形態と構造をもち、独自の自然生成物とみなされ始めた。土壌分類の体系は、おもに土壌の外観（縦断面図）に基づいていたが、これらの見解と調和しながら発展してきた適切な命名法による分類体系が、いまでは広く受け入れられてきている。また、土壌科学の新しい部門としての基礎土壌学が誕生することになった。リービッヒの土壌肥沃度の概念は、このように徐々にその外延を拡張していく。そして、土壌の生産力の増加という問題は単一の科学の領域にとどまるものではなく、少なくとも化学、物理学、細菌学、地質学の四つの分野を包括するということが明らかになってきた。

今世紀〔二〇世紀〕初頭、研究者たちは、結局のところ、作物生産の主要な担い手が植物自体であることに、より多くの注意を払うようになった。コレンス（Correns）によるメンデルの法則の再発見、ヨハンセン（Johannsen）の業績による純系種の概念や選抜育種法におけるそれの重要性の認識は、栽培作物の近代的な研究に直接つながっており、この点においてロシア人が注目に値すべき貢献をなしたといえる。そして現在、植物育種家に広範な素材を提供するために、全世界がくまなく探索されている。これらの植物学的研究は絶え間なく領域を拡げており、遺伝形質が発現する内部機構をはじめとして、根系、それの土壌型との関連、植物の病害抵抗性などをも包含している。

植物学の農業への応用によるここ四〇年〔一九〇〇～一九四〇年〕の実績は、相当なものである。たとえば、小麦の例でいえば、カナダのサンダーズ（Saunders）によって〝マーキス〟（Marquis）が育成された。この短稈の早生種はカナダとその隣国アメリカ合衆国で二〇〇〇万エーカー〔約八〇〇万ha〕の土地に栽培されることになった。これは、いままでに生産されたなかでもっとも成功した小麦交配種である。オーストラリアでは、ファーラー（Farrer）によって新たに作り出された小麦がたちまち広く栽培されるようになった。イギリスでは、ケンブリッジで生まれた新交配種が小麦栽培地帯での地位を不動のものにしていた。また、インドではプゥサ小麦が数百万エーカーの土地で栽培された。一九二五年までに、新品種の総面積は二五〇〇万エーカー〔約一〇〇〇万ha〕に達していたのである。

こうした小麦研究に投資した資本と、増加した経済の価値で見た利益配当を比較してみれば、もっとも成功した工業関係の企業から得られるよりも数倍もの報酬があることが一目瞭然であった。他の作物についても同様の結果が得られた。ビーヴァン（Beaven）によって生み出された麦芽用大麦の新品種は、長年にわたってイギリスの農村を著しく特色づけるものであったし、南部インドのコインバトール（Coimbatore）のバーバー（Barber）によって作られたサトウキビの新品種は、まもなく北部インドで在来種に取って代わった。綿、ジュート、米、イネ科作物やクローバー、その他多くの作物についても新品種が得られており、古い品種は計画的に置き換えられつつある。それにもかかわらず、新品種に代わることによって得られるエーカーあたりの収量は概して少ない。

次章で見られるように、現在の農業の重要な問題は、新しい品種の集約的な栽培、つまり新品種と肥沃な土壌をいかにうまく結びつけるかである。もし、これがなされなければ、新品種の価値は一時的なものでしかあり得ない。作物の増収は土壌の資本（地力）の損失のうえに得られるが、その一方で植物育種家たちの労苦が徒労となるだろう。

化学肥料の普及

他にも多くの発展があったことについて、簡単にふれておかなければならない。

第一次世界大戦以降、堅固に守られた自軍の防御と敵軍への攻撃のために、大気中の窒素を固定し、膨大な量の爆薬を製造してきた工場は、新しい市場を見つけ出さなければならなくなった。この市場は、戦時中の過剰耕作によってやせた広大な農地という形で用意された。また、窒素肥料の大量生産を可能にする機械装備によって低価格と生産物の信頼性が確保され、需要は増加していく。リン酸とカリも同じ道を歩むことになった。さまざまな作物に必要と思われるあらゆる成分を含んだ巧妙な混合化学肥料が、世界中どこでも購入できるようになっていった。販売高は急激に増加し、大多数の農場主や市場出荷する園芸農家は、まもなく、窒素、リン酸、カリのもっとも安い単体または混合肥料を肥培計画の基礎にするようになった。最近二〇年間〔一九二〇～一九四〇年〕の化学肥料産業の発展はめざましい。化学肥料袋の時代が到来し、リービッヒの伝統が一挙に甦ったのであった。

化学肥料と新品種のテストには多数の圃場試験を必要としていたが、それらの公式発表された結果については、その膨大な量と多様性に、そしてしばしばそこから導き出される結論に、当惑させられる。この資料の思慮深い選択によって、一つまたはすべてのことを立証すること、逆に反証することの両方ができる。次々に発表される圃場試験の結果を調整し、より大きな信頼性を確保するために、何かが明らかに必要とされていた。これには数学の手助けによる試みがなされた。その技術が詳細に検討され、試験区では反復試験が行われ、無作為抽出による分析もなされ、数値は厳密な統計上の吟味を受けることになった。そして、高等数学の厳密な証明により得られた十分な好結果のみが、いまでは一般にも認められるようになっている。

しかし、これらの圃場試験の技術にも明らかな弱点があり、それについて簡単にふれておかなければならない。まず、試験のための小区画と農場は明らかに異なる。この小区画を適正に耕作されている農場と同様の方法で、完全に独立した単位として管理することは不可能である。家畜と土地の間の本質的な関係は失われ、適正な農業の慣例として行われている適切な輪作による土壌の肥沃度を保持する術もない。小区画と農地は明らかに関係をもたず、小区画はそこに存在している圃場の代表ですらない。試験区を集めても、研究しようとしている農業問題は代表できない。化学肥料が施された一片の土地の作用を礎にしている研究結果では、どれも実際の農業に適用できそうにない。

それゆえ、この基本的に根拠の乏しい技術に対して、高等数学を適用することで得られる利益とは何だろうか。化学肥料の導入に伴って、作物と家畜の病気が絶えず増加してきた。この問題はすでに論じたが（二〇一ページ）、完成したものや進行中のものを含めた膨大な研究がある。読者に思い起こしてもらうために、再びここでふれておく。

農業への数学の無理な適用と並んで、もう一つ別の部門が台頭してきた。経済学である。経費および、もしあるならば、その利潤を確認するために調査が行われ、農業が利潤を生むためには支出を削減しなければならないという要求が、肥培管理や病害防除を含むあらゆる作業に持ち込まれることになった。いまや、原価計算はどこでも行われるようになり、いかなる実験や革新の価値も、母なる大地からしぼり取れる利潤の総額によって決定される。こうして、農業と工業の産出は、利益配当という同様の観点から見られるようになった。農業は工業の列に加わることになったのである。

2　イギリスの農業研究組織と研究方式

複雑な研究組織の構造

トプシー（Topsy）〔『アンクル・トムズ・ケビン』の若い女奴隷の名前。自然発生的に生まれ、あてもなく成長するものを意味する」のような農学がまさに発達してきた。四〇年足らずの間に、調査研究所、試験圃場、（農村社会に研究成果をもたらすための）地域組織などの大きな組織が世界中に創設された。こうした研究組織は、先駆者たちの業績の結果として、バラバラの形でできあがっていったので、それについて吟味したり目標が維持されているかどうかを確認するのは興味深いことだろう。現在の研究組織は、それ自身に何か長所をもっているのであろうか。あるいは、膨大な生物学上の複雑な実態について科学的に探求し、到達し得た段階を単に具体化しただけのものなのであろうか。もし、それが有用なものであるならば、結果的に正当化されるだろうし、その価値が単に歴史的でしかないならば、その改革は時間の問題である。

イギリス本国で最近二つの文書[1]が公刊されたが、それらはこの国の農業研究に関する審査業務を容易にするものである。それらには、研究を監督し、資金を提供している公的機関の構造と業務、研究業務そのものの組織、研究結果を農業者に知らせる方法が詳述されている。財務省と枢密院委員会（Committee of the Privy Council）に加えて、少なくとも次の三機関によって公的管理は行われている。①農務省（補助金の執行）、②開発委員会（Development Commission）（財務省によって自由に配分することを任された補助金から、審査して資金を授与する）、③農業研究審議会（Agricultural Research Council）（補助金の供与について再審理および勧告し、またイギリスで政府が助成している農業研究を調整する）の三つである。最後に、研究を行う研究所が続く。

これらの研究所は、数にして五〇あり、三つのタイプがある。つまり、①政府研究所または試験所、②総合大学または単科大学の研究所、③独立した研究所である。これらの多くは、農学の各分野の基礎研究（農業経済学、土壌学、植物生理学、植物育種、園芸学・果樹研究、植物病理学、動物遺伝と遺伝学、動物生理学と栄養、動物病理学、酪農研究、食品貯蔵と輸送、農業工学、農業気象学）を進めるために、一九一一年に設立された。これらのグループは、四つに再分類できる。予備的研究（基礎的な科学の原理を取り扱う）、基礎的研究（研究所の承諾領域）、特別研究（口蹄疫への対応のような、にわかに生じた特殊な実用的問題の研究）、先導的または開発的研究（植物の新しい系統の育成など）の四つである。

研究が適切に行われた後、組織が研究の成果を処理することになる。このプロセスの最初の段階は一六州で活動している州相談サービス（the Provincial Advisory Service）である。一～七人の相談担当官（Advisory Officers）がそれぞれのセンターに配置され、彼らの専門知識が州行政官（County Organizers）や農業主に自由に利用されるのである。財務省から農地に至る長い鎖の最後の環は、州議会の農業委員（the Agricultural Organizers of the County Councils）によって準備され、彼らは農業者や市場出荷する園芸農家のために自由な科学情報局（Scientific Information Bureau）として活動している。ほとんどの州では、技術教育を提供する農業研究所を支援し、また州自体も試験圃場を所有している。これに加えて、二つの王立研究所と九つの王立支局がある。そこでは、昆虫学、菌学、土壌学、家畜衛生、家畜栄養と遺伝学、植物遺伝学、果物生産、農業寄生虫学、酪農についての情報および要約サービスを提供している。

イギリス本国で農業研究に従事する者の数は約一〇〇〇人であり、農業研究への国の総支出は一九三八年で約七〇万ポンドに達する。これは総経費の約九〇％であり、残りの一〇％が、地方当局、大学、販売公社（marketing boards）〔一九三一年に制定され、三三年に改正された農産物取引法（Agricultural Marketing Act）（各種農産物の生産者団体に生産および販売を統制する権限を与えた）に基づいてつくられた、生産者団体〕、民間会社と個人、農業団体、謝礼、そして生産物販売に対して支払われる。販売公社として組織化されているときでさえ、農業者は研究に対しての価値をほとんど認めず、その経費に対して真剣に貢献しようとしない。

かくして、恐ろしく大きな、そして複雑で経費のかかる組織が一九一一年以来、発達してきた。中央政府の少なくとも七つの機関が農業研究にかかわらねばならず、そこの全職員が多くの人びとの、実際には研究者たちの膨大な時間とエネルギーを吸収しているにちがいない報告書、メモ、情報などの絶え間ない奔流に巻き込まれざるを得なくなっている。政府管理の特色は各種委員会にある。一九三四年に農業研究審議会（Agricultural Research Council）が発足して以来、その方策は信じられないほどに発達してきた。最初につくられたのは、現行の研究について調査するために設置された六つの常設委員会である。

この予備調査で明らかになった問題をさらに綿密に検討するために、次々に新しい作物ごとの委員会が立ち上げられた。六つの常設委員会に加えて、一五の科学委員会がもっとも重要な研究部門を取り扱っており、そのうち一二の委員会が現在の重要問題である作物と家畜の病気について検討を続けている。

そんなに多くの機関が必要なのか？〔そうだとしたならば〕（どれだけの金額を許可し得るかを決定する）財務省と研究所の間に、管理手段として農務省のような独立の機関が必要とされているのではないのか？　研究を行うにあたってもっとも重要なことは、男女を問わず研究者自身であることを思い起こせば、これはおそらく明らかであろう。これらのことがひとたび理解され、その手段が用意されたならば、他に必要なものは何もない。そうなれば、公的機関がなすことのできる最高のサービスは、表面に出ないようにして、研究者が必要とするときに手助けをすることである。当然の結果として、質素さと謙虚さが管理機関の根本原理とならなければならない。

農業研究方式の欠陥

研究機関の本来の重大な欠陥が、非常に早い段階で現れる。研究所は科学を基礎に組織されており、誰もが認識している農業という部門を基礎にしているのではない。そのため、手段（科学）と目的（農業）はすぐに接点を失うことになる。

これらの研究所内にいる研究者は専門化された領域に閉じこもり、研究はやがて細分化されていく。直接的な実践経験から得られた着実な影響が、通例というよりむしろ例外とされてしまうのである。これらの研究所の報告書は課題の周辺であくせくし、より狭い領域をより多く研究することに没頭している実に多くの研究者の活動を記載している。全体的に見ると、これらの研究の顕著な特徴はきわめて小さい単位に課題を分割するところにある。グループやチームを編成するような工夫により、この努力を調整する試みがなされているのは事実であるが、しかし、後述（二四一～二四三ページ）するようにこのような取組みはめったに成功しないだろう。

もう一つ不安に感じる特徴は、科学と実践の間の大きな隔たりである。すべてではないにしても、これらの施設の多くが農場を所有しているのは事実である。しかし、多くは一連の長期的な試験に場所がとられている。科学者が個人的に管理できる圃場をもち、その圃場で彼のスタッフとともに自分自身のひらめきをどこまでも追求できるところは、イギリスではアベリストウィス（Aberystwyth）〔ウェールズ中西部カーディガン湾に臨む海港〕を除いて知らない。しかし、アベリストウィスですら、家畜についてはよい結果をあげるまでには至っていない。改良された牧草の品種とそれらの栽培方法が、彼らの論理的結論、つまり、市場向けの健康な一群の羊や栄養十分な家畜は、それらの牧草によって飼育が続けられ得ることによってもたらされる、ということと結びついていない。

かつて公的機関がこのような問題について自問自答したことがあっただろうか？ これらの研究所のいずれかに対して、未来のダーウィンやパスツールとなるような人たちの反応はどうだったのだろうか？ 細分化された科学の仕事をするそれら組織にとどまるよう彼らに無理強いする状況があったとしたならば、彼らの運命はどうなっていたのだろうか？ かつて、それなくして科学が進歩したことがなかったはずの自由というものを、研究の過度の細分化がいかにして提供し得るのだろうか？ 農業のような課題において、科学と実践を分離するような試みが合理的であるといえるのであろうか？ このような研究機関は、常に矛盾をはらむのではないだろうか？ なぜならば、研究者は生まれ育つものであって、つくられるものではないからである。これらの問題についての公的機関の見解は、興味深い読み物となるだろう。

農業者のためにつくられたはずのこの研究組織は、彼らにどのような印象を与えているのだろうか？　実は、農業者はいろいろ不満を訴えている。まず、研究者は実際の農業を営むうえでの必要なものや諸条件にふれていないこと、研究の成果は学問的な定期刊行物の中に埋もれていたり、難解な用語で表現されていたりしていること、しかも、これらの論文は無計画的に細分化された課題を取り扱っていること、一般の農業者が質問に対する早急な回答を求めようとしても、研究機関はあまりにも巨大で扱いにくく、地域的な問題の実際的な解決が観察されるような試験農場もないこと、などである。

これらの異議に対して有効な回答が一つだけあるように思われる。農業試験場の研究者が自らの勧告を取り上げ、彼らの研究結果を十分に試験すべきなのである。この研究の諸成果は、やがて土地の上に現されるようになるべきである。この簡単な公表の方法は、世界中のどこでも農村社会の尊敬と関心を獲得できることは間違いない。このようなメッセージに対する農村社会の反応は常に寛容であり、迅速である。

しかしながら、イギリスでは政府の対応は別の方向に沿って行われている。試験場は科学的な知識の兵器庫〔蓄え〕であり、その知識が農業者と彼の土地に利益をもたらすためには、わかりやすく説明し、希釈し直す必要が実際にあるという考えが培われている。この点を取り扱うにあたってＰＥＰレポート〔政治・経済計画報告書〕は次のように述べている。「行政官の主要な仕事の一つは、研究者の努力による最新の成果を含む科学的な知識の全体を農業者が理解し、自分の農場に応用できることを保証することである」。

これを実践するためのもっとも効果的な方法は、組織がこれらの研究の価値を少しでもみんながわかるように実際的な方法で実証することである。この簡単な対処法は、批判者や冷笑者を黙らせるだろう。しかし、その対処のわずかな遅れが火に油を注ぐことにもなる。結局のところ、国の予算を年間七〇万ポンドも費やす研究機関は、それが予定していた利益を受けるはずの人たちに疑問をもたれるような運営をするわけにはいかないのである。どうにかして農村社会の苦情を取り払わねばならないだろう。

イギリス本国〔グレートブリテン。一七〇七年以来、イングランド、スコットランド、ウェールズを総称する政治的な呼称〕で詳述したのとまったく同様のシステムが大英帝国〔イギリス本国とその自治領・植民地を含めた呼称〕でも一般的に採用されている。しかし、そこには一つの興味深い相違がある。公的機関が比較的シンプルであること、政府機関と管理委員会を増加しようという議論があまり出ていないこと、財務省から農業者へのステップが非常に短いことである。しかしながら、われわれが研究そのものに立ち返ってみれば、そのシステムはイギリス本国で見られるものと非常に似かよっている。そこには、研究を基礎的および地域的という二つのグループに分割し、細分化された科学のつなぎ合わせに信頼をおき、協同の優位性を賞賛し、個人よりもむしろチームを採択するという、同様の傾向が存在しているのである。一人の有能な研究者が土地や十分な研究手段、および完全な自由を用意されて研究に着手するというのは、一般的ではなくてむしろ例外である。

基礎研究の方法

そうしたなかで、基礎研究のための帝国内の試験場の連携を完璧にすることが、一九二七年にロンドンで開かれた会議(2)で強調された。しかし、その報告後、すぐに始まった財政不況により、この計画は支障をきたしてしまった。結局、期待されていた五～六の上級研究機関の連携〔ときには、不遜にも「真珠の鎖」と呼ばれている〕のうち最初の二つの研究機関、西インド諸島〔トリニダード〕と東アフリカ（Amani）〔現在のタンザニアで、大陸部は第一次世界大戦後にイギリスの委任統治領となっていた〕以外は加わらなかった。

この基礎研究のなかで、現在、用いられている方法について説明するには、二つの例があれば十分である。これらについては、インド帝国名誉勲位ジェフレー・エヴァンス（Geoffrey Evans）卿の最近の論文（「熱帯農業の研究と研修」（"Research and Training in Tropical Agriculture"）一九三九年二月一〇日発行の英国学士院の人文科学雑誌 *Journal of the Royal Society of Arts*）から引用する。トリニダードの王立熱帯農業大学で研究がどのように遂行されているのかを説明するとき、エヴァンス卿はカカオとバナナについての最近の業績を選んだ。彼は、私たちが今日検討すべき研究方法であるチームワークの長所を非常に強調している。これらトリニダードの研究は、他に例がないわけではない。似たようなことがインドを含む帝国中で続けられている。同様の研究例はいくらでも集められるのである。

一九三〇年にトリニダードで、カカオの研究が植物学と化学の二つの方向から開始された。驚くべきほどの種類で構成され、収量と品質についても非常に多様性のあるその作物の予備的試験を実施した後、改良のために一〇〇本の特定の木が母本として選ばれた。カカオは種子から固定種が得られないので、挿し木と芽接ぎという栄養繁殖の方法がまず研究された。しかしながら、受粉のメカニズムを見るとカカオはしばしば自家不稔であり、先の特定の木のほとんどが種子をつくるために他家受粉を要求することが明らかとなったため、適切な受粉樹を見つけ出さなければならなかった。慣行的な方法による肥料試験が、詳細な土壌調査とともに、全島の多数の圃場試験で行われた。また、カカオ豆の生化学研究は複雑で不可解なものとして記述され、タンニンの含有量と品質の間の相互関係は明らかにならなかった。

一方、大学の経済学部は第一次世界大戦以降のカカオ産業の衰退について研究していた。そして、カカオのプランテーションが約二五年でピークに達し、それから衰退し始めるという興味深い事実を立証した。この衰退の原因が研究され、高収量品種を空地に供給することによって、古いプランテーションを再生させるシステムが工夫された。しかしながら、これらカカオ園地の衰退は他の何よりも疲弊した土壌に原因があり、そのため、この方法が成功することはなさそうである。ほかにも、病害虫がカカオに損失を与えるため、昆虫学者と菌類学者が、深刻な害虫であるアザミウマ（thrips）および西インド諸島で大きな被害をもたらした菌によって生じる病害である天狗巣（witch-broom）

病に対するために招かれた。

トリニダードでのバナナ研究は、西インド諸島と中央アメリカ共和国の全域にわたるパナマ病（*Fusarium cubense*）の突然の発生が発端である。その問題の特性が菌類学者によって明らかにされたことで、免疫性や抵抗性品種の探索が続けられた。この探索には、病害抵抗性、種なし性、高品質、および輸送に耐え得るなどの能力を有する新しい商業用バナナを育種するための植物育種、種なし性の原因の研究、多数の苗木育成、理想的な母樹の探索を含んでいた。この研究についてはキュー（Kew）にある王立植物園の援助を得たが、そこには、マラヤ（主要な貿易用バナナであるグロス・ミッシェル（Gros Michel）の産地）および他の場所から植物育種の仕事に必要とされる資材が輸入されるときに、西インド諸島での病気（ウィルスも含む）からバナナを保護するという問題が含まれていた。また、ガス貯蔵中の呼吸過程と湿度の効果の研究を含む輸送中の熟成の問題や冷蔵の理論についても、注目されていた。

高品質で高収量のカカオとバナナの生産を目的としたこれらの興味深い研究は、チームワークとして知られている方法により行われた。それらには、植物学者、化学者、菌類学者、昆虫学者、および経済学者の協力が必要とされたし、どちらの研究も多額の費用と多大な時間を要したのである。

熱帯農業のさらに困難な問題について多くの研究者が現在アプローチしているが、その例が示すように、それらはどこにでも典型的に存在している研究方法である。カカオとバナナの問題は多くの側面から研究され、研究の方法がはっきりと定められていた。そして、研究者は成功のための苦労を惜しまなかったにもかかわらず、結果は否定的であった。批判されている論文が示唆するところによれば、計画段階にとくに問題が多いことがわかる。もし、わずかな有形の成果が得られたとしても、カカオ産業もバナナ産業も自立することはなかった。

私たちがこれら二つの問題を概観し、次のようなことを考慮するとしよう。①西インド諸島におけるカカオとバナナの現在の栽培方法、②これらのプランテーションにとってまったく不都合な病気がもたらす徴候、③東インド諸島

〔アジア大陸南東部とオーストラリア大陸の間にある島。スンダ列島・マルク諸島など〕で見られるカカオとバナナ耕作の最優良の事例。そこでは、堆肥だけによる方法で、すばらしく豊作で健康的な作物が得られている。

以上のことを見るとき、トリニダードの研究においては、少なくともいくつかのきわめて重要な要素が忘れられていたという疑念が生じる。カカオの木が腐植に対して見せる著しい反応がまったく見落とされているし、カカオとバナナ両方の根に見られる菌根の共生の重要性にも注意が払われていないように思われる。西インド諸島のカカオとバナナのプランテーションでは作物と動物の間のバランスが欠けているのである。そこでは家畜が不足し、気がかりな多くの病気と全体的な無駄があり、それには菌根の生成に適した状態の欠如が関係している。

インドとセイロンにおけるバナナとカカオの最高の栽培についての実証試験によって、高品質で満足のいく収量を得られ、プランテーションが健全であり続けるために必要な本質的な要素は、以下の二つであることは疑う余地がない。それは、①良好な土壌の通気と、②菌根共生の効果的な働きを維持するために必要である動植物の廃棄物から作られた新鮮な腐植の定期的供給である。これら両者の要素に対する注意の欠如が、品質の低下、収益の減少、そして最終的に病気をもたらすのである。この西インド諸島の問題に対処するためのよりよい方法は、作物と家畜の間の適切なバランスを保つことを含む正しい農法、および入手できるすべての動植物の廃棄物の腐植化によるものであった。

見失われる目標

このトリニダードの研究は、「研究に携わる学徒に協力の必要性を間違いなく印象づける例」として引用される。しかし、実際に示されていることのすべては、まことに長い年月、多数の専門家のためにどのような仕事が用意されているか、実際には、作物の収量と品質に関するかぎり、有能な研究者による実にたくさんの科学的研究がまったく否定的な結果となっているということである。

このアプローチの弱点を見つけるのは、それほどむずかしいことではない。問題は決して全体として考えられることはなく、科学のある分野での研究が着手される以前に、あらゆる角度から圃場で検討されることもない。作物改良の方法は、かつては農業の歴史を通じて常になされたが、今日では圃場から生まれるのではなく、実験室から生まれることが期待されているのである。こうしたなかで、チームの統制は当然ながら非常にルーズになっている。というのも、それが通常、実際の経験というよりも、行政の、そして研究方法の十分な訓練ができていない人の手中に置かれているからである。しばしば彼らは他に重要な任務をもっており、必要な時間や思考をそれに割くことができない。彼ら自身、圃場での症例に対する正しい診断ができず、彼らが唯一できることは新たな断片的な課題の研究が何らかの解決をもたらすであろうという希望のなかで、スタッフに専門家を次々に増やすという方策をとり続けることだけである。

科学に関する幅広い訓練と結びついた真の農業知識をもった一人の研究者が西インド諸島の問題に取り組めば、そして彼が必要な土地、資金、設備を与えられ、研究の遂行にあたって完全に自由であるとしたならば、ジェフレー・エヴァンス卿はまったく異なる話をしたであろうことは、ほぼ確実である。トリニダード単科大学の学生たちの見地から見て、バナナは十分な装備を与えられた一人の研究者によって研究され、カカオはチームという手法によるという二つの方法を同時に説明するために、これらの作物を使用したほうがよりよかったであろう。これによって、最終的に二つの方法の相対的な長所を明らかにできたであろう。そしておそらくは、①研究者こそが研究における重要な唯一のものであるという原則が立証されること、②チームワークは研究の有効な手段としては考えられなくなる、という二つの結果が得られたであろう。

チームワークは、研究課題の細分化によってもたらされる弊害について解決策を与えてはくれない。チームによって編まれた網は、往々にしてたくさんの穴が空いている。課題の細分化は何らかの他の不利益も伴うのだろうか？

この質問には、今日の農業について主要な問題を調べれば、すぐに答えられる。イギリスにおける二つの事例は、細分化と専門化の必然的な結果として方向性が見失われるということを証明するのに、十分であろう。そして、科学は断片的な細部の迷路に入り込み、自らを見失っているのである。

胴枯病や線虫およびウィルスに侵害される前に見られるジャガイモの退化は、イギリス農業のもっとも憂慮されるできごとの一つである。私たちのもっとも重要な食用作物の一つであるジャガイモは、銅塩類で薄い皮膜を作る〔ボルドー液〕とか、土壌から線虫の包嚢が消失するまでジャガイモを栽培しない新しいタイプの輪作を行う、あるいはスコットランド、ウェールズ、または北アイルランドから取り寄せる種子を頻繁に更新するというようなことをしないと、今日では圃場レベルでうまく栽培できない。

明らかに何かが、どこかで大きな間違いをしている。なぜならば、国中の何千という肥沃な家庭菜園で栽培されるとき、この作物は健全であり、病気にならないからである。農学は、このジャガイモの問題を多くの部分に細分化することから始めた。ジャガイモの胴枯病は菌学者の範疇に属し、またある一つの研究グループが線虫を取り扱い、ウィルス病のために特別の試験場が創設もされ、さらに耐病性品種の育種と試験は別々の研究部門とされ、施肥と作物の全般的な耕種学は農学者の領域とされた。

研究者の増加は、この幅広い生物学的問題を明確化するというより、むしろ不明瞭にさえしている。結局のところ、これらジャガイモの病気が存在しているという事実は、土壌の管理のうえで何らかの失敗が生じてきたことを意味している。この種の失敗に対処する明白な方法は、管理の何らかの間違いの結果を下手にいじくりまわすことではなく、むしろ失敗の原因をつきとめることであるべきであった。最終的な結果は、課題の周辺で行われた研究のすべてが健全なジャガイモをいかに栽培するかという問題を解決し得なかった、ということである。これは、目標が完全に見失われしまっているからである。

施肥でも同じことが繰り返された。研究の細分化が、再び目標の喪失を招くことになった。森においては模倣すべき実例を、泥炭地においては回避すべき実例を自然が与えていたにもかかわらず、合理的な施肥システムを考案するときには、農学はすぐに課題の細分化を進めるのであった。一〇〇年近くの間、もっとも有能な研究者の何人かはホウ素、鉄、コバルトのような微量元素を含む土壌栄養分の研究に専念してきた。緑肥による肥培は、また別の切り離された課題とされ、堆厩肥の調整や通常の堆肥の研究についても同様である。生産高や施肥コストは、品質の問題よりも重視される。肥培における真の重要性は、土壌肥沃度の保持と生産物の品質にある。ところが、これら二つの課題は、研究の目標がほとんど失われてしまっているがゆえに、まったく目にもとめられていない。

定量的な手法の誤り

定量的な結果を強調することが、科学的研究のもう一つの欠点である。それは農業の研究にも深く影響を与えている。たとえば、化学や物理学では、精密な記録がすべてである。これらの分野では、数値的に記録できる正確な決定が適している。しかし、作物の栽培と家畜の飼育は生物学に属しており、そこではすべてのものが生きており、化学と物理学とは正反対の領域である。多くのこと、なかでも土壌肥沃度、耕耘、土壌管理、生産物の品質、家畜の健康や衛生、一般的な管理、雇用主と雇用人との労働関係、全体としての農場の団結心（esprit de corps）のような土地にかかわる重要なことは、重さや長さで計量できるはずはない。

それらの存在そのものがすべてであり、その存在の無視が失敗を招いている。それなのに、このような課題のなかで、重さや長さなどの計量や数字の統計的解釈があまりにも強調されるのは、なぜなのであろうか？　その手法（定量的結果と統計的手法）と研究される課題（作物の栽培や家畜の飼育）には、互いに関係がないのか？　研究者が作物と家畜のためにでき得るすべてを行っていると確信するような農業の管理を、試験場でさえ行い得ているのか？　たとえば、作物と土壌のように相互に影響し合うシステムは、週により、年により変化する多数の要素に依存しているが、数学の精密さに合致するような定量的な結果を常に生み出すことができるのか？

農業研究に経済学が導入されると、当然ながら定量的な手法が用いられるようになった。それは、工場や商店の経営に対する費用計算という成功例の模倣であった。たとえば、釘を作る工場の場合、原材料や製造のためのコスト、つまり労働費、燃料費、総費用、および消耗品費などの諸費用と生産高を比較し、経費の節約と全般的なスピードアップがどこでどのようにできるかを確かめることが可能であり、また実際に非常に望ましい。原材料、生産高、在庫は、すべて正確に決定できるのである。能力と意欲を兼ね備えた製造業者は、非常に短い時間ですべての工程のコストを小数点以下第四位まで把握するだろう。これは、すべてが計算可能だからである。同様の方法で、一般商店の経営は数字と方眼紙にまとめることができる。会計事務所の職員は、効率と利益取得の低下を最小限にできる。

およそ三〇年ぐらい前には、これらの原理を母なる大地と農業者に適用することはそれほど問題にならなかっただろう。しかし、結果は、ほとんど当て推量に基づく費用計算と農業経済学の氾濫を招いてしまった。というのは、土壌のメカニズムはいまだに不可解なままだからである。母なる大地は銀行通帳を持っていないのである。たいてい、どの農業経営でも、未知数である土壌資本、つまり肥沃度に、他の未知数を加えるか、あるいは差し引くかしている。作物についての実験結果を見ると、土壌資本、つまり肥沃度の一部を農業者の一時の利益に振り替える結果となっていることを確信させてくれる。したがって、このような農業経営の経済学はまったくの当て推量を基礎にせざるを得ない。その結果は、それらが書かれた論文にほとんど価値がないといえるのである。

農場にとって唯一重要なのは、次のようなことである。まず、農業者の信用、すなわち農場の労働者と銀行の支配人を含む他の人が彼についてどのように考えているかであり、次いで年間の総費用、年間の総収入、および年間の評価、つまり年末の土地と家畜、そして農具の状態などである。もし、これらがすべて満足できるとするならば、何も問題はない。もしそうでなければ、費用計算も役に立たない。それゆえに、これらの本質から離れたところのことでなぜ悩むのだろうか？

経済学は、無駄なデータを集める以上に大きな迷惑を農業に与えた。農業はあたかも工場であるかのように見られることになったのである。農業は営利企業とみなされ、利潤をあげることがひたすら強調された。しかし、農業の目的は工場とはまったく異なっている。農業は人類が繁栄し、生き残るために、食料を供給しなければならないのである。食料が新鮮で、土壌が肥沃であるならば、最高の結果が得られる。食べ物の質は生産量よりも重要である。農業は、それゆえに、飲み水、新鮮な空気、風雨からの保護とともに、人や身分を問わずもっとも重要な問題である。

経済性から見れば、私たちの水供給は必ずしも採算がとれるものではなく、緑地帯や空き地の設置は利益を生み出さず、また住宅計画は往々にして不経済ですらある。それでは、なぜ、水、酸素、あるいは温暖な気候などよりもなお私たちにとって重要な食料の質が、異なった方法で見られるのか？　人びとは、どんなことが起ころうとも食べなければならない。それでは、なぜ、人びとが適切に養われているかどうかを知るための最善の努力をしないのか？　国全体の国民の能力のまさに基盤となるものを、なぜ、おろそかにするのか？　国民の食料は当然のこととして、第一に扱われなければならない。つまり、金銭的なことがらは二次的な問題にすぎない。経済学はこれらの基本的な真理を主張し得なかったがゆえに、重大な判断ミスを犯したのであった。

作物の新しい品種、より安く、そしてより効果的な肥料、より深く、そしてより徹底的に耕耘する機械、死ぬまで卵を産み続ける雌鶏、大量の牛乳を産出して死んでいく乳牛によって、最後の一滴まで土壌からしぼりとることを当然としている科学が許されているのは、組織の一部の判断の欠如という以上に何かがそこにあるからである。

農業研究は、農業者をよりよい食料の生産者にするためではなく、より熟練した盗人〔土壌肥沃度の収奪〕にするために誤用したのであった。農業者は、後世の犠牲によっていかに暴利をむさぼるか、つまり土壌肥沃度や家畜という形で持っている資本を損益勘定へ振り替える方法を教えられたのであった。ビジネスではこのような方法は倒産で終わるが、農業研究ではそれらが一時的な成功をもたらしている。作物生産を可能とする土壌が形成されるかぎりにおいてはすべてうまくいくが、土壌肥沃度は永遠に持続するわけではない。ついには土地は疲れ果て、ほんものの農業は滅びるのである。

次章では、未来に必要とされる研究の事例を紹介する。

（1）*Constitution and Functions of the Agricultural Research Council*, H.M. Stationery Office, London, 1938; *Report on Agricultural Research in Great Britain*, PEP., 16 Queen Anne's Gate, London, S. W. 1, 1938.

（2）*Report of the Imperial Agricultural Research Conference*, H.M. Stationery Office, London, 1927.

〈参考文献〉

Carrel, Alexis., *Man, the Unknown*, London, 1939.

Constitution and Functions of the Agricultural Research Council, H.M. Stationery Office, London, 1938.

Dampier, Sir William C., Agricultural Research and the Work of the Agricultural Research Council, *Journal of the Farmers' Club*, 1938, p.55.

Evans, Sir Geoffrey, Research and Training in Tropical Agriculture, *Journal of the Royal Society of Arts*, lxxxvii, 1939, p.332.

Liebig, J., *Chemistry in its Applications to Agriculture and Physiology*, London, 1840.

Report of the Imperial Agricultural Research Conference, H.M. Stationery Office, London, 1927.

Report on Agricultural Research in Great Britain, PEP., 16 Queen Anne's Gate, London, 1938.

第14章　農業研究の成功事例

1　クラークによるサトウキビ農場の設立

前章では今日の農業研究を厳しく批判し、その多くの欠点を率直に指摘した。また、徐々にそれを改善していくための提案も行った。最近二七年間（一九〇八〜三五年）にインドでなしとげられたサトウキビ研究の成功例の一端を詳しく調べてみれば、このような酷評の正当性はすぐに明らかとなるだろう。

一九一〇年、北インドにおけるサトウキビ研究はすでにかなりの地方産業が存在していた連合州に、おもに集中していた。そこでは、細い葉の貧弱なサトウキビが暑い季節である三月の初めに灌漑のもとで栽培され、一月から三月までの寒い季節の間に去勢雄牛によって圧しつぶされていた。そして、その汁液から、フタのない平鍋を使用して粗糖〔精製していない蔗糖〕が作られていたのである。収量は低く、一エーカーあたり平均一トン〔一〇aあたり約二五〇kg〕をわずかに超える程度であった。

この原始的なサトウキビ産業の発展策が決定され、まず、純化学的な研究が農芸化学者ジョージ・クラークの手中に委ねられる。そして、その人選が幸運につながった。クラークは、化学と全般的な科学に関する第一級の知識と研究手法についてのかなりの経験を兼ね備えた人物だったのである。その知識と経験は、ノッティンガム大学（Nottingham University College）とマンチェスターの工芸学校（the School of Technology）で学んだ際に、キッピング（Kipping）教授とポープ（Pope）教授の指導のもとで習得したものである。

南部リンカーンシャー（Lincolnshire）の農家の息子であるクラークは、それまでの生活のなかで適切な農法に親しんできており、古い家柄の自由自作農（yeomen）の祖先たちから農業についての卓越した才能も受け継いでいた。したがって、彼は農業の研究者にとって不可欠な三つの予備的資格をすでに取得していたのである。すなわち、優れた農業者としての素質、科学についてのしっかりとした訓練、直接習得した研究方法に関する知識である。彼はまた、対象を正確に認識する才能、研究されるべき課題を自ら提起する能力、それらを解明する不屈の精神、農村の実践に密接に結びついた研究成果を得ようとする強い意欲をもちあわせていた。

また、クラークはスタッフを選ぶにあたって、きわめて幸運に恵まれた。彼はS・C・バネルジ（Banerji）（後のレイ・バハドゥア（Rai Bahadur））とシェイク・マホメッド・ナイブ・フサイン（Sheikh Mahomed Naib Husain）（後のカーン・バハドゥア（Khan Bahadur））という二人のインドの役人を、終始スタッフに加えていた。民族の威厳と落着きをもつバネルジは、常に秩序と能率の模範となっていた研究所を任され、ほとんど信じられないほど正確かつ勤勉に任務を果たしたのである。ナイブ・フサインはバネルジとまったく異なる性格で、短気ではあったが、作物生産の新しい境地を拓くために必要な気力と行動力に満ちあふれていた。彼の生涯の関心事は、シャージャハンプール農場とそこで栽培される作物の状態であり、自分が成功を約束したすべてのことに対して骨身を惜しまなかった。

この二人は与えられた研究のために自らの人生を捧げ、成功を信じて努力してきた。そして、シャージャハンプール農場がこれまでになされた農村開発のなかでもっとも注目すべき例となり得たのであった。インドにいるヨーロッパの役人で、かつて彼ら以上に忠実であった助手はいなかったし、インドの農業にそれ以上の情熱を傾ける者もいなかった。私は彼らの多くの研究業績を確かめ、彼らが構築を手助けした非常に地味ではあるが効率的な組織の発達を注目してきた。しかし、異なる民族の研究者仲間の一人として、賞賛と尊敬の念を込めた心からの感謝の言葉を読み上げてくれるべき彼らがいまここにいないことは、私にとって非常に残念である。

連合州では一九一二年まで、科学技官(scientific officers)を農業改良の実践面から隔離しておくことが当たり前であったし、サトウキビの栽培に関する科学的問題と実際的問題をどのように結びつけるべきかというはっきりとした考えが欠如していた。さまざまな改良が工夫され、試みられる以前に、まず科学者にとって必要なことは作物の栽培と地域農業への熟達であるということを誰一人として気づかなかったのである。

それゆえに、一九一一年にクラークが農場の提供を要請したときには多くの議論が噴出し、また驚きをあらわにする者さえもいた。その問題は同年の全インド農業会議(All-India Board of Agriculture)に託されたが、そこにおいても、この要請は口々に非難されたのであった。農業委員は、科学者が自分の土地をもつという考えをあまり好ましく思っていなかった。というのは、科学者の代表たちは、彼らの仲間の誰かが農業を始めるとしたならばカースト[特権的地位]を失うのではないかと考えたからであった。

その問題の最終決定が近づいた一九一二年に、私は偶然にも連合州を旅行していた。そのため、私は農業会議局長(The Director of Agriculture)から助言を求められた。私は強くクラークの要請を支持し、もし当局がクラークのような農芸化学者に可能なかぎり優良な農場を与えられれば、そして、また、彼自身に研究方針を立てさせるようにしたならば、必ず大きな成果を生むであろうことを保証したのであった。この助言が功を奏し、一九一二年に、カノット(Kanout)河畔にある、シャージャハンプールの近く、町に通ずる主要道路の一つに沿った場所に、特別なサトウキビ農場が創設されたのである。

かくして、クラークは農芸化学者(一九〇七~一二)、農業大学の学長(一九一九~二一)、農業会議局長(一九二一~

三二）の三つのポストに加えて、一九一二年から三一年の一九年間にわたり、シャージャハンプール農場を託された。そして、一九一二年から二一年まで、毎週末のほとんどをシャージャハンプールで過ごしていた。さらに、一九二一年に農業会議局長になるまでは、サトウキビの収穫と翌年の作物を植え付けるために、毎年クリスマスから三月の間もそこにいたのである。彼がインドの農村、そこに住む人びとと圃場、そこでの農業問題についての直接的な知識を得たのは、この時期であった。それらの経験が、モンターギュ＝チェルムスフォード改革（Montagu–Chelmsford Reforms）〔一九一八年の行政改革〕の初期に、連合州の農業開発を指導するために彼が招かれたとき、大いに役立つことになったのである。

2　大きな成果があがったサトウキビの集約栽培

北インドのサトウキビ栽培

インド国内でもっとも重要な北インドのサトウキビ栽培地帯は、ヒマラヤに沿って長さ五〇〇マイル〔約八〇〇㎞〕ほどの細長く深い沖積地である。それはビハール（Bihar）に始まり、パンジャブ（Punjab）で終わり、連合州のゴラックプール（Gorakhpur）、ミーラット（Meerut）、ロヒルクハンド（Rohilkhand）の歳入地区（Revenue Divisions）でもっとも発展している。

土壌は耕作しやすく、とくに、サトウキビの根の発達に適している。しかし、気候については、とくに適しているわけではない。というのは、栽培期間が非常に短く、南西のモンスーンによって湿潤な熱帯特有の状態が形成される六月後半から九月の雨季に限定されているからである。雨季の後には、ほとんど雨がない寒い季節（一〇月一五日〜

三月一五日）が続く。三月中旬以降は再び天気が変わり、六月に雨が降り始めるまでは非常に暑く、また乾燥した状態になる。通常二月の終わりごろ植え付けられるサトウキビは、暑い季節の間、灌漑されなければならない。

一九一二年に研究が開始されたとき、連合州のサトウキビ地帯の九五％では葉を切り落としたサトウキビの茎部の収量が一エーカーあたりわずかに一三トン〔一〇aあたり約三・二トン〕であり、粗糖（*gur*）を作ると一トン〔一〇aあたり約二五〇kg〕少しになる程度であった。そして、前年の雨季の間、土地は休閑され、在来の鋤で一五～二〇回も浅く耕起して、サトウキビに備えた土地の整地が十分になされていた。

インドにおける他の作物の多くと同様に、サトウキビでも長年の経験から、在来種の栽培方法と経済性の間に適度なバランスがとれていた。耕作方法、窒素の供給、栽培品種は互いに適正な関連をもっていたのである。これらの品種は少なくとも二〇〇〇年間栽培されてきており、茎が細く、短稈で、良好な季節のときには、その茎は非常に糖分が多かった。それらは熱帯の諸国で見られる太いサトウキビよりも、サッカーラム（*Saccharum*）属の野生種を思わせる。五～六の品種がいっしょに栽培され、それぞれに品質の特色を示す名前が通常サンスクリット（Sanskrit）語で付けられており、容易に人びとに識別されるものであった。

最初に、ロヒルクハンド地区で栽培されているサトウキビのタイプが類別され、最善の栽培方法を強化する試みがなされた。その結果、搾汁の品質は低下せずに、収量が一エーカーあたり一三トン〔一〇aあたり約三・二トン〕から一六トン〔一〇aあたり約四トン〕に増加した。しかし、それ以上に収量を増やそうとする試みは失敗に終わっている。一エーカーあたり二七トン〔一〇aあたり約六・七トン〕に匹敵する収量が得られたが、茎は細く、その水っぽい汁液はきわめてわずかな糖分しか含んでおらず、抽出するに値しなかった。品種と改良された土壌条件の間に、正の関係がなかったのである。

北インドの短い栽培期間に展開した在来種の葉の大きさでは、かなり大きな作物の繊維とその他の組織が必要とするセルロースや、経済的価値のある汁液を作るに足る糖分を製造するには、不十分だったのである。このことは全般的な問題をはっきりさせ、やらなければならないことは何なのかを明確にしたという意味では、非常に重要な実験であった。

新品種の発見と集約栽培の研究

連合州での砂糖の産出高をあげるには、この特殊な気候条件に適合する新品種を見つけ出し、集約的な耕作方法と結びつけていく必要があるだろう。そこで、これら二つの問題が同時に取り上げられることになった。また、その後のあらゆる研究のなかで、要素の細分化を避けることに細心の注意が払われた。その要素の細分化が、今日の多くの農業研究が失敗する原因となっているからである。こうして、問題の根底にある二つの重要な要因、つまり①気候条件に適合するサトウキビ品種の発見と、②実現可能な最高の収量が得られるようなサトウキビの集約栽培の研究について、関心が払われることになった。

シャージャハンプールでのサトウキビ品種の収集には、ジャワ種（Java）の苗ＰＯＪ（Passoerean Ost-Java）２１３号も含まれていた。それはその地方の土壌と気候によく適しており、集約栽培の要求にも応えるものであった。この品種は交雑種であり、その花粉親はロヒルクハンド種のチェンニ（*Chunni*）だった。それはローザ（Rosa）製糖工場が、二〇年前にインドを訪れたオランダの専門家たちに与えていたものであった。チェンニはセレ病（*sereh*）（深刻な病害の一つで、当時ジャワの砂糖産業を脅かしていた）に免疫があった。それが豊富な熱帯のサトウキビと交雑したことによって、ＰＯＪ苗として世界中に広く知られる、免疫があって抵抗性に優れた良質の苗が生まれたのである。

ＰＯＪ２１３号は、シャージャハンプールでの研究の初期段階で非常に価値があることが立証された。それは当時の耕作者たちに容易に受け入れられ、彼らのなかでは「ジャワ種」として知れわたっていた。ロヒルクハンドではすぐに広い地域で栽培されるようになり、地方の砂糖産業を滅亡の淵から救った。しかし、ここでもっとも重要であったことは、サトウキビの新品種に対する関心が生まれ、一大発展の基礎を築いたことである。その結果、故バーバー（Barber）博士（インド帝国名誉勲位）によってコインバトール（Coimbatore）苗（Ｃｏ２１３号）が育成され、数年後にはジャワ種に取って代わることになった。

図10　シャージャハンプールにおける畝立ての方法

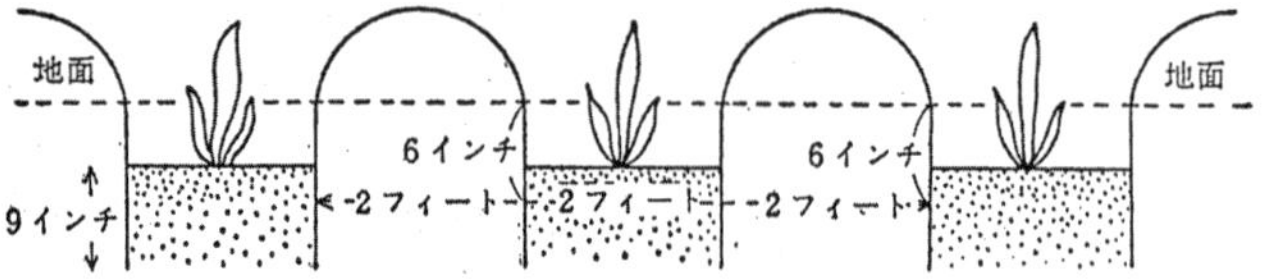

地面
6インチ
9インチ
2フィート
2フィート
2フィート
6インチ
地面

　クラークが、ガンジス平原の土壌をリンカーンシャーのオランダ地区の土壌とほとんど同様に取り扱えることに気づいたのは、連合州に来てすぐであった。そのリンカーンシャーでは六〇年もしくは七〇年前〔一八四〇～五〇年〕にジャガイモの集約栽培が導入されており、技術的にほぼ完全なレベルに到達していた。また、形成された時代は大きく異なっていたが、どちらの場所も沖積土であった。リンカーンシャーにおけるジャガイモと連合州におけるサトウキビの集約栽培に関する諸問題は、かなり共通しているところが多い。どちらの作物も栄養繁殖をしており、若い苗を速やかに伸ばすために必要な土壌状態をつくることがもっとも重要である。そうすれば、短期間しかない良好な気候条件下で、大量の炭水化物を生成し、貯蔵するようになる。シャージャハンプールでサトウキビ栽培が促進され始めたとき、リンカーンシャーのジャガイモ圃場での教訓が直ちに生かされた。

　作付け前の休耕期間に土地は耕やされ、モンスーンが過ぎ去ると、すぐに自給堆肥が施されて鋤き込まれた。これによって、貴重な腐植が土壌表層に形成される時間が十分に与えられる。サトウキビは二フィート〔約六〇㎝〕幅の浅い溝に植え付けられた。溝の中央から隣の溝の中央までの間隔は四フィート〔約一二〇㎝〕、各溝は六インチ〔約一五㎝〕の深さに掘り取られ、溝と溝の間の二フィート幅のスペースに掘り取られた土が盛土される。つまり、図10に描かれているように、一連の畝立てを全面に施すのである。

一一月に溝を切るとすぐに、在来の農具（*kasi*）で九インチ〔約二三㎝〕以上の深さに掘られる。そして、油粕または集めた利用できるあらゆる有機質肥料が溝の底土と完全に混ぜ合わせられ、ときどき掘り返されながら、二月の植付けまで置いておかれる。もし、最高の結果を得ようとするならば、サトウキビを植え付ける以前に少なくとも二カ月、できれば三カ月の十分な耕耘と溝への施肥が重要であることが明らかとなった。ジャワでのサトウキビ栽培の方法に精通している読者は、このシャージャハンプールの方法がジャワで使用されている方法よりも明らかに進歩しており、化学肥料の施用がまったく不要であることをすぐに理解するだろう。手掘りの溝では、機械的な方法によって造られた同様の溝よりも、つねによい収量が得られた。これは興味深いことである。他の場所でもしばしば同様の結果が得られたが、その原因は十分に解明されなかった。耕作のスピードが生産にとってのマイナス要因として働いているのかもしれない。

まず、一エーカーあたり約二八七〇ポンド〔一〇aあたり約三二〇kg〕の割合で、ヒマシ油粕（castor cake meal）のような多量の有機質肥料が溝に施用された。これは窒素を約四・五％含んでいる。そのため、一エーカーあたり二八七〇ポンドの有機質肥料は窒素一三〇ポンド〔一〇aあたり約一四kg〕に値する。しかしながら、この多量の施肥は後述する緑肥の導入によって、まもなく減量された。緑肥が適切に施されれば、溝を切る以前に施用する肥料は半分、またはそれ以下に減らすことができたのである。

植付け前には溝に一カ月ほど灌漑し、十分乾燥してから軽く耕耘する。これらの管理作業は有機質肥料の発酵を促進し、土壌の通気性を良好にした。そして、二月の終わりごろ新しく掘り返された湿潤な大地にサトウキビが植え付けられた。植付け直前には灌水を行わず、乾燥した土地に種茎が植え付けられ、翌日少量の水を撒く。これによって一回の灌漑を節約し、シロアリ（*Termites*）を効果的に防除できることが判明した。初期の成育が遅れると、あるいは

図11　シャージャハンプールにおけるサトウキビの土寄せ（1919年7月10日）

速やかに植物体を形成しないと、サトウキビの種茎はしばしばシロアリの害を受けた。

六月のモンスーンが来るまでは、表層耕耘ごとに四回の軽い灌水が行われる必要があった。若いサトウキビが二フィート〔約六〇cm〕ほどの高さになり、活発に分けつを始めるとすぐに、溝を徐々に埋めていく。この作業は五月の中旬に始まり、月末までには終えられ、雨が降り始める前にサトウキビへの土寄せが始められた。それは、およそ七月の中旬ごろまでには完了した（図11）。

土寄せの効果と排水条件の改善

クラークが注目した、肥沃な土壌で栽培したサトウキビにおける土寄せの効果の一つは、菌類のおびただしい発達である。それは畝の土壌全面にわたっており、とくに活性根の周囲には白い菌糸が肉眼でも明らかなほど確認できた。サトウキビは菌根生成植物なので、これだけの多量の菌糸が見られれば、菌根との共生が行われていることを疑う余地はない。そして、この菌根共生に必要とされる腐植、通気、水分、活性根の不断の発生という要素をすべて備えることが、サトウキビが活発に生育し、常に高い収量をもたらす要因であることを説明している。平地で栽培される場合は、土壌通気性の不良が常に菌根を十分に発生させるための制限要因となるであろう。

これらをふまえてまとめると、土寄せの作業は次の四つの目的のために行われることになる。①下部の節から連続して発生する新根の、通気良好で肥沃な土壌への十分な伸長、②菌根共生の発達に適した状態の準備、③雨季中のサトウキビの倒伏抵抗性の大幅な改善、④表土でのコロイドの過度の発達の防止である。もし、土寄せを怠るならば、大きなサトウキビは、たいていの場合、モンスーンの強風によってなぎ倒されるだろう。雨季中に倒れた作物は、高い評価を受ける淡く色づいた粗糖には決してならない。また、平地でのサトウキビ栽培では、表土のコロイドの発生が常に蔗糖生成期における土壌通気性の阻害要因となっている。土壌通気性が悪化している状態の下で成熟した作物は、決して最高収量をもたらし得ないのである。

畝立てによって最高の効果を得るために不可欠な要素は、表層排水の改善である。これは、農道や小径を圃場より低くすることによって達成された。草が圃場を覆っていることが、モンスーンによる多量の雨を圃場外に排出するための有効な仕組みとして機能したのである。表層水は、低くした農道や小径と連動した溝の中に集められた。この方法によって、有機物や微細な土壌粒子を少しも失うことなしに、水は〔土壌の表面を覆う〕澄んだ薄い膜のようになって、ゆっくり川に流れ込んでいった。草の絨毯はもっとも効果的なフィルターとして働き、同時に肥培も行っていたのである。農道は、役畜のために良質の牧草を提供した。浸水と土壌侵食の双方の防止を可能にしようとするなら、どこにでもこの簡単な工夫が利用されるべきであろう。

優れた品種の栽培、適切な土壌通気性、良好な表層排水、綿密に管理された灌漑、十分な有機物の供給を基礎としたサトウキビの集約栽培の結果には、驚くべきものがあった。一エーカーあたり収量が一三トン〔一〇aあたり約三・二トン〕、蔗糖にして一トン〔一〇aあたり約二五〇kg〕をわずかに超える程度の場所で、一エーカーあたりサトウキビの収量が三六トン〔一〇aあたり約九トン〕、蔗糖にして三・五トン〔一〇aあたり約八六五kg〕前後が二〇年間、毎年得られたのである。これらの数字は農場全般にわたるものであり、蔗糖の生産量は三倍にもなった。このような結果が短期間に、このような単純な方法によって得られることは、どんな作物でもめったにない。二〜三のケースでは、サトウキビの収量が四四トン〔一〇aあたり約一一トン〕、蔗糖にして四・五トン〔一〇aあたり約一・一トン〕もの収量が得られた。これらの数字は、おそらく連合州の気候で得られる最高の生産量を表しているだろう。

窒素の動態と環境との相互関係

北インドのサトウキビ栽培でこの方法を綿密に計画するにあたり、蔗糖生産にとって注意すべき二つの時期が観察された。①分けつと根系が発達する五月と六月の初め、②おもに蔗糖の蓄積が起こる八月と九月である。このどちらかの時期に被害を受けた場合には、確実に収量が減少する。蔗糖の一エーカーあたり生産量と①の時期の土壌中の硝酸態窒素の総量、②の時期の土壌水分、土壌通気性、大気の湿度との間には、密接な相関関係が確実に存在している。それゆえ、サトウキビ栽培におけるどのような改良もこれら二つの原理を考慮しなければならない。

新しい集約的なサトウキビ栽培の方法は国立試験場で考察され、圃場規模での実践にもうまく生かされた。蔗糖生産の改良の第一段階が行われたのである。この進歩した方法を多数の小規模な耕作者によって構成される現実の農業に取り入れるための努力が、いまこそ必要であろう。経営農地は東部地区の四エーカー〔約一・六ha〕平均から州の西半分での八エーカー〔約三・二ha〕まで、さまざまである。各経営農地は小さく、それがもっと小さな圃場に分割され、土地の肥沃性が決して均一とはいえない農村地帯のなかに散在している。さらに、これら小さな経営農地の耕作者は、集約的な農業に投資するための資本をほとんどもっていない。

では、平均的な耕作者は必要な肥料をどのようにして得ればよいのだろうか。この問題の解決には、サトウキビにおける新しい緑肥栽培の方法と同様に、ガンジス沖積土での窒素循環、気候と耕作方法との関係、土壌硝酸塩の蓄積についての詳細な研究が必要とされた。これらの研究は、集約的サトウキビ栽培の可能性が明白になったとたんに動き出した。

どんな地方でも、窒素循環の研究には当然、地域の農業についての詳しい知識の習得が必要となる。連合州での農繁期の際立った特色は、季節の変化の早さと季節ごとの特徴の大きな差異にある。これらの急激な移り変わりのなかでもっとも重要なのが、①四～六月上旬の過度の乾燥と高い気温から、南西モンスーンが来た後すぐ夏作物の播種が始まる六月下旬の湿潤な熱帯気候への変化、②モンスーンが終わる九月の高湿度、高温、雨に濡れて水分が飽和状態の土壌から、秋の食用作物の播種が行われる一〇月の適度な乾燥状態への突然の変化である。

これら突然の季節的変化が、増産への取組みに明らかな限界を規定する。そこには、土地の準備や生物的作用により植物養分を生産するための時間がほとんどない。作物が活発に成長する期間は厳しく限定されているのである。前者は耕作方法と施肥に、後者は品種の選択に影響を及ぼす。熟していくサトウキビと成育中の小麦が隣り合わせの圃場で並んで見られる秋（一一月と一二月）には、連合州の二つの季節の大きな差異がよくわかるだろう。

この地域で粗放栽培がよく行われている夏秋作物は、施肥もせずに、硝酸塩の供給をどのように得ているのか？そして、ガンジス沖積土の土壌肥沃度が絶えることなく存続しているのは、どうしてなのか？　これらの質問に答えるために、四月の小麦収穫後に休耕された典型的に無施肥の地域で土壌の掘り取り調査が行われ、硝酸態窒素がシュレージング（Schloesing）法によって直接測定された。

気温と降雨の詳細とともに、その結果を図12に示す。その曲線は明らかに次のことを表している。①二月と三月の気温上昇による硝酸塩の多量で急激な形成――サトウキビが硝酸態窒素の供給を受けている成育の初期である。②最初の大雨が降った後の土壌からのほぼ完全な硝酸塩の消失――一部は土壌中の腐植に加わり、それ以外は水分とともに流出したり、菌によって固定される。③モンスーン期間中に水が飽和状態になった土壌での硝化作用の欠如。④秋に生じる再度の硝酸塩の蓄積（春よりはゆっくりと形成され、量も少ない）――頻繁な表層耕耘の結果としての土壌通気性の改良を伴う雨季の終わりの土壌の乾燥によって起こる。

三インチ〔約八㎝〕の深さでの耕起が、九月二五日から一一月三〇日の間に五回、行われた。それに、畝を均平にす

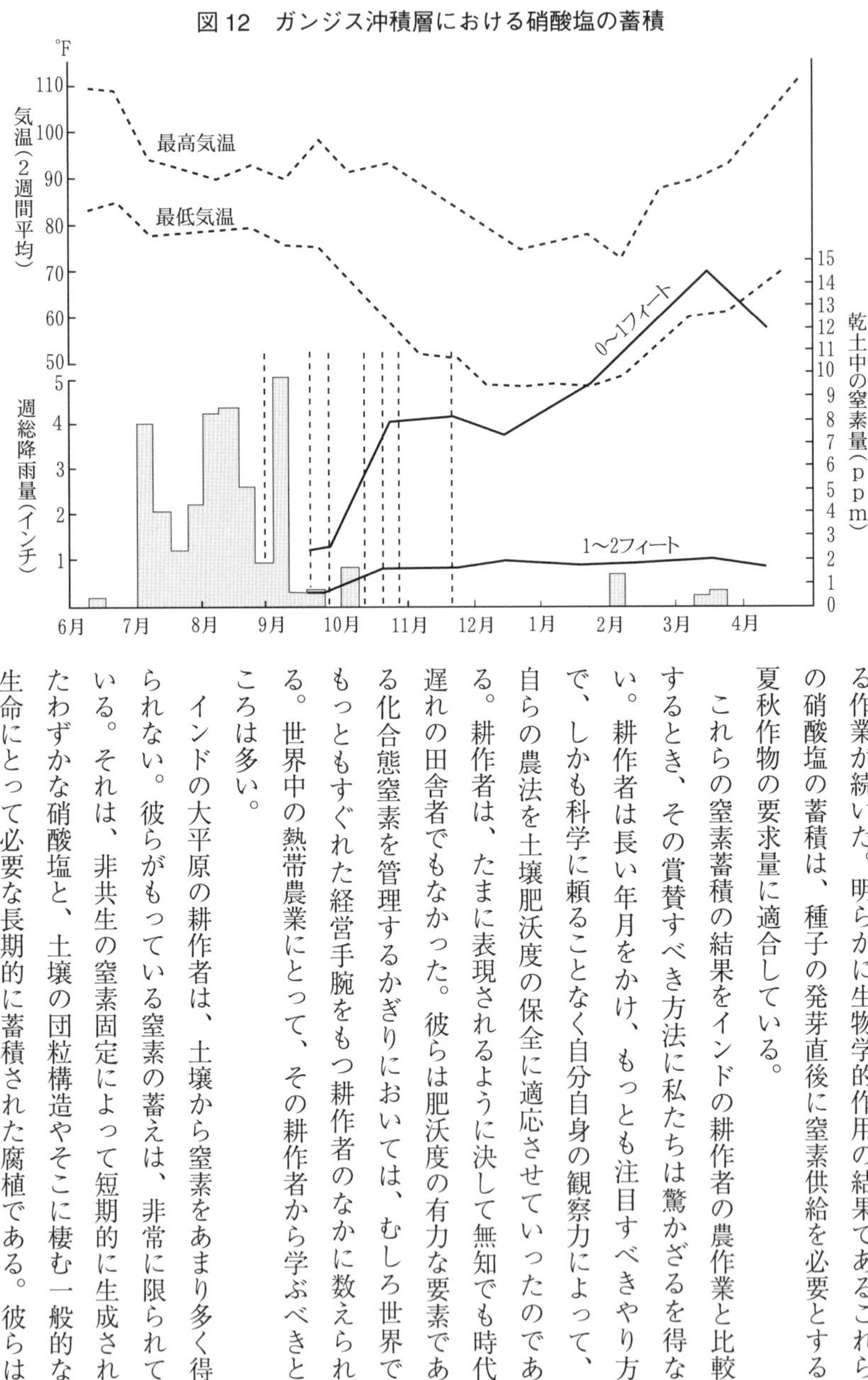

図12　ガンジス沖積層における硝酸塩の蓄積

る作業が続いた。明らかに生物学的作用の結果であるこれらの硝酸塩の蓄積は、種子の発芽直後に窒素供給を必要とする夏秋作物の要求量に適合している。

これらの窒素蓄積の結果をインドの耕作者の農作業と比較するとき、その賞賛すべき方法に私たちは驚かざるを得ない。耕作者は長い年月をかけ、もっとも注目すべきやり方で、しかも科学に頼ることなく自分自身の観察力によって、自らの農法を土壌肥沃度の保全に適応させていったのである。耕作者は、たまに表現されるように決して無知でも時代遅れの田舎者でもなかった。彼らは肥沃度の有力な要素である化合態窒素を管理するかぎりにおいては、むしろ世界でもっともすぐれた経営手腕をもつ耕作者のなかに数えられる。世界中の熱帯農業にとって、その耕作者から学ぶべきところは多い。

インドの大平原の耕作者は、土壌から窒素をあまり多く得られない。彼らがもっている窒素の蓄えは、非常に限られている。それは、非共生の窒素固定によって短期的に生成されたわずかな硝酸塩と、土壌の団粒構造やそこに棲む一般的な生命にとって必要な長期的に蓄積された腐植である。彼らは当面使える窒素を最大限に活用しなければならず、とくに腐植については思い切って使うことができないので、長い年月をかけて、これに適う管理方法を直感的に工夫してきた。それゆえ、不適当な時期には過剰耕作をしないどころか、耕作すらもしない。貴重な遊離窒素を過酸化させたり、腐植の蓄積を消耗させたりしないのである。彼らはおそらく中国を除けば世界のどんな耕作者よりもわずかな窒素で、より多くの耕作をしなければならない立場にある。そのなかで彼らは長い年月の間、現在の標準的土壌肥沃度を維持し続けてきたのである。

蔗糖の生産量を上げるとしたならば、第一に分けつと根系が発達する五月と六月の成長期に硝酸塩の施用を増やす必要がある。慣行的な方法では、その時期に硫安のような工場で製造したり、輸入した肥料を使って作物を刺激していた。しかし、このような方針には重大な欠陥がある。耕作者はそれらを産出できなかったし、供給は戦争時に中断されるかもしれなかった。また、土壌にこれらの物質を加えることによって、蓄積していた腐植が酸化を進めて消失し、インド帝国の基礎である土壌肥沃度のバランスが破壊されるだろう。

たしかに、数年間は増収が得られたであろう。だが、その結果として、土壌肥沃度の低下、生産量の低下、品質の劣化、作物・家畜・住民の病気、最終的には土壌浸食やアルカリ化による、荒地のような土壌自身の病気という損害を受けることになる。このような作物増収の手段を耕作者の手中に一時的にしろおくことは、単なる判断ミス以上のものであり、犯罪である。しかし、化学肥料をまったく使用しないようにするならば、窒素を供給するための何らかの代替物を見つけなければならなかった。

緑肥の利用と作物への窒素供給

連合州のサトウキビ栽培での集約的方法では、①雨季の始まりの土壌中に通常蓄積されている硝酸塩の完全な利用、②土壌有機物の含有量を上げ、これらの自然の蓄積を増加するための生物学的作用の促進、という二つをなしとげなければならない。

このような有機物の含有量を上げるために、自然に形成される硝酸塩を利用する問題は、非常に手際のよいやり方、つまり緑肥の新しい使用法によって解決された。通常サトウキビを植える前の休耕では、一エーカーあたり自給堆肥四トン〔一〇aあたり約一トン〕を入れてサン・ヘンプを栽培している。この厩肥の少量の施肥が、生長速度と途中で鋤き込まれる緑肥作物の発酵に注目すべき効果をもたらした。緑肥八トンが約六〇日で生産され、一エーカーあたり二トン〔一〇aあたり約五〇〇kg〕近くの有機物（窒素にすると七五ポンド〔一〇aあたり約八kg〕）が施用された。この方法によって、雨季の始まりに蓄積した硝酸塩は吸収され、固定されたし、多量の粗大有機物が緑肥と播種時に施された自給堆肥によって供給されたのである。それによって、土壌の表層には薄く堆肥が敷きつめられることになった。

分解の初期には十分な水分が必要であった。そのため、緑肥作物が鋤き込まれた後の降雨が注意深く見守られた。そして、九月上旬の二週間に降雨が五インチ〔約一三〇㎜〕以下であった場合には、その圃場は灌漑されたのである。このように急激な乾燥を抑えることによって、多数の菌の発生が保護された。それでも、すべての腐植の緑肥への転換は、一一月末までには完了しなかった。その後、北インドの低温のなかで硝化作用がゆっくりと始まった。この季節には、脱窒によって窒素が消失する危険はほとんどない。二月末に気温が上昇して暑い季節が始まり、新たに植え付けられたサトウキビが灌漑されるころ、サトウキビの根系が伸長しようとするのにあわせて、新しく生成された腐植の中の有効態窒素が急速に硝化され始めるのである。

このことは端的に言えば、腐植の形成には一定の時間を必要とすることを意味している。それは、土壌の表層に敷きつめられた堆厩肥の中で起こるか、あるいは堆積された堆厩肥の中で起こるかであるが、前者のほうが後者より長い期間を必要とする。しかし、溝を漸次埋めていくことと、暑い気候の間のサトウキビへの灌漑は、硝化作用の期間

図13　シャージャハンプールにおける硝酸塩の蓄積と緑肥試験（1928～29年）

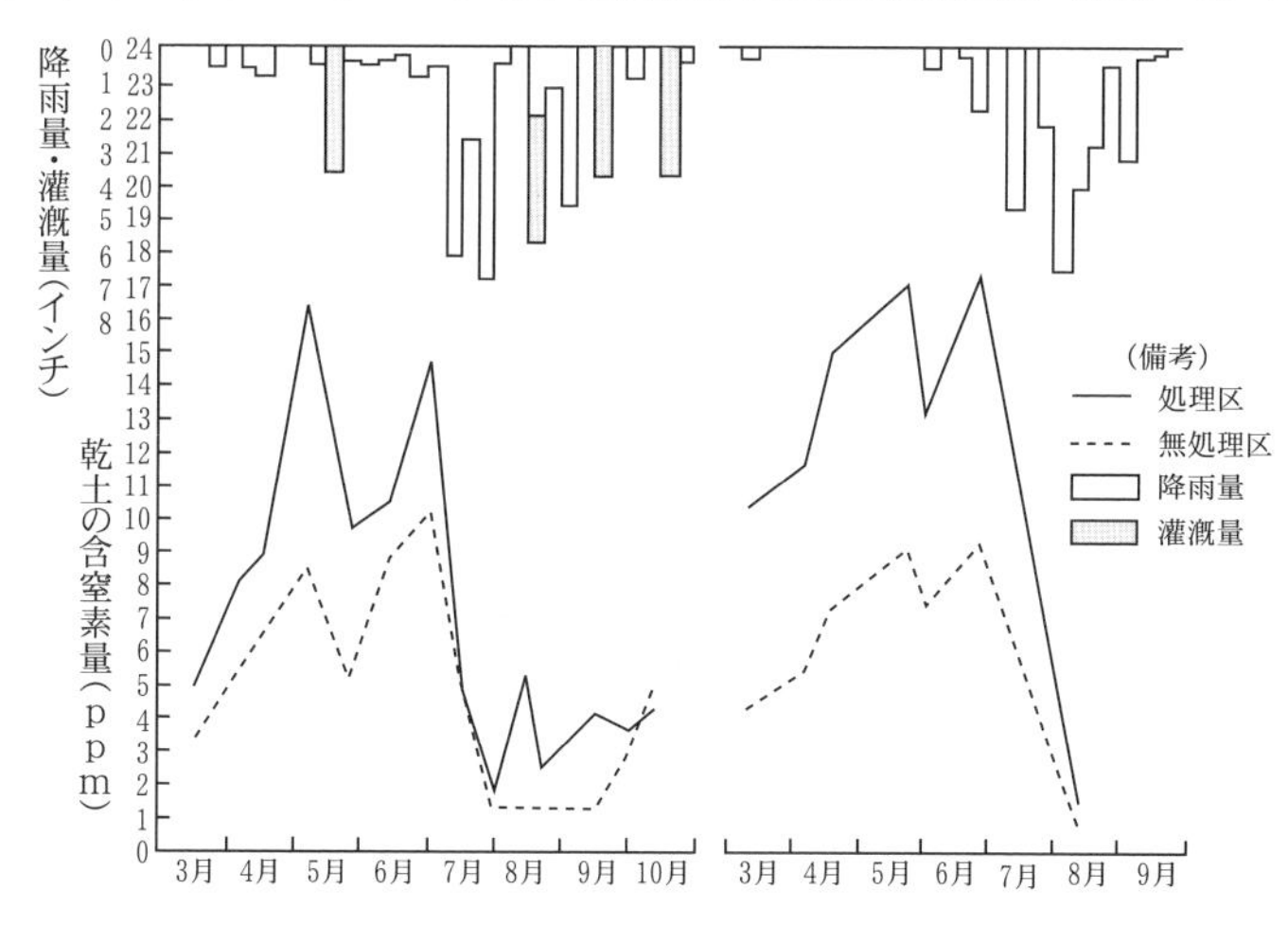

を引き延ばす。サトウキビの土寄せによっても、硝化作用の期間はさらに延びる。また、サトウキビが植えられている条間への排水溝の設置は、コロイドの形成で土壌通気性が悪化することによる窒素の損失を最低限に抑える。これらの結果、サトウキビは生育期間中に十分な窒素の供給を受けられる。そして、菌根共生に必要な状態も同様に確立されたのである。

硝酸塩供給での緑肥の効果は、図13に見られる。腐植を含んだ土壌の肥沃性は、三月から六月の間に形成される硝酸塩の総量を著しく増加させている。この時期は、急速に成長するサトウキビが供給される硝酸塩の大半を吸収する決定的な時期でもある。また、二七の任意抽出された緑肥区と対照区におけるサトウキビと粗糖の収量は、表11のとおりである。ただし、これらの対照区はシャージャハンプール試験場を代表する肥沃な区画であり、一般耕作者の圃場ではない。

圃場の作物については写真3に掲載する。サトウキビの集約栽培におけるこの簡単な方法は、実際に一エーカーあたり六ポンドの利益を

表11　サトウキビにおける緑肥の効果

（単位：エーカーあたりマウンズ〈82$\frac{2}{7}$ポンド〉）

	サトウキビ	粗　糖	乾　物
緑肥区	847.0±32.0	87.0±3.6	246.0±8.0
標準区	649.0±22.0	67.2±2.6	200.1±6.6

写真３　シャージャハンプールにおける緑肥試験（1928—29年）

生み出した。そして、これらの満足すべき結果がシャージャハンプール試験場の年次収支計算書に反映され、多くの年で収入が支出を五〇％ほど上回った。

したがって、この試験場で行われた研究の実質的価値については議論する必要がなかった。それは、結果が明らかだったからである。わずかな家畜糞尿によって補われた緑肥の施用だけで、サトウキビの収量は一エーカーあたり一三トン〔一〇aあたり約三・二トン〕から三〇トン〔一〇aあたり約七・四トン〕以上へ、蔗糖の収量は一トン〔一〇aあたり約二五〇kg〕から三トン〔一〇aあたり約七五〇kg〕以上へと増加したのである。

サトウキビの集約栽培の効果は、サトウキビだけに限られない。溝の残渣の肥効と深耕が、シャージャハンプールでサトウキビといっしょに栽培される二つの輪作作物であるプゥサ小麦とヒヨコ豆の豊作をもたらした。これらは、耕作者が得ていた平均収量の三倍以上にもなったのである。三・五エーカー〔約一・四ha〕の圃場でプゥサ小麦12号を栽培したあるケースでは、一一月に四インチ〔約一〇cm〕の灌漑を一回するだけで、一エーカーあたり三五マウンズ（maunds）〔一マウンド＝八二と二／七ポンド、二七・二マウンズで一トン〕〔一〇aあたり約三二〇kg〕が得られている。前作のサトウキビはアシィ・モーリシャス（Ashy Mauritius）で、その収量は一エーカーあたり三四・七トン〔一〇aあたり約八・六トン〕であった。

シャージャハンプール農場の初期には、サトウキビ作の溝が後作の小麦に及ぼす効果について断言できた。小麦圃場の表面は、畝を立てて播種するために、波を打った鉄のシートのようになっている。しかし、このような状態も二〜三回のサトウキビ栽培の後にはなくなり、小麦は均一に出そろうようになる。これは、土地全体が以前よりも肥沃になったことを示している。

技術の導入が収量に与えた影響のまとめ

サトウキビの集約栽培の研究で得られた改良の段階的記録を、あらためてここにまとめた。

① 未改良の作物では、年平均で一エーカーあたり三五〇マウンズ〔一〇aあたり約三・二トン〕の収量が得られた。

② 最高の在来品種を使用して、耕作者が通常やるよりもわずかに深耕し、少量の堆肥を施用することで最大限に能力を引き出した場合には、一エーカーあたり四五〇マウンズ〔一〇aあたり約四・一トン〕の収量が得られた。

③ ＰＯＪ２１３号とＣｏ２１３号のような新品種を導入して、①と同様の方法で平坦地に栽培した場合、一エーカーあたり六〇〇マウンズ〔一〇aあたり約五・五トン〕の収量が得られた。したがって、品種による増加分は、一エーカーあたり一五〇マウンズ〔一〇aあたり約一・四トン〕であった。

④ 新品種を使用して溝がない平坦地で緑肥を加えた場合は、一エーカーあたり八〇〇マウンズ〔一〇aあたり約七・四トン〕の収量が得られた。したがって、緑肥によって得られた増加分は、一エーカーあたり二〇〇マウンズ〔一〇aあたり約一・八トン〕であった。

⑤ 溝での集約栽培を行い、緑肥に加えて一エーカーあたり一六四〇ポンド〔一〇aあたり約一八〇kg〕の割合のヒマシ油粕を溝に施肥した場合は、一エーカーあたり一〇〇〇マウンズ〔一〇aあたり約九・二トン〕の収量が得られた。したがって、溝での土壌通気性の改良と十分な腐植の供給による増加分は、一エーカーあたり二〇〇マウンズ〔一〇aあたり約一・八トン〕であった。

⑥ ⑤の方法によってシャージャハンプールでかつて得られた最高の収量は、一エーカーあたり一二〇〇マウンズ〔一〇aあたり約一一・一トン〕であった。すべての要素が機能を発揮する最適条件またはそれに近い状態にある場合の増加分は、一エーカーあたり二〇〇マウンズ〔一〇aあたり約一・八トン〕であった。

品種、緑肥、適正な土壌管理（溝への施肥を含む）が、一エーカーあたり六五〇マウンズ〔一〇aあたり約六トン〕の増収を可能にし（一〇〇〇マイナス三五〇）、場合によっては、一エーカーあたり八五〇マウンズ〔一〇aあたり約七・八トン〕の増収も可能であること（一二〇〇マイナス三五〇）がわかるだろう。

また、集約的な溝栽培の方法では、作物が炭水化物の合成で例外的に高い能力を発揮する。シャージャハンプールでの収量試験では、一エーカーあたりでサトウキビの茎一二〇〇マウンズ〔一〇aあたり約一一・一トン〕に対して一七％の繊維（ほとんどが純セルロース）、一二％の蔗糖、一％の転化糖〔サトウキビを酸または酵素で加水分解して得た糖。ブドウ糖と果糖の混合物〕が含まれていた。サトウキビが活発に成長する約四カ月の間に一エーカーあたりで合成される炭水化物の総量は、セルロース二〇四マウンズ〔一〇aあたり約一・九トン〕、蔗糖一四四マウンズ〔一〇aあたり約一・三トン〕、転化糖一二マウンズ〔一〇aあたり約一一〇kg〕で、全体としては一エーカーあたり炭水化物三六〇マウンズ〔一〇aあたり約三・三トン〕であった。これは、品種の選択、土壌肥沃度、土壌管理についてのあらゆる支援がなされれば、活発に成長する期間に一エーカーあたり三・三トン〔一〇aあたり約八一五kg〕の炭水化物が得られることを意味する。

これらのシャージャハンプールの結果は、緑肥作物の栽培と刈り取り後の利用による腐植生成の最高の例として紹介できる。成功は二つの要因による。すなわち、窒素循環および腐植の生成・利用における条件についての知識と、これら生物学の原理を基礎にした効果的な農業技術である。

3　技術の普及と成果

現在、耕作者がシャージャハンプールの成果を採用する段階となったが、そのためには二つの問題がかたづけられなければならなかった。

第一に、緑肥の改良、溝への施肥、新品種という完全なシャージャハンプールの方法の導入を企てるべきか。それとも最初は緑肥に新品種を加え、環境に応じて溝を切るかどうかを決めるべきか。〔これについては〕緑肥による方法といっしょに新品種を導入し、溝を切らないことが最終的に決定された。完全なシャージャハンプールの方法をとるためには、堆肥が欠乏しているという理由からである。しかしながら、この困難は、クラークがインドを去った一九三一年にインドール式処理法の導入とともに取り除かれることになった。それは、すべての村に集約栽培のための堆肥を十分に供給できるものであった。

第二に、これらの研究の成果を村の住民に認知させるために大きな組織をつくるべきか。この点については、農務省がインド政府の管理に移されたことで解決された。クラークは、連合州の農務局長と立法府（Legistlative Council）のメンバーになったのである。その役職は、彼が一〇年間の臨時的な時間を割くことに同意したものであった。そのようなわけで、彼には科学者としての研究成果を全面的に拡げるための行政権が準備された。

クラークが仕えた二人の大臣C・Y・チンタマニ（C.Y.Chintamani）（現在のチルラヴォーリ卿（Chirravoori））とチャタリ太守（the Nawab of Chhatari）は、大きく政治的見解は異なっていたが、農業開発の必要性に関しては完全に意見が一致していた。そして、両者とも、彼らの面前に出された申し出に無制限の支持を与えたのである。一方で、意見が微妙に異なる極左から極右までの立法府の議員全員が、農業に関する業務の大幅な拡張を要求した。毎年の農業予算案の討議はその年の一大イベントであったが、一九二一年から三一年までの農業改良についての政府の財政案は、どんな異議もなしに通過していた。これは、インドの人民政府のもとで、効率的技術の業績に裏打ちされて農務省が勝ち得た成功例であった。

立法府のメンバーの多数は有力な地主であり、農村開発に深く興味をもっていた。また、彼らや立法府の議員ではない多くの人たちも、実用的価値のあるものが採用されることを熱望していた。それゆえに、主要なサトウキビ栽培地帯で、政府の助成を受けて個人経営農場が新しいサトウキビの栽培法を実証し、新品種の作付地域を拡大するために必要な大量の栽培資材の供給を行うことが決定したのである。

しかし、州によって与えられた援助の総額は小さく、各農場に分けると二〇〇〇～三〇〇〇ルピアであった。それでも、地主と農務省との間では、前者が一定の地域でＣｏ２１３号を作付けし、緑肥を施用し、シャージャハンプールの栽培法を率先的に導入することに同意する協定が結ばれ、種茎が一定の固定レートで地域に供給された。こうして、地主による新しい栽培方法の実証と耕作者への普及が、ごくわずかな費用で行われることになったのである。同時に、農村での農務省の影響力は増強され、地主は事実上農務省の重要な職務をこなす構成員となった。だが、二つの主要な点において、地主は通常の地区職員とは異なっていた。それは、もっとも有能な農務省のメンバーよりもはるかに優れた影響力をもっていたことと、彼らが非公式で無報酬であった点である。

インドの地主のこの業務への貢献は、非常に重要であった。積極的な支持や公共心をもって最初にこの取組みを始めた農場の地主たちがいなければ、また、その結果でもある実用的規模での新しいサトウキビの栽培法の実証と低料金での栽培資材の提供を行う地域の核づくりが行われなければ、農務省はこの改良普及を自らの力だけでやらなければならなかっただろう。地主によって非常に低コストで提供された実証農場の代わりに、政府は土地を獲得し、新しい方法を宣伝し、栽培資材を供給するための地域農場を自ら始めなければならず、そのコストは膨大で、政府の財源を完全に超えていただろう。また、農村の生来の指導者の影響と個人的な興味の代わりに、農務省は低賃金の部下がやる指導に任せねばならず、あらゆる知識をもつ検査官を増加させなければならなかっただろう。結果的に、巨大で扱いにくい高価な組織となっただろう。個人農場の優れたシステムによって、これらはまったく不要となったのである。

このように農業の改良普及で地主を使うというアイデアは、一九一四年にオゥズ（Oudh）で始まっている。そのときは、新しいプゥサ小麦の価値を実証するため、そして、必要となる非常に多くの種子を生産するために、多くの個人農場がタルクダース（Talukdars）の農園で発足した。クラークはこのアイデアを全州に拡大した。そして、一つの実験農場で得られた結果が地主の手助けによって、急速に、効果的に拡張する方法を示したのである。クラークは地主たちに自らの価値を共同体に知らせる機会を与え、地主たちはそれに熱心に着手した。それは、彼らの小作人や隣人が模倣できる、よりよい農業の実践例を示して農村開発におけるリーダーシップを発揮する機会であった。農務省が真に価値のある成果を地主に準備することができれば、すぐに世界中のすべての地主が同様の行動をとるだろう。

地主の働きによるその事業規模とスピードのすばらしさについては、次に掲げた最終的な成果の要約から明らかだろう。一九一六〜一七年に、クラークは試験のためにコインバトールからＣｏ２１３号の種茎を約二〇ポンド〔約九kg〕受け取った。一九三四〜三五年には、この品種が三三〇〇万トンも連合州で生産されるようになっていた。一九三四年のサトウキビ条例（Sugar-Cane Act）のもとで、政府によって設定されたサトウキビの最低価格で計算しても、耕作者にとってのＣｏ２１３号の価格は二〇〇〇万ポンド以上であり、それの半分以上がまったく新しく付け加わった価値である。このサトウキビから作られた砂糖の価格は、四二〇〇万ポンドであった。

新しい工場での機械装置一〇〇〇万ポンド以上の注文によるイギリス本国の機械貿易の利益と雇用効果については、いうまでもない。精糖工場でも、賃金、給料、配当で多額の分配がなされた。インドでは市場が供給過多になるという問題はなかった。過剰となった砂糖と砂糖加工品は、すべて地方市場によって速やかに吸収された。公正な関税をかけて重要な帝国市場を保護するという管理経済のもとで、私たちは農業での簡単な技術改良によって帝国資産の発展に成功したのである。

クラークがインド農務省を引退して以来、二つの新しく有益な要素が動き始めた。それが、この成功をさらに推し進めていくことになる。溝栽培を取り入れる場合に必要となる十分な量の腐植を村で準備することの困難さは、堆肥作りのインドール式処理法によって取り払われた。サトウキビ栽培地域での灌漑は、サルダ（Sarda）運河の完成と井戸からの揚水による低価格の電力供給によって改良された。集約栽培にとって本質的な要素、水と腐植が手近なものとなったのである。完全なシャージャハンプールの方法の導入による進歩についての詳細な報告が遠からず聞かれるようになることは疑いない。この章で始まった筋書きは、新たな次の段階に進んでいく。それは興味深く、刺激的な話となるだろう。

〈参考文献〉

Clarke, G., Banerjee, S. C., Naib Husain, M., and Qayum, A., Nitrate Fluctuations in the Gangetic Alluvium, and Some Aspects of the Nitrogen Problem in India, *Agricultural Journal of India,* xvii, 1922, p.463.

Clarke, G., Some Aspects of Soil Improvement in Relation to Crop Production, *Proc. of the Seventeenth Indian Science Congress,* Asiatic Society of Bengal, Calcutta, 1930, p.23.

第Ⅴ部　結論と課題

第15章　総　括

実際的かつ永続的で、農産物市場を除くあらゆるものと独立した国家の資本は、土壌である。この大切な財産を有効活用し、保護するためには、肥沃度の維持がきわめて重要である。

地力は、財政、産業、公衆衛生、住民の能力、文明の未来といった農業以外の多くの事項と密接にかかわっている。本書では、土壌について広い視野で述べ、一方で技術的な面から考察してきた。

産業革命は機械化による新たな飢餓と都市人口の過密化をもたらし、蓄えられていた土壌の肥沃度を著しく消耗させた。土壌資本の急速な振替え〔収入増と地力低下〕が起こりつつあるのだ。工場や都市の廃棄物がきちんと土地に還元されていれば、工業の発展と人口増大はそれほど問題にならなかったであろう。しかし、実際はそうではなく、農業の第一原則である土壌への還元は無視された。植物の生長は促進されたが、腐植の促進には力を入れず、農業生産はアンバランスになった。生長促進と腐植の双方による生命の循環は切れてしまい、腐植に代わる化学肥料が出現した。世界中の土壌は地力を失い、荒廃したままにされるか、あるいは徐々に毒されてきている。私たちの財産である世界中の地力がむやみに使われ、失われつつある。地力の回復と維持は世界的な問題になってきた。

土壌が荒廃してきたかどうかは、土壌浸食の進み具合の速さでわかる。地力という形による農業の損益勘定への資本の振替え〔地力の消耗〕は、最終的にその土地の破産につながる。この破壊作用を阻止する唯一の方法は、この文明病にさいなまれる河川流域の個々の農場の肥沃度を回復させることである。この手のかかる地力回復のための作業は、私たちのいくつかの海外統治国において取り組まれつつある。

化学肥料によって徐々に土壌が汚染されつつあることは、農業と人類にふりかかった最大の災害の一つである。この災害の責任は、リービッヒの信奉者たちと、私たちが生活する経済システムにある。ブロードバークでの試験結果によれば、化学肥料を上手に施せば作物の収量を上げられる。そのため、工業界ではすぐに化学肥料を製造し、販売ルートを組織した。

どこかでいい加減に栽培された安価な食べ物がイギリスの市場で氾濫したため、イギリスの農民たちは古くから実践してきた複合農業をあきらめ、生産費の削減で何とか破産から免れた。しかし、この一時的な救済策は土壌の肥沃度を消耗させた。母なる大地は、作物、動物、人間の病気が毎年増加していることからも、この救済策が誤りであることを記録した。動力噴霧器が作物の病虫害防除のために導入され、動物用にはワクチンや血清が導入されたが、それでもきかなくなると家畜は殺され、焼却される。このやり方の誤りは明白である。不適切な方法で栽培された食べ物で育った人びとは、売薬、健康保険医、調剤薬局、病院、療養所といった、お金のかかるシステムに頼らざるを得ない。こうしてC３民族〔体格の劣った不健康な民族〕がつくられるのである。

全体として、この事態は共同社会によってのみ救われる。まず初めに、事態の危険性を理解し、この袋小路から抜け出す道を示すことである。肥沃な土、健全な作物、健康な動物、そして、最後になったが忘れてはならない健康な人間との関係が、広く認識されなくてはならない。多くの共同社会は、できるだけ野菜、果物、牛乳と乳製品、穀類、肉類を自給自足するための土地を所有し、肥沃な土で育てられた食べ物がどのような結果をもたらすかを示すべきである。家庭や学校での教育の課題は、化学肥料で栽培した野菜や果物よりも腐植〔堆肥〕で栽培したもののほうが味・品質・日持ち状態が優れているという知識である。そうすれば、将来、母親になる世代のイギリス人女性は、食生活の改善に影響力を及ぼすようになるだろう。

食料品は、土壌の肥培条件によって等級付けられて市場に出され、販売されなければならない。過去に土壌の犠牲によって繁栄した都会の共同体は、地力の衰退に悩む農村に腐植が施されるように、協力しなければならない。地主、農業者、雇用労働者など土地に関係するすべての人たちは、失われた土壌の肥沃度を回復するための財政的援助を受けるべきである。大英帝国の土地を保護するためのさまざまな財政的措置を講ずるべきである。こうした財政的措置が必要不可欠であるのは、私たちのもっとも大切な財産は私たち自身であるからだ。また、農村が繁栄し、満ち足りていることが、国の将来を守るもっとも強い力になるからである。国民の必要性と国家財政の必要性との調整がうまくいかないと、国民も国家も破滅してしまう。古代ローマ帝国の失敗は避けなければならない。

土壌が本来もつべき地力を取り戻すための手助けの一つは、農業調査研究である。新しいタイプの研究者が必要である。今後の調査研究は、土に親しみ、高度な科学教育を受け、専門的な農業技術を備えた少数の男女の手に委ねる必要がある。彼らは、各自で実践と科学を結びつけなければならないし、研究者として要請される間にあちこちへ視察にも行くべきである。なぜなら、たとえばイギリス本国のような国では気候や地質の点で、植物の生長要因に大きな影響を及ぼす動態的な〔変化に富んだ〕事例を提供できないからである。

農業に関する問題の研究は、実験室ではなく農場で行うべきである。農業問題の関連事項の四分の三は解決した。ここにおいて、自然と密接にかかわりながら生活している観察力に長じた農業者や労働者は、試験研究者の最大の援助者になれる。世界中の農業者の見解は、尊重するに値する。彼らのとる行動には、いつもそれ相当の理由がある。混作のような事項に関しては、彼ら自身がいまでも先駆者である。農業者と労働者との提携による調査研究は、実は間違っているにもかかわらず多くの人びとから信仰されている考え方、あるいは昔の深遠な聖職者を思わせるような方法によってその地位を保っているすべての見解を払拭するのに役立つであろう。

土地にかかわるすべての人びとは、耕作者たちと協力し合わなければならない。また、これからの研究者は、科学という特別な道具と、視察で幅広い経験を身につけているということ以外は、農業者と何ら変わらないであろう。これからの研究者の地位は、成功、つまり適正な農業が一層改善され得ることを示す能力にかかっているといえよう。農業改良者が学会の紀要を書き記す代わりに、その土地の情報や改良点を書き記したならば、農村共同社会がその改良案を採択することは間違いないであろう。体裁を飾ったり気取ったりしない農村の指導者たちは、インドの農村でもそうであったように、改良した結果がよければ、すぐにでもこの研究に協力するようになる。試験場での試験結果を農業者に提供するための特別な組織は必要ない。

農業調査研究の機関は、改革されなければならない。大英帝国の発展によって発達した大規模な、頭でっかちの、複雑な経費のかかる組織を一掃し、時間の無駄遣いである非能率的な委員会は廃止すべきである。大量の印刷物を削減し、経費を節減すべきである。「科学者の英知を増進させる最善の方法は、彼らの数を減らすことにある」というカーレル（Carrel）〔一九一二年にノーベル賞を受けた、フランス生まれのアメリカの生物学者・外科医〕の格言を実行すべきである。農業に適用される研究は、最上のものでなければならない。研究に携わる能力のある人びとが行政に援助してもらうとすれば、研究するにあたって障害となるものから保護してもらうことくらいである。政府の重要な義務の一つは、調査研究者が自らの研究活動を阻害するような組織をつくることを避けるようにすることであろう。

これからの調査研究は肥沃な土を基本にしなければならない。何をおいても、土壌は肥沃でなければならない。改良された土壌条件に対する作物や家畜の反応を、注意深く観察すべきである。作物や家畜の反応は、私たちにとって重要で意味深い。私たちはそれらを観察し、簡単な疑問を投げかけるべきである。ダーウィンがミミズの研究に用いたのと同様の方法によって、作物や家畜の反応事例を理論だてる必要がある。

調査研究において、肥沃な土と同じくらいに重要な働きをもつのは、動植物に害を与える虫類、菌類、その他の微生物類である。これらは、農業が不適切に行われていることを指摘するチェック機能をもつ。今日の農業政策は、これらの非常に貴重な働き手を破壊し、最善を尽くして排除しようとしている役に立たない作物と動物を存続させてしまう。今後、私たちはそれらを自然の師とし、いかなる合理的な農業形態においても、きわめて重要な要因であるとみなすようになるであろう。

その他の価値ある試験方法は、品種の耐久効果の観察である。もし、品種が退化したら、方法に何らかの間違いがある。反対に品種が永続すれば、その方法が正しいといえるであろう。それゆえに、これからの農業の効率は、作物育種家の数の減少度合で測定されるであろう。土壌が肥沃になり、その肥沃度が維持されれば、育種家の数はそれほど必要とされないからである。

栽培作物と異なり、森林が病虫害にあわないのは、土壌に腐植が多く含まれているからである。自然は、森林において廃棄物の腐植化が危険を伴わずに行えることを知らしめた。これが、インドール式処理法の基本である。動物性廃棄物と植物性廃棄物の混合物は、水、十分な空気、過度の酸化を中和させる塩基があれば、菌類やバクテリアによって九〇日で腐植化できる。堆肥は生きているので、農場の家畜と同様に細心の注意と世話を必要とする。さもないと、もっとも良質の腐植は得られない。

イギリス本国のような国々で腐植を製造する場合、まず初めにすることは、欧米農業でもっとも力が入れられてこなかった〔積み上げて作る〕堆肥の改良である。堆肥は、生物学的にはバランスを欠いている。なぜなら、腐植を作るときに必要となるセルロース（繊維素）と十分な空気の二つを微生物が奪うからである。また、化学的に見ても不安定である。なぜなら、貴重な窒素とアンモニアが大気中に失われ、堆肥中に保存しておけないからである。都市の中心地にあっても、堆肥を増量するための粉砕廃棄物を供給したり、何の役にも立たずにごみ捨て場に堆積されたままの大量の腐植を農耕や園芸用に提供したりすることで、農業を援助ができる。それは、結果的には都市自身のためにもなる。

作物は、土壌と作物の間をつなぐ役割を果たす菌根との共生、すなわち活性菌の橋渡しによって、腐植を部分的に利用している。自然は炭酸ガスとタンパク質を前もって消化分解しておくことによって、緑葉の働きが完全となるように努力してきた。私たちは土壌の腐植含有量を維持することによって、この自然の仕組みを最大限に活用すべきである。そうすれば、作物の品質は向上し、家畜は健全に育つ。

このような健全なものの生産が人類の福祉にとって重要な要因であるという証拠が、蓄積されつつある。私たち自身の健康が満足すべきものでないことは、次のカーレルの言葉で示される。彼の名言によれば、アメリカ合衆国が使う年間の医療費は七億ドルを下回らないという。この金額は罹病による能率の低下をマイナスで換算していない。アメリカ合衆国の土壌が肥沃になり、この七億ドルもの重い負担の四分の一でも軽減できるのであれば、アメリカ国民の社会と未来にとって肥沃な土壌は間違いなく重要であるといえる。

預言者はことの成り行きに左右されるのが常であるが、それでもあえて私は次の言葉を本書の結びとする。

いつか私たちの食料が肥沃な土から育てられ、供給され、新鮮な状態で消費されるようになれば、少なくとも人類の病気の半分がこの世から姿を消すであろう。

付録A　ベンガルの茶園での堆肥製造

ガンドラパラ茶園は北東インドのヒマラヤ山麓から南に約五マイル〔約八㎞〕のドゥアース（ブータン王国の玄関）と呼ばれる地区にある。全面積二七九六エーカー〔約一一三〇ha〕のうち、一二四二エーカー〔約五〇〇ha〕に茶が栽培されており、うち一〇エーカー〔約四ha〕が採種用だ。また、水田や陸稲畑、薪炭林、茅の草原、竹ヤブ、種子から桐油をとる油桐畑、牧草地もある。暑くて、湿潤で、万物が生長しているかのような四月中旬から一〇月中旬までの間に、八五～一六〇インチ〔約二一六〇～四〇六〇㎜〕の雨が降る。寒い季節は快適だが、三月からモンスーンの始まる六月までの気候は耐えがたい。

茶園には約二二〇〇人のクーリーたちが働いている。ほとんどはナグプール〔インド中西部マハラシュトラ州の北東部にある都市〕の生まれであるが、ここ何年か住みついている。茶園の状態はまさしく健康で、大河にはさまれた高原に位置し、近くに小川は流れていない。すべての排水は、近くの森林や荒れ地に流される。クーリーたちには、住居、給水設備、薪、薬、無料の治療が与えられており、病気になれば無料で病院の診察を受けられる。産前・産後には手厚い看護を受け、毎週ヨーロッパ人の保健所長によって診断され、特別手当が支給される。赤ちゃんの体重や詳細な成長記録がつけられ、授乳状況や食べ物の摂取状態が調査される。また、会社からは健康な労働力人口を養うための哺乳瓶、「カウ＆ゲート」（Cow and Gate）印の食べ物、その他の必需品が支給される。

今日、地球上のあらゆる生物を見渡しても、自然科学の知識によって役立ったと自慢できるものはほとんどない。

土壌、動植物、私たち自身の何もかもが、私たちの責任のもとで病んでいるのではないか。

1　堆肥製造工場の建設

茶の木は栄養分を必要とする。アルバート・ハワード卿は、人間の食料の質を向上させようとするだけでなく、それが適正基準のものになるために植物養分の質を改善しようとしている。つまり、ハワード卿は、土壌そのものを健全かつ肥沃なものに改良することが問題の根本であると考えている。彼が言うところによれば、「腐植を多く含む肥沃な土壌は、化学肥料の施用や作物への病虫害防除を必要としない」のである。

ハワード卿の提唱した「インドール式処理法」で、一九三四年に小規模な堆肥の製造が開始された。堆肥は茶園の廃棄物から作られる。カッコウアザミ属の植物（*Ageratum*）、雑草、茅、落葉などのすべての利用可能な植物類が入念に収集され、積み重ねられ、一握りの木灰と尿のしみ込んだ土をばらまき、細かくなった糞や汚れた敷ワラを層にして入れていく。積み込んだものが水分過多ではなく、ほどよく湿った状態になるように、目の細かい散水機で散水する。この積込み作業は、堆肥坑が三～四フィート〔約〇・九～一・二m〕の深さになるまで続けられ、一層積むごとに散水機で散水する。

このような堆肥作りを行うためには、堆肥製造工場が必要であった。それがあれば、作業が管理でき、経費をできるだけ節約できるからである。かくして、堆肥製造中央工場が建設された。工場の見取り図は図14に示すように、四一個の堆肥坑からできており、それぞれは縦三一フィート〔約九・四m〕、横一五フィート〔約四・六m〕、深さ三フィート〔約〇・九m〕であった。堆肥坑の屋根は縦三三フィート〔約一〇m〕、横一七フィート〔約五・二m〕であり、

図 14　ガンドラパラ茶園における堆肥作業図

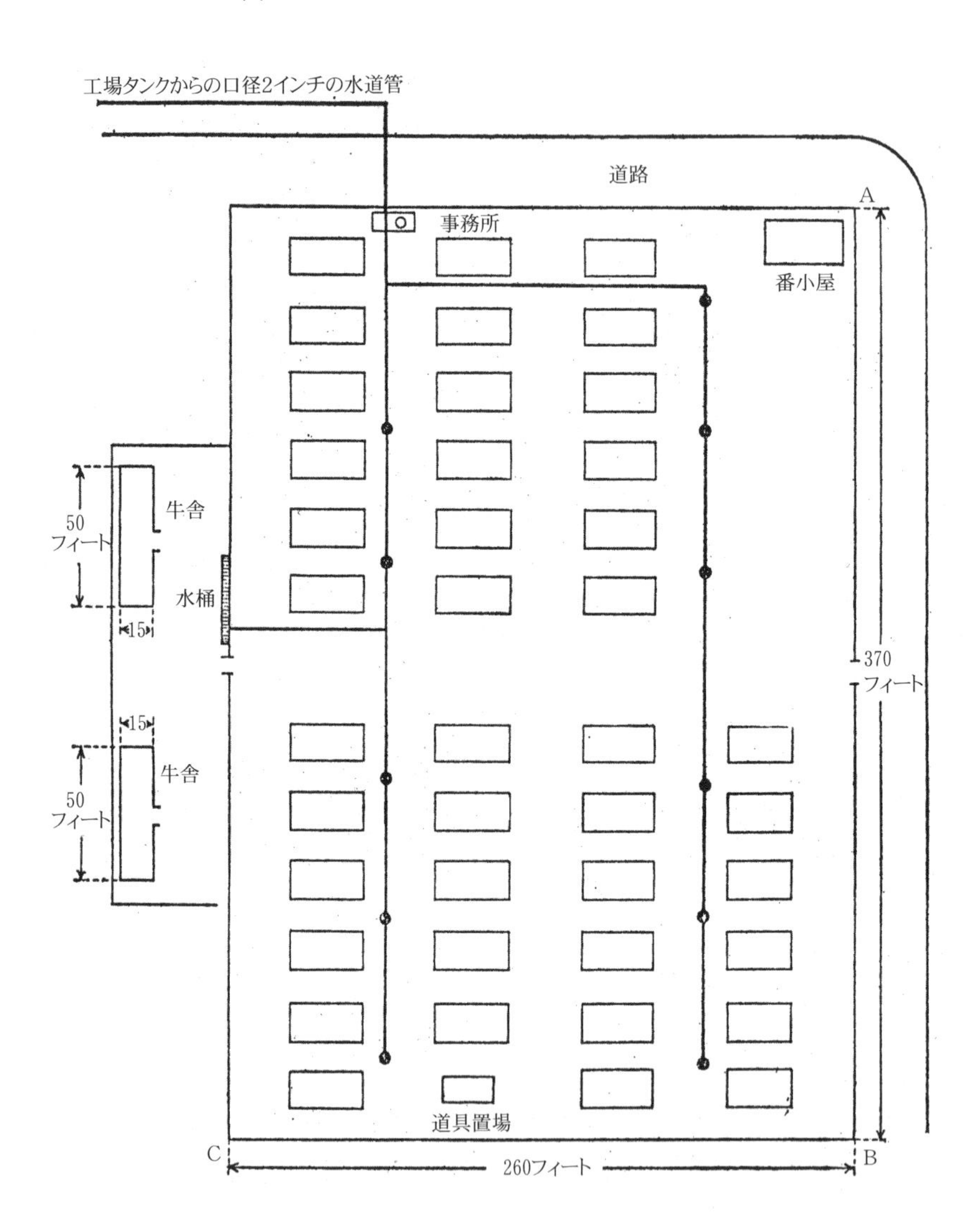

各堆肥置場の間は一二フィート〔約三・七ｍ〕、置場の列と列の間隔および置場と柵の間隔はそれぞれ三〇フィート〔約九・一ｍ〕であった。これによって堆肥の材料を堆肥坑に荷馬車で直接運搬できるし、熟成した材料を置いておく場所も確保できる。五四フィート〔約一六・五ｍ〕間隔に、口径一インチ〔約二・五㎝〕の支柱と給水栓を備えた口径二インチ〔約五㎝〕のパイプが敷設してあり、それにホースをつければ、すべての堆肥坑に給水できる。散水には撒

カッコウアザミの刈取り

堆肥坑の屋根造り

屋根のある堆肥坑とない堆肥坑

布ジェットやレイン・スプリンクラーなど細かい目の散水機が使用されている。

堆肥製造工場に隣接する共同牛舎は、二〇〇頭までの飼育が可能で、各牛舎の広さは縦五〇フィート〔約一五m〕、横一五フィート〔約四・六m〕である。縦一七三フィート〔約五三m〕、横五七フィート〔約一七m〕の柵で囲んだ場所は、牛がいつでも寝ころべるようになっている。また、家畜がいつでも水を飲めるような長さ一一フィート六インチ〔約三・五m〕、幅三フィート〔約〇・九m〕の水桶がある。牛飼いの住居は牛舎の近くにあり、事務所、倉庫、番小屋は作業場の囲い地内にある。

寒い季節には、囲い地と平行に走る堆肥坑に続く主要な道路だけが通行可能となり、何かを踏圧する場合にはそれを車道に並べ、必要に応じて毎日置き換える。給水設備は良好で、水量も十分にあり、おもな給水栓は事務所が管理している。すべての堆肥坑には番号がつけられ、使用した材料・切返し日・経費・温度・給水・積上げなどの詳細が記録される。茶の成木、苗用の圃場、油桐畑、採種用の茶畑、弱っている茶の木に堆肥を施用したときだけ、その一エーカーあたりの労働量と施用量が調べられる。

共同牛舎と囲い地の周囲には密林が茂り、堆肥坑へ積み込む必要がある場合には伐採される。私は堆肥坑の通気をよくするために、竹筒のほうがよいと思ったが、試しにレンガで通気孔をつけてみた。通気がよくなると、発酵させようとする堆積物を四～五フィート〔約一・二～一・五m〕ほどの深さまで積めるため、堆肥坑あたりの腐植の生産量が増加すると考えられる。積み込むときには、この通気孔が踏み荒らされないように、また堆肥坑に渡した大きな板をクーリーたちに踏み潰されないように、よく注意しなければならない。一回目の切り返しで荷馬車に轢き砕かれなかった木質繊維のすべては、鋭い鍬（hoe）で切り刻まれる。このようにして発酵作用が十分に保証され、菌類がいっせいに発育するのである。

堆肥製造工場の設立によって、堆肥を一年のうちどの時期にでも作れるようになり、通常工程では約三カ月できる。堆肥製造中央工場ではさらによい管理ができ、より良質の堆肥を製造できる。未熟な原料の外周や雨にさらされた部分は適切に分解されるが、最終的にできた堆肥はそれほど良質なものにはならない。そこで、原料をできるだけ切り刻んでしおれさせてから、堆肥製造中央工場へ運ぶようにした。

共同牛舎

牛車による木質繊維の踏圧

茶の刈込みによる敷積堆肥の製造

2 堆肥の効果と必要性

寒い時期に、大量に敷積堆肥として施用する。整枝剪定後、一エーカーに五トン〔一〇アールあたり約一・二五トン〕の腐植を剪定した小枝とともに鋤き込む。剪定する小枝の量はまちまちであり、場所によっては一エーカーあたり一六トン〔一〇アールあたり約四トン〕もの剪定小枝が腐植とともに鋤き込まれ、すばらしい成果をあげている。

牛糞と緑肥の材料が不足している茶園は多い。多くの農業者たちは、青刈り作物の鋤き込みや日よけのための樹木、腐りかけた野菜屑などを利用して、それらの不足分を補っている。実際、すべての茶園ではあらゆる有機物を利用して、土壌の肥沃度を維持している。配合肥料専門の製造業者たちが、腐植の含有率のかなり高い特殊肥料を何年にもわたって製造し続けているのは、特記すべきことである。土壌に腐植を供給する重要性は明白である。土壌バクテリアの働きを促進するための重要事項については、ここでは考察しないが、土壌バクテリアが快適で活動し得るためには腐植が必要不可欠であるということは認識されなければならない。

有益な土壌バクテリアなしには、生長はあり得ない。また、たとえ私たちが化学肥料を理論的根拠にそって正しく施用したとしても、土壌中に有効な土壌バクテリアがいなければ、収穫はよくないし、樹木は弱り、枯れたり病気にかかったりするであろう。また、腐植を実用的かつ経済的に土壌に供給できるあらゆる手段が、今日における農業観に影響を与える人びとの共感を得られれば、事態はよくなるであろう。

それに加えて、排水や日よけのための樹木などによって土壌に通気を与えなければならないが、茶栽培でもっとも重要な通気の働きを、多くの栽培者や農園の人びとが理解しないかもしれない。土壌の肥沃度を維持するために、私たちは良好な排水状態、日よけのための樹木、混作や輪作などのさまざまな耕作、肥培管理を行わなければならない。腐植は植物の栄養分であり、資本勘定に組み入れられるものであり、したがって堆肥は必要不可欠である。一方、化学肥料は強壮剤のようなものである。

このことは、茶の活動期が終わるころに顕著に現れた。一九三八年一〇月から翌年の四月二〇日までに、一・五インチ〔約四〇㎜〕以下しか雨が降らなかった。そのときに干ばつにあった茶園の多くは、排水、肥培管理、日よけの樹木の育成がうまくいかず、有機物をほとんど貯蔵できていないところであった。

クーリーたちは、会社の保有地で自己所有の家畜を飼うことが許されている。彼らが所有している家畜は、水牛一三三頭、去勢牛一一五頭、乳牛六一二頭、子牛四六六頭、ポニー〔背丈が通例一・五mを超えない小馬の品種〕二一頭、山羊三八四頭、豚六四頭の、合計一七九五頭である。二年の間に、化学肥料や有害動植物防除資材は使用されなかった。これまでに生産した腐植は三〇八五トンで、それに一二〇七トンの森林の腐葉土も施用された。腐植製造と施用にかかったコストは一トンあたり二・八六ルピーで、森林の腐葉土のコストは一トンあたり一・三九ルピーであった。

動植物性廃棄物の腐植化が土壌肥沃度の改善をもたらしたことは、明らかである。自然循環によるあらゆる有機性廃棄物の土壌への返還が、最高品質の茶葉を生産し、有害動植物に抵抗性をもたせる方法であると、多くの科学者が考えている。彼らはいまでも、自然の法則こそ最善の方法であると主張している。

J・C・ワトソン

ガンドラパラ茶園　バナラット郵便局気付

一九三九年一一月一八日

付録B　南部ローデシア・チポリにおける堆肥作り

1　チポリでの挑戦

チポリ（Chipoli）では、これまで何年にもわたってある種の堆肥が作られてきた。だが、アルバート・ハワード卿のインドール処理法が習得される数年前までは、材料屑が大量に出て、堆肥の質もよくなく、今日に比べて生産費も高かった。深い堆肥坑で、主として嫌気性の条件下で行われたため、堆肥作りは何カ月もかかり、多くの窒素分が失われた。堆厩肥は家畜置場にあるか山積みして置かれていたので、農場へ運ばれるときには多量の窒素が失われていたのである。また、敷き草として使用されていた多くの雑草や葦および同類の材料は、泥に埋まったオークの木のようにそっくりそのまま保存され、作物が生育するのと同時に土中で分解されていた。これは、作物にとって有害な要素である。

チポリの堆肥製造所は、インドールの製造所と同じように設計された。水がひかれ、貯水塔が一定間隔に配置される。一インチ〔約二・五㎝〕のゴムホースが山積みされた堆肥に給水するために使用される。この準備が整えば、堆肥は年間いつでも作ることができ、通常の製造工程はほぼ三カ月である。

原料が生い茂り、給水に雨水を用いられる場所に沿って堆肥を積めば、より安価に製造できるのではないかとの主張があった。もし、雨が規則正しく降れば、そのとおりである。しかし、雨は必ずしも規則的には降らず、製造工程が中断されるため、よい堆肥が作れない。人為的な給水を行わない堆肥製造には、むずかしい点がもう一つある。それは、堆肥の材料が同じシーズンに利用できず、一年を棒にふる場合があることだ。これまでに、降雨の連続のため堆肥を完成させるのに適さなかった時期があった。その結果、土壌の肥沃度を維持するために、自然の雨を利用して堆肥作りを行っていた農業者がたいへんな目にあっていた。給水にかかる費用は、堆肥を製造するためのわずかな保険料だといえる。

私は、暑い時期には堆肥坑は必要ないと思っている。山積みされた堆肥に水分補給を毎日できれば、適温を維持できるし、一人の地域住民で五〇〇トンの堆肥を容易に管理できる。ただし、水分補給はバケツではダメだ。材料が様に湿らず、水分の多すぎるところと少ないところができるからである。堆肥を切り返しながら、調節しながら散水すると、適当な湿度が保てる。

中央作業場では、コストの問題が起こる。少し余分にかかる運搬費は、適正な作業管理と統制によって埋め合わせられると思っている。原料運搬費は、サン・ヘンプ〔麻の一種〕をはじめ利用できるものは何でも積み上げておき、ある程度まで腐らせることで、節約できる。これによって容積がかなり減る。チポリで堆肥を作るための材料は、主としてヴェルト・グラス（velt grass）という雑草で、川岸や峡谷などその草が生えているあらゆる場所から刈り取られる。次にたくさん積み込まれるものは、堆肥用に栽培されているサン・ヘンプで、そのほか、イ草、穀物の屑、雑草、菜園から出る残渣などである。

堆肥をサン・ヘンプの刈り株に撒いてから畑を鋤く。これまでに、腐植の供給を維持するために大量のサン・ヘンプが鋤き込まれてきた。時期によって、この作業はうまくいくときといかないときがある。天候が適さない場合に

チポリの堆肥場の概観

堆肥への散水

は、植物質が腐らずに地表や地下に残り、次のシーズンの作付け前に分解されてしまう。この地上部を切り取って堆肥にし、土地に戻す。そこに雨が降り始めると、すぐに作付け準備が万事整う。

もう一度言っておこう。動物性と植物性の廃棄物を混合して作った堆肥は、青刈り作物の地上部だけで作った堆肥よりもたいへん優れていることは明らかである。

2　堆肥の上手な作り方

堆肥を積むにあたり、まず植物性の廃棄物の層を敷く。その大きさは長さ二五ヤード〔約二三m〕、幅一五フィート〔約四・六m〕くらいである。その上に糞尿をたっぷり含んだ敷き草を置き、適量の土と木の灰をかけて、ホースで全体を湿らせる。この作業は、山積みされた高さが約三フィート〔約九〇㎝〕になるまで繰り返される。堆肥はすぐに熱を発する。一〇日ほどたって菌類の発育が全面的にいきわたった堆肥を切り返し、必要に応じて湿り気を与える。

一般的に三回目の切り返しを行うころには、堆肥の容積がかなり減少する。そうなれば、横に並んだ二つの堆肥を一つにまとめる。これは、容積を維持し、この処理過程が支障なく適切に行われていることを保証するためである。一回目の切り返しの際に、分解があまり進んでいない堆肥があれば、これまでに二回切り返されており、正常な分解作用が進んでいる他の堆肥をそこに混ぜる。すると、それをきっかけとして正常な分解作用が始まる。私は、草とサン・ヘンプとの混合物のほうが、サン・ヘンプあるいは草だけのときよりもよい堆肥ができることに気づいた。

従来は、刈り取ってきたばかりのごわごわした材料を路上に並べて、しばらくの間、大型荷馬車にその上を通過させていた。これは、材料を細かくし、堆肥製造過程の分解作用にとって都合がよい。もっとよいと思われるのは、すべての材料を畜舎にいったん投入することである。そこで、材料は糞尿を吸収し、同時に家畜に踏みつけられてこなごなになる。ここまでくれば、あとは土と木の灰と水分を添加すれば、堆肥が完成する。

土地に何らかの形のリン酸肥料を撒くことは、常々行われてきた。現在では、リン酸肥料は直接、堆肥に添加され、堆肥が撒布されたときに土壌で効力を発揮する。このあたりでもっとも安く手に入る肥料は骨粉で、リン酸に加えて四%の窒素を含有する。主要な原料である干し草は約一・五%の窒素を含むが、これだけでは足らない。骨粉に含まれる窒素が、堆肥製造を促進させる。しかも、骨粉に含まれる窒素はまったく失われない。骨粉の添加量は地方によって異なり、堆肥を製造するうえで必ず必要というわけではない。

今年〔一九三九年〕は長雨が続いて、屋外の家畜置場は泥沼と化した。びしょぬれの敷き草と肥料をできるだけ早く堆肥場に荷馬車で運び、たくさんの土を間に入れて、いっしょに積みあげた。材料が非常に濡れていたので、固くまとまり、黒っぽい液体がにじみ出てきた。そこで、すぐに材料を切り返し、液体を吸収するように土をさらに添加し、三日後に再び切り返しを行った。これによって、家畜置場から肥料についてきたハエたちがいなくなった。発熱状態があまりよくなかったため、さらに切り返しを行ったところ、切り返すごとに堆肥は多孔性を増した。そして、最後の切り返しによって発熱が加速し、菌類が発育し始め、通常の堆肥製造が開始されたのである。

ここで言えるのは、切り返しは通気をよくするという原理が理解されれば、過去に起こった貯蔵における失敗を避けられるということだ。ベルギーのような国々でも、悪臭がしてハエが群がる家庭の汚物があったのを思い出す。堆肥製造の原理が理解されれば、どんなに失敗が避けられるであろうか。また、どんなに衛生的な状態になれるであろうか。

堆肥作りを行うにあたり、多くの人が気になるのは、どれくらいの費用がかかるかということである。これは立地条件によって異なる。人件費と、いかに原料を収集できるかが、費用を左右する要因となる。私はたまたまタバコを栽培しており、乾燥処理の燃料に木を用いている。タバコの納屋は堆肥製造場の近くにあるので、たくさんの木灰をすぐに使用できる。畜舎も近くにあるので、これからはすべての植物性廃棄物をそこで使ってから堆肥にしようと思っている。私はサン・ヘンプの干草がすばらしい家畜飼料になることを知った。また、この干し草を堆肥場や家畜の柵のそばに山積みしておき、その残渣を堆肥の山に入れれば、家畜は日常的にこの干し草を食べられる。

ここでは、堆肥製造があまりに短期間のうちに進んだため、正確な原価を計算できなかった。今年〔一九三九年〕、堆肥製造のための特別な処理にかかった経費は、製法が改良されれば、翌年には半分にできるかもしれない。しかし、概して次のことが言えよう。一〇〇〇トンの堆肥作りを基準にして、あらゆる材料を収集し、農場に堆肥を撒布すべし！

ご存知ない人のために言っておくと、南アフリカの一般的な大型荷馬車は長さ一八フィート〔約五・五m〕で、つながれた一六頭の牝牛によってひかれ、標準積載量は五トンである。私は植物性廃棄物を運ぶために、大型荷馬車の上にゴムのポールでできた枠組みを造り、よりたくさん運べるようにした。

堆肥を作るときには、このような大型荷馬車が一日に二～三台稼動する場合もあるし、まったく稼動しない場合もあるが、平均すると一台の荷馬車が四カ月中、稼動していることになる。このような大型荷馬車には運転者一名、監督者一名のほか、荷上げや荷下しのために二名が必要である（もちろん、運転者や監督者も手伝うのではあるが）。雑草、茅などの刈り取りや収集は二カ月間、毎日約一〇名の地域住民が行う。サン・ヘンプは草刈機で刈り、清掃機で集められる。これは一カ月間に四名の地域住民で行われる。製造だけについていえば、五カ月間で四名の地域住民ですべてを完了できる。以上で、実働一八〇〇日となる。熟した堆肥を撒布するのに、機能の優れた肥料撒布機（マニュア・スプレッダー）を使う人もなかにはいるが、私たちがそのような機械を使うのはまだまだ先のことであろう。

チポリでは、同時に三台の大型荷馬車が撒布のために使われる。それぞれの荷馬車は、三トンちょっとの熟成堆肥を一度に運ぶ。四名の地域住民たちが堆肥を大型荷馬車に積み込み、農場に着くやいなや、別の四名がショベルやフォークを持って荷馬車に乗り込む。そして、ゆっくりと動く荷馬車から、決められた場所に堆肥を撒く。遠近の土地を平均すると、一台の大型荷馬車は一日に八往復し、総勢一四名の地域住民たちによって一日に七五トンの堆肥を撒布する。このようにして一〇〇〇トンの堆肥を撒布するには、実働二〇〇日を要する。言い換えれば、廃棄物の材料を刈り取ってから熟成した堆肥を土地に撒布するまでのすべての工程は、実働二〇〇〇日を要する。これは、一日あたり二名の先住民が一トンの堆肥を作り、土地に撒布するのと同じことである。

この堆肥作りに従事する場合には、大型荷馬車や草刈機などの維持費や減価償却費などを考えなければならないが、それはたいしたことではない。牡牛は糞尿を堆肥の原料として提供するだけでなく、役に立たなくなると肥育して、通常は少なくとも買取価格程度の値段で肉屋に売られる。そのため、牛は収支勘定には数えない。

古い鉱山から購入した材料で造った私の給水設備にかかった費用は、堆肥を作り出した最初のシーズンで帳消しになった。

3　堆肥の効果

最近、私は天然資源委員会において、堆肥作りが南部ローデシアで普及すれば、この地方の農業生産高は新たな農地を開墾しなくても倍にできる、と発表した。昨年〔一九三八年〕のチポリにおける化学肥料の勘定書は、これまでのざっと半額になっており、作物の生育状況がどのようなものであれ、生産量は五〇％増になっていたであろう。

今シーズンは堆肥を柑橘類、トウモロコシ、タバコ、落花生、ジャガイモに施用した。それほど乗り気ではないようであったが、隣人に堆肥作りを勧めたところ、彼はタバコに施用した。彼によれば、彼の畑のなかで堆肥を撒いたところのタバコがいちばんよかったとのことであった。

『ローデシア農業ジャーナル』（*Rhodesia Agricultural Journal*）に公表された数枚の写真からは、堆肥の施用によって作物が干ばつに対して抵抗力をもつことがわかる。堆肥を施用したトウモロコシは、そのほとんどが元気であったが、その横で堆肥を施用しなかったトウモロコシはすべてしなびていた。

適切に製造された堆肥は、適量の空中窒素を固定する性質を有している。この性質をもっとも有効にするには、堆肥の製造にかかる時間をできるだけ短くする必要がある。製造工程が中断されるようなことがあってはいけないし、材料が乾きすぎたり湿りすぎたりしてもいけない。私は、必要とする量以上の土を使用するようにしている。土は経費がかからない。運搬するために余分にかかるちょっとした経費は、自然に失われる窒素を土があることによってとらえたり固定したりして防ぐことで、埋め合わせができる。今日の段階では、私たちは菌根についてほとんど知識がないが、土が多いことが不利益をもたらしはしないようである。

面積が広く、堆肥が全面にいきわたらないところでは、狭い面積に大量に施肥するよりも、広い面積にほどよく施肥するほうがよいであろう。普通作物に対しては最低一エーカーに五トン〔一〇アールに一トン強〕くらいであろうが、ジャガイモや商品として扱う野菜類には、少なくとも一エーカーに一〇トン〔一〇アールに約二・五トン〕を施用すべきである。手に入るのであれば、それ以上を施用してもよい。ローデシアの土壌の多くは腐植を消耗してしまっているので、再び土壌の生気を取り戻すためには、いったん自然の状態になっても、堆肥を多めに施用する必要があると思われる。

堆肥作りについて知れば知るほど、材料を空気にさらし続けることが必要であると私は思うようになった。前述したように、これは何回にもわたる切り返しによってできる。切り返しをすばやく行えば、ほとんど熱が失われないし、堆肥の処理工程が中断されることもない。

堆肥の下に一組のレンガの送気管をつけると、空気供給はよりよくなるであろう。しかし、私の場合には堆肥の位置が常に移動し、スコットランド製の荷馬車や大型荷馬車が絶えず堆肥の間を動き回るため、送気管が壊されてしまう。両端に穴を開けて、片側の穴に金属片をちょうつがいで取り付け、両端を外側に曲げた六インチ〔約一五㎝〕のパイプを用意し、堆肥の中に入れると、空気供給がうまくいくであろう。なぜなら、パイプの内側から堆肥に空気を絶えず供給するための空間が堆肥の中につくられるからである。このようなパイプの利点は、持ち運びでき、堆肥を作る直前に設置できることである。不利な点ももちろんあり、その一つは費用がかかることである。

さらに空気供給をよくするものといえば、小型石油コンプレッサーが考えられる。これは空気ハンマーを動かしたり、手押し一輪車や小型手押し車に載せ、ゴムホースで連結されて使われる。パイプは直径一インチ〔約二・五㎝〕で、先がとがっている。その先端から約一八インチ〔約四五㎝〕のところに、小さな穴が開けられている。パイプを堆肥の中心部に押し込み、空気を注入するという操作を、およそ三フィート〔約九〇㎝〕おきに繰り返す。この方法をとると、一日にいくつもの堆肥に強引に空気を送り込むことができる。結果的に堆肥一トンあたりわずか数ポンドでも窒素をたくさん固定できるのであれば、価値がある方法といえよう。

しかし、以上のことは現段階ではゆきすぎのきらいがある。アルバート・ハワード卿の処理法のよいところは、その簡素さにある。その方法は、精密な機械を使用しているもっとも近代的な農園のものと同じくらいに、地域住民が彼ら自身の道具を使って彼らの村で活用できるのである。ローデシア政府が堆肥の作り方をすべての地域住民の農業指導センターで指導すると規定したことは、とても喜ばしい。この問題についての関心は徐々に高まるであろう。すでに私のところには、干し草で堆肥を作る方法を見学するため、隣村から古老の訪問を受けている。

私たちは、まさに堆肥時代に突入しようとしている。その諸原理がはるか昔から適用されていれば、アメリカの中西部に起こった荒廃状態を避けられたであろう。いわゆる収益逓減の法則〔一定の土地に労働量を追加していくと、収穫は増加していくが、増加の仕方が次第に減っていくという法則〕は、土壌を真に理解せず、自然の法則に従わずに土壌とつきあう人びとだけにあてはまるといえる。幸いローデシアは若い国であり、比較的、土壌の荒廃は進んでいない。堆肥作りの一般化は、以下のことを意味する。それは土壌の全面的な再創造であり、肥沃度をより高めることでもある。今日、海へ不必要に流している大量の雨水を吸収する能力を高め、干ばつへの抵抗力を高めることでもある。これからの農業に大きな変革をもたらすであろう。

今日、多くの人びとが行っている農業形態は、次のとおりである。すなわち、土壌を耕さずに採掘し、化学肥料によって最後まで土壌を刺激し、土壌が生産力を失うと放棄する。こうしたやり方は、自然の法則に従ったあるべき土作りの方法に変えなければならない。その方法においてのみ、災害を回避でき、その実例はあらゆるところで観察できる。また、そうすれば、私たちがもっと独創的な方法を用いる前に、その土地は作ろうとしているものを生み出してくれるであろう。

J・M・モーブレイ
チポリ、シャムヴァ　南ローデシア

一九三九年二月二日

付録C　都市・農村廃棄物からの腐植製造(1)

アルバート・ハワード卿
インド帝国名誉勲位・文学修士
中央インド、インドール元農業研究所長、ラージプタナ州農業顧問

森林は、熱帯地方における都市・農村廃棄物を正しく処理するための基礎となる根本原理を示している。すべての林地で見られる樹木や動物性の残渣は森林の地表近くで混ぜられ、菌類やバクテリアの働きで腐植化する。その工程はいたって衛生的で、不快なことはまったくない。自然は絶え間ない酸化作用によって森林の廃棄物を分解し、樹木に必要不可欠な肥料に変える。インドール式処理法によって農業や都市の廃棄物から腐植を製造するには、これと同じ原理に基づいて、十分な酸素を供給して酸化作用を起こすことである。

1　インドール式処理法

インドール式処理法は、もともと農産物の廃棄物から腐植を製造するために考案されたものであるが、下肥や都市

廃棄物の衛生的な処理の簡単な解決策をも示した。その方法とは、堆肥製造処理法である。熱帯地方の衛生に関するすべての事柄は、インドール式処理法の基礎となる生化学的諸原理で説明できる。その方法の実践に関しては、この論文の最後に引用文献としてあげた五つの論文に詳細が書かれている。

2　カルカッタのトリグンゲにおける腐植製造

都市廃棄物にインドール式処理法を適用させるための最善の方法は、イギリス本国勲功章を授与されたE・F・ワトソン（Watson）氏が、カルカッタの近くにあるトリグンゲ（Tollygunge）市役所の堆肥製造場で最近行った研究で、説明されるであろう。

家庭ごみと下肥の腐植化はレンガを並べた深さ二フィート〔約六〇㎝〕の堆肥坑で行われ、その端はレンガの縁石で保護されている。[2] 仕切られた各堆肥坑は容積が五〇〇立方フィート〔約一四㎥〕で、通気・排水用の導管が床に設置されている。堆肥坑の周辺はレンガの底床で固められる。[3] このような堆肥坑の詳細図を図15に示す。

堆肥坑への積み込み方法は成功のカギとなるので、もっとも重要である。まず初めに、荷馬車一台分の無選別の家庭ごみを積み込み台から堆肥坑に引っくり返し、図16のような熊手型の農機具で広げて、三～四インチ〔約七・五～一〇㎝〕の厚さにする。次に、別の荷馬車一台分の家庭ごみがこの層の上に引っくり返され、堆肥坑の端から中央に向かって勾配がつくように、また全面にいきわたるように、かきならされる。この傾斜の表面は、中央から両端に少量の家庭ごみをかきならすため、少しへこむ。また、こぼれた下肥を吸収させるために、少量の家庭ごみを道端にかきならしておく。

図 15　トリグンゲにおける堆肥坑の設計図と製造詳細図

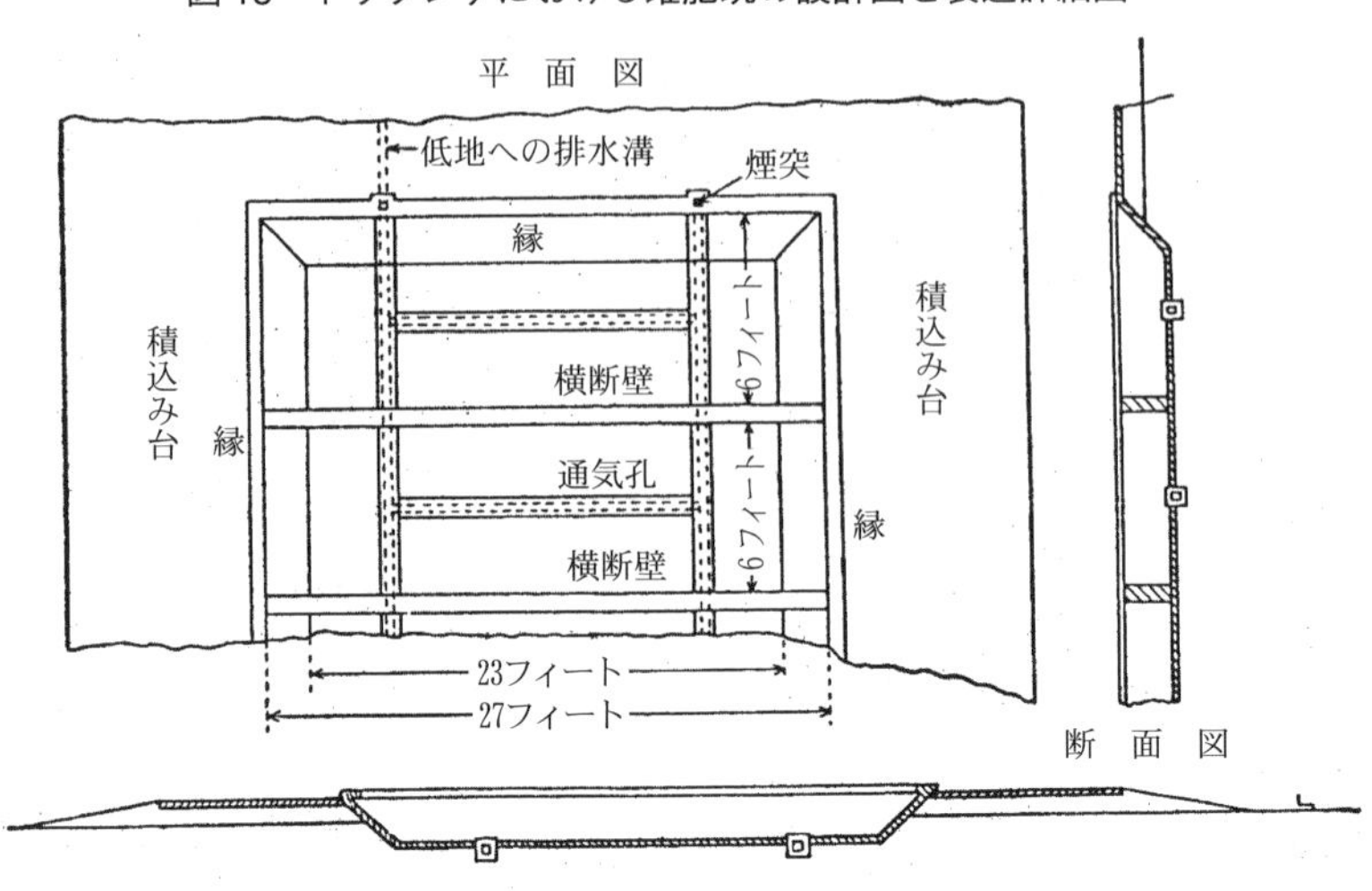

図 16　堆肥製造に用いる長型熊手とフォーク

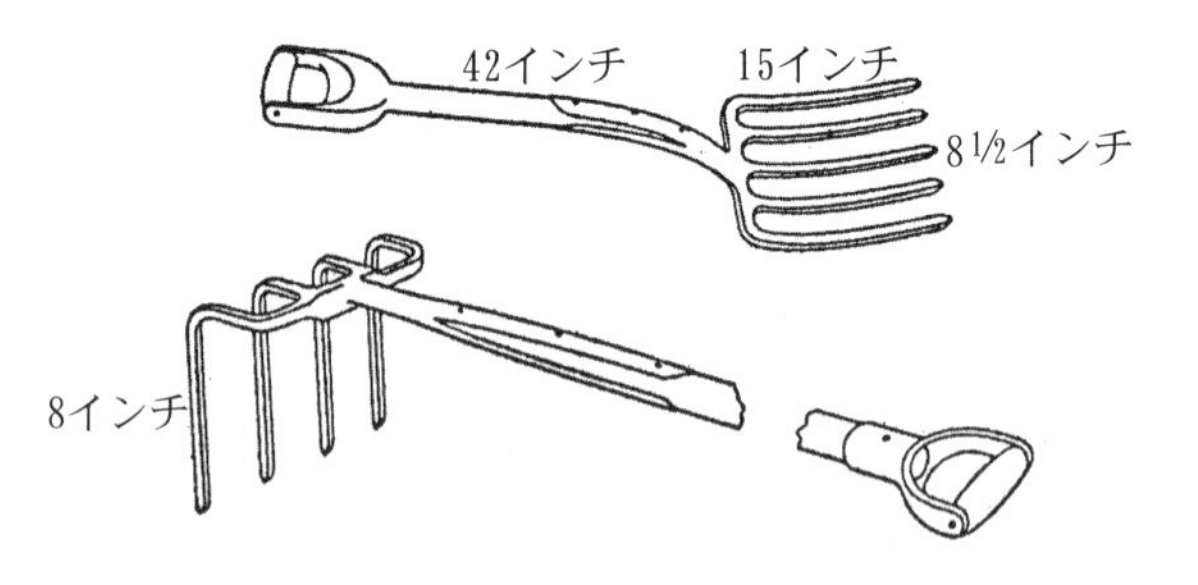

さらに、下肥半車分を傾斜面に引っくり返し、下方にある湿った家庭ごみを熊手で引きずり出し、堆肥坑一面が覆われるくらいの小さな山にする。その後、残り半車分の下肥が新たに出てきた傾斜の表面に注ぎ込まれ、先ほどの山やこぼれた下肥を吸収した家庭ごみがいっしょ

に動かされるまで何度もならされ、堆肥坑の全面を覆う一層を形成し、堆肥坑がいっぱいになるまで行う。次いで、他の荷馬車の家庭ごみが引っくり返され、別の傾斜面がつくられ、敷居を覆い、下肥を添加してかきならされる。堆肥坑がいっぱいになるまで、全グループの作業が繰り返される。これに二日かかる。

一日目の積み込みの最上層は二インチ〔約五㎝〕の家庭ごみで覆われ、下層のものと混ぜないで放置しておかなければならない。これは、混和された堆肥の湿度と温度を一定に維持し、ハエの接近を防止するのに役立つ。二日目の最後の作業は、次の切り返しと豪雨後の排水のために、各堆肥坑の隅に空き場所をつくることである。これには、端から二フィート〔約六〇㎝〕の堆肥を残りの堆肥の上に積めばよい。その後、表面を平らにかきならし、乾いた家庭ごみで薄く表面を覆う。

適切に積み込まれた堆肥坑からは、悪臭がしない。なぜなら、多量の空気がすべての悪者を効果的に抑制するからである。それゆえに、臭気は作業の実施管理において役立つ。何らかの悪臭がある場合には、積み込みがうまく行われていないということだからである。それらは、下肥が塊をなして残っているか、材料の厚い層が残っているかのいずれかであり、どちらも通気が阻害されるために臭気を発するのである。

一回目の切り返し　堆肥作りを開始してから五日目に、堆肥坑の堆積物を切り返さなければならない。目的は、完全に混ぜ合わせることと、真ん中へ切り返し、堆肥の熱によって冷たい表面に押し出されたハエの幼虫を死滅させることである。切り返しも同様であるが、堆肥を初めて混ぜるときには、区画壁あるいはそれらをつなぐ粗い板の上に立っている人の施肥用の長型熊手が使用される。

二回目の切り返し　さらに一〇日後、堆肥の二回目の切り返しが行われる。そのころまでには、下肥の痕跡はまったくなくなってしまうであろう。

水分補給　乾燥した季節には、切り返すたびに少量の水分を家庭ごみに補給することが必要かもしれない。内容物

図 17　トリグンゲにおける１カ月使用後の堆肥作業場の平面図

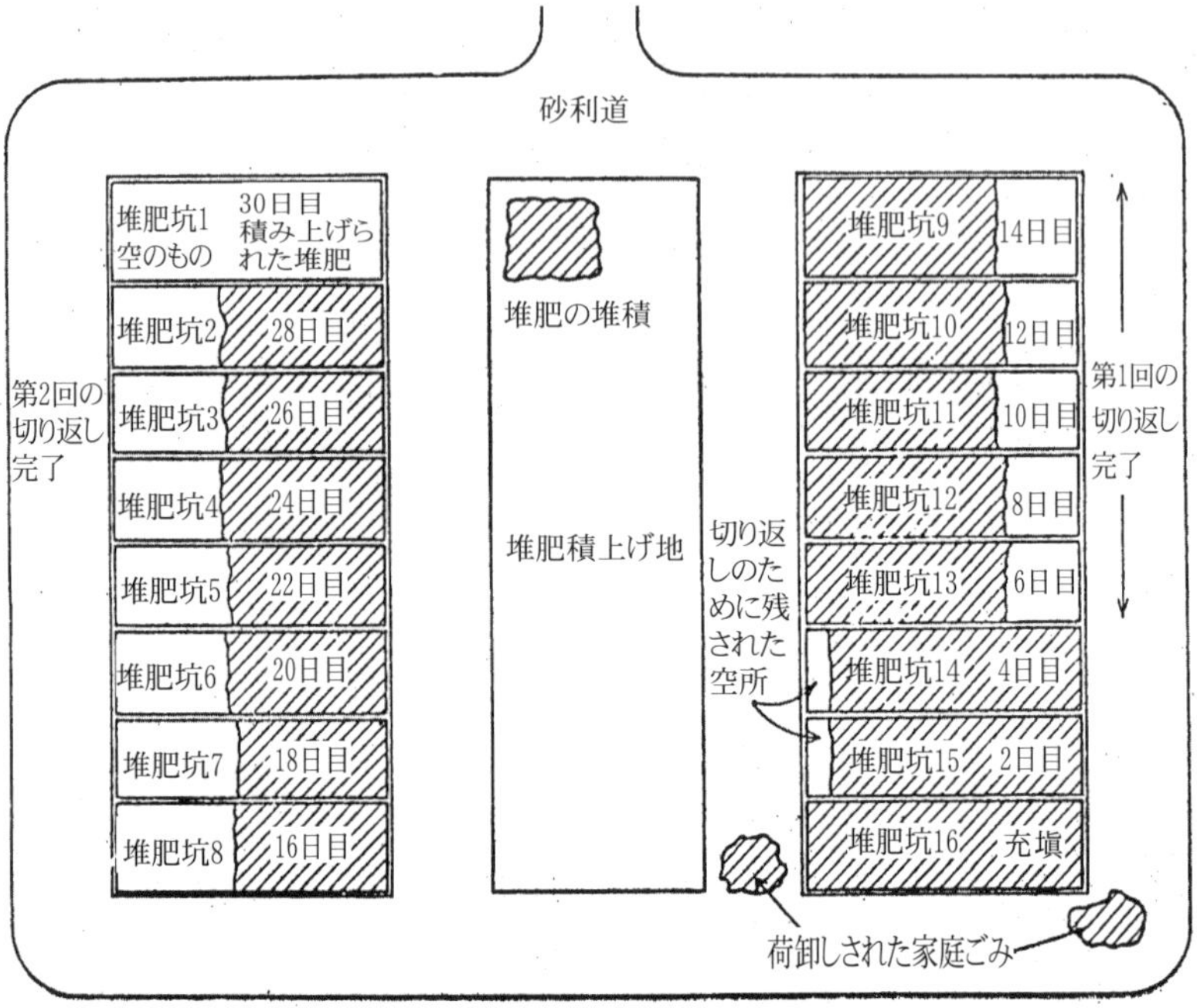

砂利道
堆肥坑1 空のもの　30日目 積み上げられた堆肥
堆肥坑2　28日目
堆肥坑3　26日目
堆肥坑4　24日目
堆肥坑5　22日目
堆肥坑6　20日目
堆肥坑7　18日目
堆肥坑8　16日目
第2回の切り返し完了
堆肥の堆積
堆肥積上げ地
堆肥坑9　14日目
堆肥坑10　12日目
堆肥坑11　10日目
堆肥坑12　8日目
堆肥坑13　6日目
堆肥坑14　4日目
堆肥坑15　2日目
堆肥坑16　充填
第1回の切り返し完了
切り返しのために残された空所
荷卸しされた家庭ごみ

は湿り気がなければならないが、濡れていてはいけない。堆肥坑の表面が絶えず雨水によって冷やされてしまう湿潤な気候のもとでは、一回目の切り返し前におびただしい数のハエの幼虫が発生する。しかし、ハエとして羽化する前に熱を生じた堆肥中に切り返されて死滅するため、やっかいなことにはならない。それゆえに、ハエはある種の自動管理手段を提供するものとしてたいへん有効である。

堆肥の熟成　さらに二週間たってから、材料は堆肥坑から熟成用の積込み台へ移される。これらのすべての工程は一カ月を要する。熟成した堆肥の山は堆肥坑の間に設けられた積込み台に整然と配列され、四フィート〔約一・二m〕の高さに積み上げられる（図17）。積み上げ過程で選別が行われる。棒切れ、皮、ココナツの殻、ブリキ缶のような完全に分解されないものは拾い出され、さらに処理加工されるために近くの堆肥坑に投げ込まれる。レンガや瀬戸物のかけらのような不活性物は、石として道に投げられる。この段階では、内容物は未熟ではあるが、害のない堆肥になっているので、選別を容易に手で行える。熟成過程は一カ月で完了し、腐植は空いている畑に撒かれたり、生育中の作物の追肥としても利用される。

経費　資本金は微々たるものである。インドの五〇〇〇人の人口が毎日出す約二五〇立方フィート〔約七㎥〕の家庭ごみは、すべての下肥の量と混ぜるのに十分な量がある。これには、それぞれ五〇〇立方フィート〔約一四㎥〕の堆肥坑一六個の堆肥製造場が必要であり、一堆肥坑は二日でいっぱいになる（図17）。道路、積込み台、道具をあわせた経費は一〇〇〇〜一五〇〇ルピーである。一日あたりの完熟堆肥の生産高は一五〇立方フィート〔約四㎥〕で、それは五〜七ルピーで販売される。低く見積もって、一年目の売上高はおよそ一八〇〇ルピーとなるであろう。これは、経営資金を上回る。この規模の工場の場合、五名の常勤スタッフが必要であろう。

3　村落用の簡単な設備

村落が貧しくて自己所有の荷馬車がなかったり、レンガの堆肥坑が造れなかったりする場合には、仕切りの壁を用いず、どこかの高地に溝を掘って堆肥を作ることができる。溝坑と一連の全作業は、図18に示すとおりである。きちんと並んでいない堆肥坑の難点は、溝坑の壁や熟成しつつある堆肥の山に繁殖するハエの幼虫が逃げ出すことである。これは、垂直の障壁をレンガで造るか、ハエの幼虫を餌とする家禽を飼うことで克服できる。

図 18　村落用の簡単な堆肥製造溝坑の設計図
（初日および２日目の積上げ物と再充塡を示す切断面）

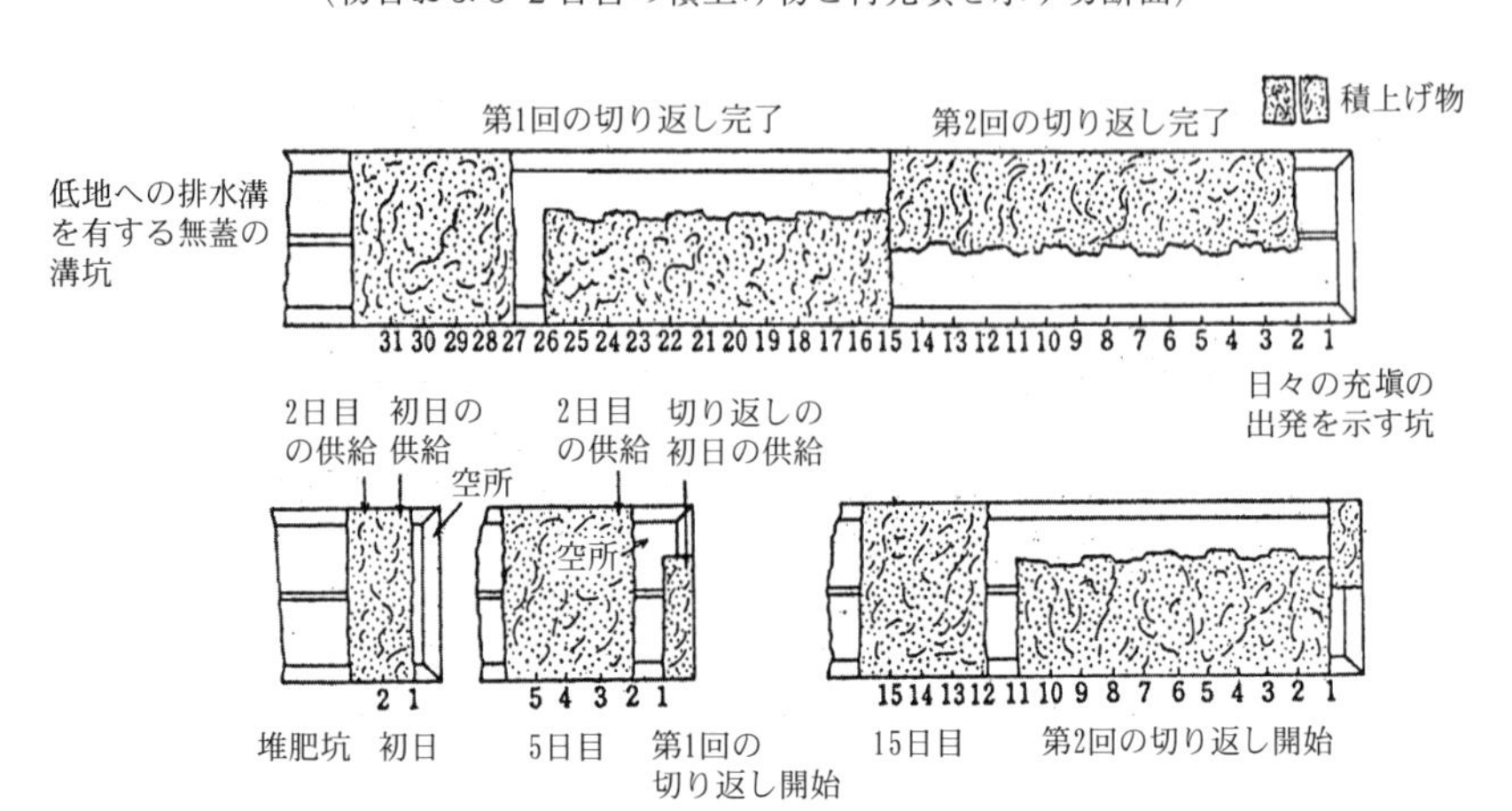

4　一層の発展

トイレへの腐植の利用　都市廃棄物に対するインドール式処理法には弱点がある。前述のケースではどちらも下肥が集められ、運ばれ、そのままの状態で堆肥の材料にされていた。しかし、これでは腐敗が起こり、悪臭がすることがある。

そこで、便器の中に腐植を入れてみてほしい。下肥が便器に落ちてきたそのときから常に酸化作用が開始されることで、悪臭やハエの発生を防止できる。毎日便器が使用される場合には、少なくとも三インチ〔約八㎝〕の乾燥した腐植を入れておくことをお勧めする。便器の中味を汲み取って空になったときも、残りのしずくに同じような腐植をかけておけばよい。こうすることによって腐敗と悪臭がなくなり、堆肥作りが便器そのものの中で始まるであろう。腐植を利用すると下肥の容量や重量を増大させて、作業量を増加させるが、堆肥製造の効率をより高くし、悪臭やハエを抑制し、化合態窒素の消失を大いに削減するから、埋め合わせできるであろう。

小さな堆肥坑での下肥と都市廃棄物による堆肥作り　下肥は、切り返し作業を行わなくても、小さな堆肥坑で堆肥にできる。これらの堆肥坑は、縦二フィート〔約六〇㎝〕、横二・五フィート〔約七五㎝〕、深さ九インチ〔約二〇㎝〕程度と、便利な大きさでできる。また、野菜やその他の作物の作付け跡地でも、崩れない土で仕切って、並べて掘ることもできる。

まず、堆肥坑の底にフォークを深く差し込み、端から端までかき回して下層土に空気を与え、豪雨が降った後の排水状態をよくする。次に、堆肥坑に都市廃棄物や野菜屑、あるいはそれらを混ぜたものを三分の一ほど入れ、その上に便器から取ってきた下肥と腐植を薄くかける。さらに、その上に廃棄物をもっと入れて堆肥坑をいっぱいにしてから、もろい土を約三インチ〔約八㎝〕ふりかける。こうして堆肥坑は小さな堆肥部屋となり、そこでは廃棄物と下肥は何もしなくてもすばやく腐植化する。三〜四カ月もすれば、堆肥坑は完熟の堆肥でいっぱいになっており、ミミズもいるかもしれない。

降雨状態がよければ、堆肥坑と堆肥坑の間にトウモロコシやピジョン・ピーのようなマメ科の作物を播くことができ、余分の土を徐々に土寄せできる。まずトウモロコシが実り、ピジョン・ピーが畑に残されるであろう。翌年、堆肥坑はマメ科作物の間の空いた場所に再び造ることができる。こうして、二シーズンにわたって野菜に適した土壌を準備できるのである。

(1) 一九三八年六月一一〜一六日にポーツマスで開催された王立衛生研究所の保健会議で講演した論文の再録である。
(2) 保護縁は、補強のために四分の一インチ〔約六㎜〕のロットが二本結び付けられたしっくいの上に平らに置かれた二枚のレンガで、できている。上のレンガは堆肥坑の上方一インチ〔約二・五㎝〕ほどはみ出してへりを造り、ハエの幼虫が逃げるのを防いでいる。
(3) 通気孔は目を粗く継ぎ合わせたレンガで上張りし、上方へ導かれて煙突に開口する。この方法によって、発酵している堆肥に下方から空気を吸い込ませる。これらの通気孔の一方の端は、排水溝として近くの低地にまで延ばされる。堆肥坑をレンガで造る場合、通気孔にも若干の傾斜をつけておくと、雨季に乾燥状態を保つのに役立つ。

〈参考文献〉

Howard, A., and Wad, Y. D., *The Waste Products of Agriculture : Their Utilization as Humus,* Oxford University Press, 1931.

Jackson, F. K., and Wad, Y. D., The Sanitary Disposal and Agricultural Utilization of Habitation Wastes by the Indore Method, *Indian Medical Gazette,* lxix, February, 1934.

Howard, A., The Manufacture of Humus by the Indore Method, *Journal of the Royal Society of Arts,* November 22nd, 1935, and December 18th 1936（これらの論文はパンフレットの形で再販され、コピーはThe Secretary, Royal Society of Arts, John Street, Adelphi, W. C. 2から手に入れられる）.

Watson, E. F., A Boon to Smaller Municipalities : The Disposal of House Refuse and Night Soil by the Indore Method, *The Commercial and Technical Journal,* Calcutta, October, 1936（この論文は現在絶版であるが、その大要は一九三七年六月一七日にロス熱帯衛生学研究所（The Ross Institute of Tropical Hygiene）で行ったアルバート・ハワード卿の講演にもりこまれた。コピーは14 Liskeard Gardens, Blackheath, S. E. 3の講師に申込み次第手に入れられる）.

Howard, A., Soil Fertility, Nutrition and Health, *Chemistry and Industry,* Vol. lvi, No. 52, December 25th, 1937.

アルバート・ハワード卿の生涯

ルイーズ・ハワード

原体験としての農業の意味

一八七三年一二月八日、ウェールズとの国境に近いイングランド・シュロップシャー(Shropshire)州の農家リチャード・ハワード(Richard Howard)の子として生まれた。ハワード家は伝統的な有畜複合農家で、放牧場の質が高いことで有名だった。体が丈夫で、元気だったアルバートは、やがて近所へ生産物の配達に行かされる。他人の話をよく聞き、よく話し、いろいろなことに関心が強く、人との折り合いが上手な子どもだった。一〇歳のころには、父親に代わって仕事上の手紙を書くようになる。植物の成長に興味をもち、動物が草を食む姿をこよなく愛していた。

一四歳のとき父親が亡くなるが、学業を志し、学費のほとんどを奨学金で賄った。リーキン(Wrekin)大学で学んだ後、一八九三年にサウスケンジントン(South Kensington)にある王立科学大学に入学する。そこでの教育のすばらしい経験から、将来どの道に進むにしても若いときに視野の広い総合的な教育を受けることの重要性を、折にふれて話していた。物理、機械、化学、地質学を学んだ。九六年には、ケンブリッジのセントジョンズ(St. John's)大学に研究者として進み、生物を専攻する。

一八九九年にバルバドスの農学講師となって赴任し、まもなく新設された帝国西インド諸島農業局へ菌学講師として移る。年が経つにつれて、農家に生まれ育ったことが大きな力であると実感し、農業の実際を解説するのに適するのは若いころに原体験として農業を知っている者である、という意見をはっきり表明するようになった。

農業者に学び、現実を重視する

一九〇二年に西インド諸島農業局が発行した「菌害の一般的対策」で、ハワードはこう書いている。「まず明記しなければならないのは、植物が菌に侵されるときは、菌だけが活力をもっているわけではないということだ。植物が健康なときは、菌はもちろんすべての寄生物に対して非常に強い防衛力をもっている」

当時、サトウキビのパイナップル病が西インド諸島でも蔓延していた。切穂を定植すると、それを腐らそうとする菌と定着して生き残ろうとする苗がせめぎ合いをするほど、事態は深刻だったという。そのとき、もっともよさそうな切り株を選ばずに、糖分が少なそうな切り株や先端を選んで定植するのが、農民が苦い経験から学んだ慣行的な予防法だった。菌が糖分に群がることを考えれば、十分にうなづける方法である。ハワードは、「一見するとバカげたことのようだが、昔からのこの選抜法しかなかった」と述べている。そして、この観察が、インドで現地の農民の実践を非常に尊重する基礎になった。

もうひとつハワードが痛感したのは、科学と現実の関係である。たとえば、試験圃場が小さすぎることについて、「一二分の一エーカー〔約三a〕で実験して一エーカー〔約四〇a〕分を推定する場合は、それによって生じる誤差も一二倍しなければならない」と指摘。確認のための大規模実験が不可欠だと述べている。また、彼は研究室にこもることに満足せず、たとえばサトウキビが実際に砂糖になるまでを含めなければ実験は終わらないと注意を促した。現実の収量は実験圃場から見積もったものよりはるかに少なく、実験するならば栽培者の日常にまで目配りし、製品や販売までかかわらなければ価値がないと言い続けたのである。

一九〇二年から〇五年までは、ワイ単科大学に植物学者として勤め、前任者が行っていたホップ生産の実験を継続するよう求められた。このときハワードは比較的短期間で、ホップが事業としてうまくいっていないのは雄ホップを除去して雌ホップだけで栽培しているためだと立証した。受粉によって雌ホップが病害に強く健康になることを実験で明らかにし、事業に非常に役立てたのである。実際に、多くの栽培者はそのことを感じていた。そして、この自然の営みへの注目が、その後の彼の自然観と研究を形成していく。

インドでの優れた実践

一九〇五年にインドに赴任直後、予防接種を受けなかったために腸チフスにかかったが、強靭な体力で回復し、以後は亡くなるまで健康だった。彼の命を救ったのは、妻で同僚のガブリエル(Gabrielle)で、夜中に彼を乗せた担架を運ぶ人夫を叱咤し、ジャングルを越えて病院に担ぎ込んだ。二人はインドに赴任して数カ月後に結婚し、その後二五年間、伴侶として同僚として緊密な関係を保った。彼女は優秀な植物学者であり、公私ともに優れた能力を発揮して家庭と研究を切り盛りし、優れた業績を残している。この管理能力と細部までの計画性は、後にインドール農業研究所を基礎から二人で築いたとき遺憾なく発揮された。

当時のインドでは、果物やトマトの梱包と輸送の方法は存在しないに等しかった。その実験は一九〇八年にプゥサで始められ、クゥエタで継続される。たとえば、桃は紙に包んで一つずつ入れられる竹製の丸い籠で運び、七二時間にわたって牛車、フェリー、八回の積み替えを行えば、完璧だった。これに意を強くして、試験場から生産物を販売する許可を困難を乗り越えて取得。第一次世界大戦による物資不足で中断するまで、販売は続けられる。ハワードは、実際にやってみることの重要さを示すために、この販売実験を引き合いに出した。

クゥエタでは豆類と飼料作物、プゥサではインディゴ〔藍〕とタバコも研究されたが、中心は麦である。このときも、栽培、道具、保管、製粉、パン焼き、販売まで広く検討し、交配選抜の結果、有名なプゥサ小麦が作出された。

リバプールの取引所では、外観、品質、状態においてプッサ小麦に匹敵するものがなかったと、一九一〇〜一一年に報告されている。しかし、最終的目標は、サビ病に強い品種の作出だった。この過程で、病気の研究には作物の研究が不可欠であること、東洋人の土壌管理を尊重することの二点がはっきりしてきた。すでに一九〇九年にハワードは、「インド農民は西洋から学ぶものは何もない」と書いている。

プッサでの二〇年の研究生活では二つの賞を受けたが、その研究は細分化による支障が大きかった。そこで一九一九年に、土壌、生育環境、栽培する村の状況、収穫物の利用を総合的に調査する研究所が計画され、二四年にインドール農業研究所が完成する。建物、実験室、堆肥場の配置や設計に全力を注ぎ、圃場は天水だけで栽培できるように形状などを工夫した。簡単にできる方法で雨水を他に流さないようにしたので、二四時間に一一インチ（約二八〇㎜）の雨が降っても流れ出ず、侵食も起こらなかった。常に考えていたのは、普通の農家にできる手段を使うことである。だから、高価な蒸気プラウやトラクターは使わなかった。アメリカ製の畝立てプラウを少し改造し、牛四頭で引けるようにして、たくさん販売した。

インドール農業研究所の業績は、有機廃棄物を完全に利用できるようにしたインドール式処理法として世界的に知られている。ハワード夫妻は二五年間のインド生活で、廃棄物の利用にひとかたならぬ関心をもった。堆肥がたくさん入った畑のたわわな実りと、入らない惨めな状態の畑は、循環の法則を説明するまでもなく、それ自体が有機物利用の効果を示す立派な実証だった。また、慎重に実験を繰り返した結果、家畜の糞尿と灰や土を混ぜて酸度を矯正する方法も開発した。インドール式処理法は、西洋の近代科学と中国や日本の伝統方式を組み合わせた簡単な方法である。同時にそれは、衛生的かつ簡便で、道具や装置も農民が買える範囲のものである。

また、インドール農業研究所では、生産者会議と職員の教育という二つの改革が進んだ。生産者会議には各地の農民が集まって一週間のキャンプを張り、研究の成果をわかりやすく示すために圃場見学や映画の上映が行われた。教育においては、試験場の効率的運営や労働条件の改善の見本を示し、学んだ職員を各地の村へ送り出し、考え方や技術を広めた。

こうしたインドでの優れた研究は、妻ガブリエルの死によって、一九三〇年に中断された。彼女は同年八月に、五三歳で急死したのだ。ハワードは引退を決意し、インド農民への贈り物、そして妻との共同研究の記念碑として、『農業廃棄物の腐植としての利用』(*"The Waste Products of Agriculture : their Utilization as Humus"*, Oxford University Press, 1931)を書き上げた。まったく新しい概念の試験場を造り、研究者と農民との適切な関係を実践して、インドを去ったのである。

自然への畏敬

一九三一年にガブリエルの妹である私と再婚し、ロンドン郊外のブラックヒース(Blackheath)から世界に向けて、インドでの成果を広める活動を始めた。インドでは綿と米、セイロン〔スリランカ〕では茶、そして、タンガニーカ〔タンザニア〕、コスタリカ、ローデシア〔ジンバブエ〕、南アフリカ、中南米、アメリカ、ニュージーランド、オーストラリアなど、少なくとも三〇カ国以上へ広がっていく。イギリス国内では農業試験場と化学肥料メーカーの反対が強く、なかなか進まなかったが、三三年一一月の王立技術学会での講演を機に、徐々に実践者が出始めた。都市ごみの堆肥化が進み、三七年六月の講演では、「ようやく長いトンネルを抜け出した」と述べている。

ハワードの仕事は、農民の支持が増えることで報われていった。グリーンウェール(Greenwell)卿は、堆肥で育った作物が動物を病気から守ること、餌が一〇％少なくてすむことなどを、実験して報告している。さらに、ハワードはミミズと菌根に注目していく。そして、自然界におけるタンパク質の連鎖〔受渡し〕の重要性を強く提唱するようになった。化学肥料については、土と土壌生物を殺すので農薬の散布が必然となると述べていたが、当初は全面的には否定していなかった。しかし、リンカーンシャー（Lincolnshire）のジャガイモ畑が化学肥料漬けで埃っぽく、センチュウが蔓延し、ミミズがいない実態を目の当たりにして、完全否定するようになる。化学肥料はミミズを殺すだけでなく、微妙な奥深い自然のプロセスになくてはならないつながりを断つと考えたからである。

また、病気とは不完全な生命の指標であり、肥沃な土が植物・動物・人間に共通して健康の基盤であることが、あらためて明らかにされた。ハワードの三カ所の異なった地域にある農場の役牛が、隣接する農場で大発生した口蹄疫、乳房炎、敗血症に二〇年以上かからず、フェンス越しに鼻を擦り合わせても病気にならなかったのは、肥沃な土で育てられた草を食べていたからだと述べている。そして、すべてを犠牲にして量を追求し、利益のみを目的とすることに対して、こう警告した。

「自然を怒らせてはならない。自然は一時的に従うように見えても、その復讐は恐るべきものだ。自然は理に適った恩恵を与えてくれるが、無限の欲に仕えることは決してない。農業はそうしたものと無縁でなければならない。近代産業界がこの点を認識しているかどうかを、農家は問うべきであろう」

晩年の二年間は、下水処理問題を集中的に検討した。すべての廃棄物を土に返すべきだという考え方は変えなかったが、すでに普及していた近代的下水システムを変えられるとは夢想しなかった。一九四六年一一月の下水浄化学会総会での基調講演では、水生植物でミネラルを吸収し、それを堆肥化するような方向性で下水処理を検討するように求めている。さらに、普通の農民が使えるようなシステムにする必要性を強調した。

残された時間、ハワードは常に忙しかった。まるで死神にとりつかれたように、時を惜しんで仕事を続けた。環境と完全に調和して、自然の法則を理解し、それに従う人間——彼の目に映った宇宙の設計の実現を急ぐかのように。

一九四七年一〇月二〇日、ブラックヒースの自宅で心臓発作で亡くなった。享年七三歳である。

〈山田勝巳 訳〉

〈解説〉有機農業のバイブルに寄せて

魚住道郎

有機農業のバイブルといわれる本書は、いま私たちが取り戻すべき永続性ある農業を築くための原理の書であり、また実践的科学書である。同時に、近代農業・近代農学のありようを根底から問う、痛烈な批判を含んでいる。

本書は、イギリス生まれの植物病理学者であるアルバート・ハワードの代表作である。もう一冊の代表作である“*Farming and Gardening for Health or Disease*”（一九四五年にイギリスで刊行。その後アメリカで“*The Soil and Health*”と改題して発行。日本では、横井利直・江川友治・蜷木翠・松崎敏英共訳で『ハワードの有機農業（上）（下）』として刊行（日本有機農業研究会発行、農山漁村文化協会発売）。二〇〇二年に同協会の人間選書にあらためて収録）と併せて読むと、これほどまでに視野の広い、そして現場の農民サイドに立った研究者が今日まで他にいただろうかと、驚かされる。

幅広い学問を修め、とりわけ自然科学の分野でとび抜けた才能を発揮していたハワードは一九〇五年、当時イギリスの植民地であったインドに赴任。東洋の輪廻（循環）の思想のなかで築きあげられてきた農業と農民の技術に謙虚な姿勢でのぞみ、インドをはじめ、日本や中国の農業に強い関心を寄せた。なかでも、有機物を土に還す堆肥作りを学び、土と作物、動物、そして人間の健康との結びつきを研究する。一九〇九年に書いた論文「インドの小麦」では、「インド農民は西洋から学ぶものは何もない」と述べ、インドの長い歴史のなかで培われてきた技術を高く評価し、尊敬の念をいだいている。

そして、持前の卓越した自然科学の知恵と判断力で、農民から学んだ伝統農法を解析し、欧米農業の欠陥を克服する方法を見出していく。すなわち、腐植が地力の維持に必要不可欠で、菌根の共生によって土と植物の栄養の橋渡しが行われ、地力が維持されれば、作物は耐病性を獲得し、病害虫に侵されにくくなり、それらを食べる家畜や人間も健康になるという一連のつながりを明らかにした。

「土壌の腐植が不足すると、孔隙の量は減少し、土壌の通気を妨げる。また、土壌内の生物のための有機物が不足し、土壌の機能が低下する」（三二ページ）

「この研究過程で、地力の維持が植物の健康と耐病性を確保する基礎であることがわかった。（中略）動植物に深く関係する土壌という生態的複合体が、不適切な農法や土壌の疲弊、あるいはその両方によって崩壊した場合に、寄生生物の害が現れる。（中略）本当に重要な問題は、品種改良だけではなく、いかにして品種と土壌の効果を同時に高めるかであった」（五〇～五一ページ）

また、腐植が化学肥料で代替・補充し得るとしたリービッヒ以来の伝統は、植物栄養に関する完全に誤った概念に根ざすものであると、その原理の皮相性・不健全性を指摘。化学肥料という「一時的な救済策」（二七三ページ）が土壌の肥沃度を消耗させたと批判し、菌根の共存、土壌微生物の未知なる役割も含めて、土壌の生命を無視する欧米農業の改革の必要性を訴えた。さらに、リービッヒから派生する分析的概念がもたらす「化学物質によって人工的に造られた植物、動物、人間は不健康である」（四七ページ）と述べている。今日の遺伝子組み換え、クローン家畜、クローン人間の作出につながることを見抜いていたのではないだろうか。

同時に、研究者が現場の農民や農業から学ぼうとせず、細分化された実験室規模の農業研究にとどまっていることを厳しく批判した。その論点も、現在ほぼそのままあてはまるものである。

「農業の研究そのものに次の三点の問題が含まれることが次第に明らかになっていく。①農業に関する重要な論点の認識を誤るのは研究機関に責任があるので、それを改革しなければならない。②作物に関する研究を、育種学・菌類学・昆虫学などの個別分野に分割すべきではない。③植物は、一面では土壌との関係から、もう一面では地域で実践されている農法との関係から、研究されなければならない」(五一ページ)

そして、自由な研究ができる場として、一二〇ha規模のインドール農業研究所を開設した。ここで、東洋の農民が地力維持のために行っていた下肥の利用や堆肥作りから、無駄なく衛生的に堆肥を生産する方法を編み出し、それをインドール式処理法と名づけたのである。

このようにハワードが真の農業の姿をインドで発見する一方で、日本は明治時代以降、欧米に追いつくことが近代化であるとして、欧米の農業技術者・学者を招き、無批判にその農学を導入していく。農業の近代化によって下肥は不浄なものとして駆逐され、農業機械の発達で役畜として飼われていた牛や馬が農家の庭先から消え去った。それは、地力維持に貢献していた自給的堆厩肥の確保がむずかしくなることを意味していた。化学肥料・農薬の大量使用は、日本の化学工業の基礎をつくり、工業国としての「発展」につながる。だが、化学工場から出る廃水・排煙は全国各地の河川や海、大気を汚染し、チッソや昭和電工(ともに化学肥料を製造している)に典型的なように、その廃水が原因となって水俣病はじめ公害を発生させた。多くの農漁民の命が奪われ、いまなお患者さんたちはその病苦を背負っていることを、決して忘れてはなるまい。

高度経済成長期に至ると、食料生産の効率化がより一層求められるようになり、作物の専作化と産地化が進んだが、連作障害や病虫害の発生が増え、地力は低下した。庭先で飼われていた牛・豚・鶏は工業的畜産業者の進出で徐々に姿を消し、処理しきれなくなった家畜の糞尿が野山や河川にたれ流される。飼養密度は高まり、身動きできないほどになり、病気が多発し、薬漬け畜産と呼ばれるようになった。現在の畜産は、抗生物質を日常的に乱用している。そして、抗生物質が効かない耐性菌の出現で、畜産も人間の医療も共通の悩みを抱え、極限状態にあると言わざるを得ない。それは、耕種と家畜が効率化の名のもとに分断された結果である。

加えて九〇年代に入ると、ＢＳＥ（牛海綿状脳症）の発生が世界をゆるがした。その原因はいまだはっきりしていないが、肉骨粉であれ有機リン系農薬であれ、異常プリオンの発生は近代畜産の必然的帰結である点に変わりはない。

こうした状況を克服しようとしているのが、一楽照雄氏の呼びかけで一九七一年に設立された日本有機農業研究会である。その結成趣意書には次のように述べられている。

「この際、現在の農法において行なわれている技術はこれを総点検して、一面に効能や合理性があっても、他面に生産物の品質に医学的安全性や、食味の上での難点が免れなかったり、作業が農業者の健康を脅かしたり、施用する物や排泄物が地力の培養や環境の保全を妨げるものであれば、これを排除しなければならない。同時に、これに代わる技術を開発すべきである」

そこにハワードや、その共鳴者ジェローム・ロデイル（主著 *"Pay Dirt"* 邦訳『有機農法』）の与えた影響がきわめて大きいことは、言うまでもない。筆者自身、彼らが支えとなって、今日まで三〇年間にわたって有機農業を続けてこられたのである。

日本では、このような有機農法は、生産者と消費者が双方に命を支え合う提携関係を結ぶなかで発展してきた。農業と食べ物を本来の姿に取り戻そうとする日本の有機農業運動の特色である提携は、今日では国際的にもよく知られるようになり、アメリカのＣＳＡ（Community Supported Agriculture）にも大きな影響を与えている。

今後は、ハワードが築きあげた基礎理論をもとにして、より実践的な有機農業技術の開発が必要である。稲の有機栽培を例にとると、拡大の阻害要因になっていた除草の問題は近年、合鴨水稲同時作、鯉の導入、米糠の散布などにより成果を収めつつあり、急速な発展の兆しが出てきた。これらは除草剤に依存しない画期的な技術である。また、イギリスの有機酪農家であり、ＢＳＥの研究者であるマーク・パーディー氏によれば、有機的畜産で飼われた牛からはＢＳＥは発生していない。ハワードの農場でも、肥沃な土壌に育った草を食べて成長した牛は「口蹄疫にかかっている牛と鼻をこすり合わせているのを何度か目にしたが、何も起こらなかった」(二〇一ページ)。これも、有機畜産の正しさを表す格好の事例である。他の作物においても、同様な開発・工夫が求められていると言えよう。

同時に、近代農業のあり方を根本的に見直していくように働きかけていかねばならない。一九九九年には、日本農業の化学化・単作化・大規模化を推進してきた「農業基本法」に代わり、新たに「食料・農業・農村基本法」が制定された。そこでは、「多面的機能の発揮」や「農業の持続的な発展」が謳われてはいる。だが、破綻が明らかな近代農業を根底から反省したうえで、二一世紀にふさわしい、安全で、健康を守り、環境によい農業をめざさなければならない。少数の家畜を飼い、その糞尿と敷ワラを混ぜて堆厩肥を作り、持続性と自給度を高める有畜複合経営、すなわち有機農業を根幹に据えた政策を打ち出すべきなのである。

ところが、いまだに、有機農業の研究は、国の農業研究センターでも都道府県の試験場でもほとんど行われていない。それどころか、遺伝子組み換え技術やクローン技術に多額の予算が投入され、しかも年々増加傾向にある。私たちがめざすのとは逆の悪しき方向に進んでいると言わざるを得ない。

今日、広く普及し、慣行農業とも呼ばれる近代農業は、有機農業の祖であるハワードによって、すでに六〇年も前にその限界が見透かされていた。同時にハワードは、東洋の伝統に学びつつ、それを克服する道を指し示していたのである。土と環境と食べ物と健康への近代農業の弊害が顕著に現れている今日だからこそ、農業者、研究者はじめ農と食について考える多くの人びとに、本書が読み継がれてほしい。

訳書を刊行して

本書は、一九四〇年にイギリスで刊行された*"An Agricultural Testament"*の翻訳である。解説で魚住道郎氏が述べたように有機農業のバイブルと称され、出版後六〇年以上を経た今日でも新鮮さを失わない古典である。

著者アルバート・ハワードは、長く研究生活を送ったインドを去るにあたって、インドール農業研究所での研究をまとめた論文「農業廃棄物の腐植としての利用」(*"The Waste Products of Agriculture : their Utilization as Humus"*, Oxford University Press, 1931) を昼夜を徹して書き上げた。いわばその続編として一九四〇年に刊行されたのが、本書である。

日本では一九五九年に最初に山路健氏により訳出され(農林水産業生産性向上会議発行、養賢堂発売)、八五年には日本経済評論社から出版されている。だが、すでに絶版となり、長らく入手できない状況が続いていた。そこで、監訳者まえがきにもあるように、日本有機農業研究会では創立三〇周年記念事業のひとつとして、読みやすい用語で再翻訳することを決意した。

翻訳は、有機農業を研究する若き学徒、佐藤剛史(九州大学大学院農学研究院農業資源経済学部門助手)・小川華奈(神戸大学農学部大学院修了、NPO法人食と農のデザインセンター)・横田茂永(東京農工大学農学部大学院)の三氏が分担し、有機農業に造詣の深い保田茂氏(神戸大学農学部教授、日本有機農業学会会長)に監訳していただいた。研究や活動でお忙しいなか、ボランティアで引き受けていただいた諸氏に、この場を借りて心から感謝したい。なお、分担は次のとおりである。

まえがき〜第8章=佐藤氏、第9章〜第12章、第15章、付録=小川氏、第13・14章=横田氏。

また、著者アルバート・ハワードは亡くなる前年の一九四六年二月から、自由に自分の有機農業の考えを発表できる場として、雑誌 *"Soil and Health"* を刊行していた。魚住氏はこの存在をつきとめ、さらに同誌の一九四八年春号（追悼号）に夫人ルイーズ（Louise）・ハワードが回想録「アルバート・ハワード卿の生涯」を寄稿していることも見出した。それは彼の略歴と思想遍歴をよくまとめているので、抜粋して、山田勝巳氏（日本有機農業研究会理事）に翻訳していただいた。

なお、以前の訳書の奥付には、著者名がA・G・ハワードと記載されている。これは、優れた農学者でもあったハワードの先妻・ガブリエル（ルイーズの姉、一九三〇年に急死）の共同研究者としての功績を暗に込めているのであろう。事実、本書の冒頭には「いまは亡きガブリエルに捧ぐ」という句がある。ただし、原著の著者名はA・ハワードとされているので、本書ではそれに従った。

カバーには、日本有機農業研究会の会誌『土と健康』の表紙に毎号すばらしい絵を描いていただいている絵本作家の田島征三氏の作品「緑の太陽」を使わせていただき、装幀は林佳恵氏にお願いした。編集を担当してくださったコモンズの大江正章氏とあわせて、謝意を表したい。

二〇〇三年二月

日本有機農業研究会ハワード刊行委員会　**久保田裕子**

ま行

や行

ら行

わ行

な行

は行

さ行

た行

さくいん

あ行

か行

〈発行所紹介〉
特定非営利活動法人 日本有機農業研究会(Japan Organic Agriculture Association)
1971年に一楽照雄の呼びかけで結成された、生産者・消費者・研究者らが集う、有機農業を進める研究・実践・運動団体。会誌『土と健康』を発行。有機農業全国大会、各種研究会・講座の開催、啓発書の発行、食料自給、生産者と消費者の提携、種苗ネットワークなどの活動を行っている。
〒162-0812　東京都新宿区西五軒町4番10号　植木ビル502
電話03-6265-0148／FAX 03-6265-0149
ホームページ https://www.1971joaa.org　　E-mail info@1971joaa.org

〈監訳者・解説者紹介〉
保田　茂(やすだ　しげる)
1939年、兵庫県生まれ。1965年、大阪府立大学大学院修士課程修了。農学博士(京都大学)。神戸大学農学部教授、日本有機農業研究会副理事長、日本有機農業学会会長などを経て、神戸大学名誉教授。NPO法人兵庫農漁村社会研究所理事長。「おおや有機農業の学校」、「神河有機農業教室」、「兵庫楽農生活センター・有機農業塾」等、兵庫県下で毎月1回開催される有機農業の学び舎を主宰、それぞれの校長を務める。
主著に『日本の有機農業』(ダイヤモンド社、1986年)、『有機農業運動の到達点』(ひばり双書、1994年)など。

魚住　道郎(うおずみ　みちお)
1950年、山口県生まれ。1973年、東京農業大学卒業。1973年、たまごの会農場建設に参画、同農場従事を経て、1980年、茨城県石岡市で専業農家として独立。魚住農園を家族で営む(水田16a、大豆、麦等穀物畑10a、野菜畑230a、ハウス(雨除)3a、山林5a、平飼い養鶏600羽)。2013年2月、第17回環境保全型農業推進コンクール大賞「農林水産大臣賞　有機農業部門」受賞。現在、日本有機農業研究会理事長。
共著に『有機農業ハンドブック』『「有機農業公園」をつくろう』『食と農の原点　有機農業から未来へ』(すべて日本有機農業研究会発行)など。

〈翻訳者分担一覧〉
佐藤　剛史　　まえがき～第8章
小川(中塚)華奈　第9章～第12章、第15章、付録
横田　茂永　　第13章・14章

【著者紹介】

アルバート・ハワード 〔Sir Albert Howard〕

イギリスの植物病理学者、農学者。1873年12月8日～1947年10月20日。1896年からケンブリッジ大学で生物を専攻。農学講師等を経て、1905年から1931年まで、インド政府の帝国経済植物学者、及び1924年からはインドール農業研究所の所長を務めた。インド、中国、日本の伝統的な有機廃棄物を循環させた堆肥づくりと西洋の科学を統合した衛生的で簡便な「インドール式処理法」を提唱、インド、南アフリカ、中南米、アメリカ、豪州など30か国以上に広がった。『農業聖典』(1940年)、『ハワードの有機農業』(原題 Soil and Health 1947年)では、良質の堆肥を入れた生きた土が作物、家畜、そして人びとを健康にすることが明らかにされ、世界の有機農業運動の基礎を築いた。『農業聖典』は有機農業のバイブルとして、今も広く読み継がれている。

農業聖典【新装版】

二〇〇三年 三月 五日 初版発行
二〇二二年 三月一〇日 新装版 第1刷発行

著 者 アルバート・ハワード

発行所 日本有機農業研究会
東京都新宿区西五軒町四－一〇－五〇二
TEL〇三（六二六五）〇一四八
FAX〇三（六二六五）〇一四九

発売所 コモンズ
東京都新宿区西早稲田二－一六－一五－五〇三
TEL〇三（六二六五）九六一七
FAX〇三（六二六五）九六一八
振替 〇〇一一〇－五－四〇〇一二〇
info@commonsonline.co.jp
http://www.commonsonline.co.jp/

印刷・製本／創文
乱丁・落丁はお取り替えいたします。
ISBN 978-4-86187-170-2 C 3066